现代小龙虾养殖技术大全

占家智　许丛斌　羊　茜　编著

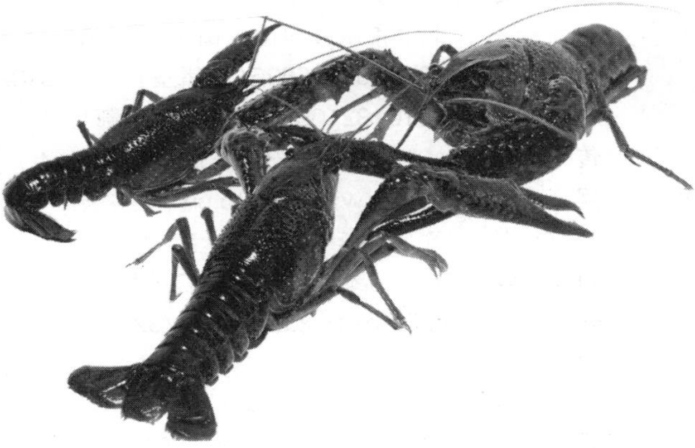

中国农业科学技术出版社

图书在版编目（CIP）数据

现代小龙虾养殖技术大全 / 占家智，许丛斌，羊茜编著 .—北京：中国农业科学技术出版社，2019. 8

ISBN 978-7-5116-4263-9

Ⅰ. ①现… Ⅱ. ①占…②许…③羊… Ⅲ. ①龙虾科-淡水养殖 Ⅳ. ①S966. 12

中国版本图书馆 CIP 数据核字（2019）第 126747 号

责任编辑	张国锋
责任校对	马广洋
出 版 者	中国农业科学技术出版社 北京市中关村南大街 12 号　邮编：100081
电　　话	(010)82106636(编辑室)　(010)82109702(发行部) (010)82109709(读者服务部)
传　　真	(010)82106631
网　　址	http://www.castp.cn
经 销 者	各地新华书店
印 刷 者	北京富泰印刷有限责任公司
开　　本	880mm×1 230mm　1/32
印　　张	9. 5
字　　数	294 千字
版　　次	2019 年 8 月第 1 版　2019 年 8 月第 1 次印刷
定　　价	39. 80 元

前　　言

从湖北武汉的“麻辣小龙虾”（又称麻小）到江苏盱眙的“十三香龙虾”“蒜泥龙虾”，再到安徽合肥的簋街美食城以及宁国路、芜湖路、巢湖南路的“龙虾街”和他们的“四大名旦”等优质龙虾菜肴品牌。可以毫不夸张地说，全国各地都掀起吃龙虾、养龙虾、发龙虾财的热潮。

龙虾的味道鲜美、营养丰富、肉质细嫩，在市场上备受青睐，目前已经成为我国大江南北优良的淡水养殖新品种，也是近年来最热门的养殖品种之一。但是随着人们对龙虾的过度爱好，野生的龙虾资源正日益减少，市场价格不断攀升，因此人工养殖的前景非常广阔，许多省市都先后把龙虾养殖作为农民致富的重要手段而加以推广。

为了探讨龙虾不同方式的养殖技术，我们在多年为广大渔农民服务、积极丰富的生产实践和理论知识的前提下，编写了这本《现代小龙虾养殖技术大全》一书。本书重点解决在生产实际中的问题，对各种养殖方式进行详细的阐述，内容涉及龙虾池塘养殖、稻田养殖以及其他多种生态养殖模式的研究与探讨、龙虾的繁殖与苗种培育、水草种植和疾病防治等方面。

由于作者的水平和能力有限，不到之处，恳请读者朋友予以批评指正！

占家智

2019 年 6 月

目　　录

第一章　概　述

第一节　龙虾养殖概述

龙虾适应性强，无论是在温度上，还是地理位置上，都显示了它超强的适应能力，实验室的试验结果和生产实践中的标本采集表明，龙虾在江湖、河沟、池塘、沼泽地、芦苇荡、大水面甚至一些富营养化非常严重的水体均能生长繁殖，在我国已经形成一种新的渔业养殖对象。

一、龙虾养殖的模式

龙虾养殖的模式主要有五大类。

1. 龙虾池塘养殖模式

池塘养殖模式就是采用标准化的技术手段，对虾池的池塘改造、饲料选用与投喂、水质和底质的改良、管理技巧等都实行科学操作，从而获得更好的经济效益。

2. 龙虾的混养模式

混养模式就是充分利用龙虾和其他水产品的栖息空间、饵料、养殖季节方面的差异性，采用科学的混养措施，来达到养殖的目的。

3. 龙虾的立体生态养殖模式

立体生态养殖模式就是在龙虾池塘里栽种茭白、慈菇等水生植物，实现动植物间的互惠互利，从而达到立体养殖的效果。

4. 龙虾的稻田养殖模式

稻田养殖模式就是利用稻田的环境进行龙虾的养殖，实现动植物有机结合、互惠互利的目的。在确保水稻生产的基础上，收获绿色生态的龙虾产品，从而提高稻田的经济效益。

5. 其他养殖模式

其他养殖模式包括网箱养殖、大水面增养殖、沼泽地养殖等行之有效的养殖模式。

二、龙虾养殖前景广阔

长期以来，龙虾的供应主要靠天然捕捞，从目前消费量和供求关系来看，龙虾的自然资源已经远远满足不了国际、国内市场消费需求，所以说龙虾养殖的前景非常广阔。

1. 市场潜力大

无论是国内市场还是国际市场，无论是食用市场还是工业市场，龙虾的市场需求量都非常大，这种紧张的市场供求关系，使龙虾产业具有较高的经济效益和广阔的发展前景，养殖龙虾的销路是不成任何问题的。发展龙虾人工养殖不但可以解决市场供求矛盾，还开辟了一条农民致富的渠道。

2. 养殖推广难度低

龙虾对环境的适应性较强，病害少，耐低氧，既能在池塘中进行小水体高密度养殖，也可以在河沟、湖泊、稻田、沼泽地等多种水体中自然增殖，养殖技术简便，易于普及，饲料来源方便，易于筹备。另外龙虾养殖苗种易解决，可自繁、自育、自养，不需复杂的人工繁殖过程，相对来说养殖要求非常低。加上它是甲壳类水生动物，具有能较长时间离水或穴居的习性，对不良环境的耐受力非常强，运输方便，成活率高。所以它的养殖推广难度较低，老百姓容易掌握其养殖技术。

3. 群众养殖热情高涨

从本人长期从事水产技术服务的情况来看，全国各地都有养殖龙虾的成功案例，加上市场的追捧，现在群众的养殖热情高涨。例如安徽省滁州市广大渔（农）民对龙虾养殖有着极大的热情，从2005年推广稻田养殖千亩（15亩=1公顷；1亩≈667米^2）后，现在龙虾养殖面积已迅速发展达50万亩，养殖模式也不断地发展，既可以虾稻连作、池塘单养，也可以鱼虾混养、河沟湖汊多渠道养殖；既可以零星养殖，也适宜规模养殖经营，是农民致富的好项目。

4. 农民增收快，示范效果好

根据调查，龙虾池塘精养每亩产量在250千克左右，亩纯利润在5 000元左右，比一般的池塘养殖效益要高得多；如果采用稻田养殖龙虾或其他方式的混养，根据我地的调研表明，每亩稻田投虾种20千克，成本1 000元，每亩平均可以收获龙虾100千克，收入可达4 000元，每亩稻田仅养龙虾的纯收入就达到3 000元左右。由此可见，养殖龙虾是农民实现快速致富的有效途径之一。高效的回报和看得见的利润让农民有信心养好龙虾。

5. 养殖成本相对较低

龙虾的食性杂，饵料容易解决，以摄食水体中的有机碎屑、水生植物、瓜果、蔬菜为主要食物来源，兼食动物性饵料及人工配制饲料，可以直接将植物转换成动物蛋白。在低密度养殖时无需投喂特殊的饲料，生长速度较快，产量高，能量转换率高，养殖成本低，效益好。

6. 龙虾的生长周期短，资金回笼快

一般幼小的龙虾经2个月左右的生长就可以上市，通过捕大留小的技术方案，可以采取循环养殖的方式，属于一次投放、常年受益的养殖模式。

三、龙虾养殖模式的探索

1978年美国国家研究委员会强调发展龙虾的养殖，认为养殖龙虾有成本低、技术易于普及、能摄食池塘中的有机碎屑和水生植物、无需投喂特殊的饵料、生长快、产量高等诸多优点。因此可以说龙虾是非常重要的水产资源，人们对它的利用也做了不少的研究，例如美国探索了“稻—虾”“稻—虾—豆”“虾—鱼”“虾—牛”等混养轮作。当初的养殖方式是粗放、混养，后来发展到各种形式的强化养殖。欧洲进一步探索了“龙虾—沼虾—龙虾”的轮作，澳大利亚探索了强化人工养殖模式等。

我国水产界从20世纪70年代开始试养龙虾，如武汉市某养殖场，1974 年从南京引进试养，此后我国一些专家、学者就不断提倡将龙虾作为一种新兴的水产资源加以开发利用，为此湖北省的水产研究机构和华中农业大学水产学院等高等院校先后开展了龙虾的生物学研究及养殖研究基础工作。但龙虾的人工养殖热潮直到 21 世纪初才逐渐被人们所重视。在多年的养殖试验和生产推广中，我国科研工作者紧密和生产实践相结合，开发并推广了一些卓有成效的养殖模式，主要是“稻—虾”的轮作、套作和兼作，“虾—鱼”的混养，“虾—水生经济植物”的轮作，龙虾的池塘养殖，龙虾的湖泊增养殖等多种模式。

在我国，近年来对龙虾的增养殖进行了各种模式的尝试与探索，其中利用稻田养殖龙虾已经成为最主要的养殖模式之一，而且养殖技术已经日益成熟。

由于龙虾对水质和饲养场地的条件要求不高，加之我国许多地区都有稻田养鱼的传统，在养鱼效益下降的情况下，推广稻田养殖龙虾可为稻田除草、除害虫、少施化肥、少喷农药。有些地区还可在稻田采取中稻和龙虾轮作的模式，特别是那些只能种植一季的低洼田、冷浸田，采取这种模式，经济效益很可观。在不影响中稻产量的情况下，每亩可出产龙虾 100 千克左右。

根据国外经验和国内不同地区的养殖模式试验，我们对龙虾的各种养殖模式进行了科学总结，认为龙虾的养殖模式主要有以下几种。

第一是池塘精养龙虾的养殖模式。主要是通过对池塘进行科学改造，完善池塘的进排水系统和防逃设施，然后按设计要求，在规定的区域内种植挺水植物或沉水植物，同时每亩投放 300 千克的螺蛳，投放虾种 30~40 千克，加强日常管理和科学投喂。这种养殖模式如果各方面都能到位，一般亩产量在 200 千克左右，效益较好。例如澳大利亚就利用池塘精养龙虾，这种模式需要投入较高的资金，需要人为投喂和科学的管理，经济效益显著。

第二是池塘混养龙虾的养殖模式。这种模式的主要原理和操作过程与池塘精养龙虾是一样的，唯一不同的是这种模式可以混养鱼类。根据目前全国各地的试验，可以混养的模式主要有四大家鱼亲鱼塘混养龙虾、四大家鱼成鱼养殖池混养龙虾、龙虾和鲌鱼混养、龙虾和鳜鱼混养、龙虾与河蟹混养等几种具体的混养模式。值得注意的是，混养鱼类时一定不能混养乌鳢、鲤鱼、鳡鱼、黄鳝、泥鳅、鲶鱼等鱼。

第三是湖泊养殖龙虾的模式。这种模式是属于粗放式的养殖，主要技术要点是选择带有丰富水草的浅水型湖泊、在预定的养殖区域内用围网做好防逃设施、做好敌害的清除工作、加强日常管理。这种模式目前在我国浅水型的草型湖泊中是很实用的，而且在全球其他地方也被充分应用，例如前苏联对龙虾的养殖研究就比较早，在 20 世纪初就开始了龙虾的养殖试验，20 世纪 30 年代对大湖泊实施虾苗人工放流，20 世纪 60 年代工厂化育苗试验成功，为龙虾的示范推广尤其是湖泊放流提供了充足的苗种来源。

第四是草荡养殖龙虾的模式和沼泽地养殖龙虾的模式。这两种模式和湖泊养殖模式基本上相同，主要是在澳大利亚等国家广为应用。澳大利亚是近 20 年来龙虾养殖发展最快的国家，它们主要是利用本地产的龙虾资源，在草荡、沼泽地的粗放养殖，不需要人工投喂，也不需要建设防逃设施，只要进行简单粗放管理即可，平均单产为每亩 25 千克左右。

第五是利用沟渠和庭院养殖龙虾的模式。目前这两种模式在我国南方比较常见，具有管理方便的优点，主要技术要点是养殖沟渠水域的选择、庭院养殖池的改造、日常管理等工作。

第六是稻田养殖龙虾的模式。这种模式目前在全球各地都广泛养殖，在我国也是最主要的养殖方式。主要技术要点是稻田的选择、虾沟的开挖、虾沟内水草的栽种与护理、防逃设施的准备、水稻栽培技术、龙虾科学放养、不同季节的水位调节、科学的投饵管理、正确的施肥和施药方法等方面。根据稻田与虾的养殖季节、养殖方式、混养鱼类、种稻季节等不同而细分为不同的具体的养殖方式。

第七是网箱养殖龙虾的模式。这是一种高投入、高回报、高风险的养殖模式，主要技术要点有网箱设置地点的选择、网箱的安置、虾种的放养、科学管理等。

第八是龙虾与经济水生作物的混养或轮作模式。可以和龙虾进行混养的水生经济植物有莲藕、芡实、茭白、菱角、水芹等。这种养殖模式的关键要点是龙虾的饵料生物或饲料要充足，不能让龙虾采食新鲜的水生植物嫩芽。

四、龙虾养殖存在的问题

当前，水产品质量安全已成为社会敏感问题、热点问题，大家广泛关注。如果我们不注意、不正视这些问题，将严重影响整个产业的健康发展。我们在调研和推广稻田养龙虾技术时，也发现了在龙虾养殖发展过程中存在的一些问题。

第一，龙虾种质有退化的现象。经过多年的养殖后，在稻田中的龙虾基本上都是自繁自育，导致目前养殖的龙虾性早熟现象比较严重，过早性成熟，导致龙虾的体内从饲料里吸收的营养和能量有相当一部分都转向性腺发育，造成龙虾用于身体生长的能量不足，表现出商品虾规格较小，当然养殖产量也随之下降。这种现象主要是由于市场急功近利，且亲本不能及时更新而造成的。因此在养殖过程中，一方面要加强种质提纯复壮的工作，充分利用稻田开展龙虾的育苗批量生产；另一方面稻田的养殖环境不佳，长期以来对稻田过度开发利用，而缺少环境修复的手段，导致养虾稻田的虾沟里水草资源稀少，天然栖息环境恶劣，另外虾沟里的淤泥沉积造成水位过浅、水质过肥等原因也是导致龙虾性早熟的诱因。

第二，龙虾苗种的繁育关键技术还需要进一步取得突破。主要是改变传统的育苗思路，例如安徽省全椒稻虾养殖模式中，就根据全椒当地的水稻栽插时间，开展龙虾秋繁技术的示范与推广。这样的目的是可以让来年的苗种批量供应提前至 3 月底、4 月初，确保当年养殖取得明显的经济效益。

第三，稻虾连作共作过程中的健康养殖技术有待提升。主要是养殖标准化问题还没有达到全国统一，可以参照河蟹稻田养殖主要技术，规范并提升龙虾养殖技术，建立稻虾连作及种养结合的标准化模式。

第四，有一部分人在一定程度上对稻田养虾的认识缺乏科学性、盲目性，认为只要用一块稻田就可以养龙虾。这种观点是错误的，我们必须认识到稻田养殖龙虾也存在较大的风险。因此在养殖时要加强自身业务素质的提高，根据龙虾生物学特性（需求），科学管理，要根据水稻和龙虾不同生长阶段对水分、光照、营养的需求特点，做好针对性的工作。另外在稻田养龙虾时，要强化营造龙虾养殖环境，避免龙虾病害的暴发。当然龙虾的投饲也有学问，投饲多了虾吃不完影响水质，投饲少了轻则影响虾的生长，严重时引起弱肉强食互相残杀，造成较大损失。

第五，上市过于集中，养殖效益下降。由于龙虾养殖的季节性较强，加上人们食用的习惯，导致每年5—10月，是全国各地龙虾集中上市的时间，大量的鲜活成虾集中在市场，导致价格下跌，效益较低。我们要充分发挥稻田养殖龙虾的优势，充分利用稻田养虾的时间差，尽可能地早上市。一定要在6月15日将龙虾起捕上市，一方面是早期的价格较高，另一方面是为了错开后期池塘、湖泊等水体里的龙虾大量上市而造成的价格冲击，还有一个原因就是不能影响水稻的栽插和生长发育。

第六，龙虾的品牌和特色问题应该得到重视。不可否认，江苏盱眙的龙虾品牌是目前全国最响的，但是根据市场调研及全国水产统计报表的总量以及盱眙每年营销龙虾的数量可以看出，江苏的产量远远满足不了当地的需求，而另外两个大省湖北和安徽的部分龙虾供应了江苏。因此在发展稻虾连作共作时，我们一定要注重品牌建设，打造种养模式的生态龙虾品牌，以特色、品牌扩大影响，做大做强龙虾产业。

五、在养殖过程中需要注意的误区

经过技术人员的指导反馈，以及生产实践的经验表明，在龙虾的稻田养殖过程中存在不少误区，包括以下几点。

一是水质管理的误区。

（1）没有培好肥就直接下苗

第一次放苗养殖时，为了赶时间或者其他的技术原因，田间沟的水质还没有培肥好，就急忙投放龙虾虾苗。由于池塘水体偏瘦，可供幼虾摄食的生物饵料缺乏，从而影响幼虾的生长和成活率。

（2）换水不讲究科学性

一些虾农在换水时并不讲究科学换水，常常是一次性大量换水，这种情况特别是发生在换水方便的地方。他们一味地认为只要大量换水，就可以保证水质良好，结果引起稻田里的水温波动太大，造成虾产生应激性反应，从而影响虾的摄食和生长。

二是苗种投放上的误区。

有一些养殖户为了方便，或者是信息不到位，或者是为了购买便宜的苗种，购买的苗种往往是经过几道贩子手上过来的。这种苗种的质量非常差，有的是用药物诱捕的，放到稻田里，很快就会死亡，养殖的结果可想而知。

三是混养上的误区。

有许多虾农在养殖龙虾的稻田里混养了一些鲢、鳙鱼种，还混养鲫鱼。混养鲢、鳙鱼种对抑制水体的肥度能起到很好的作用，而混养鲫鱼虽然能够摄食腐屑碎片和浮游生物，但大部分配合饲料被鲫鱼吞食，导致虾料的浪费和饵料系数的提高。鲫鱼的价格远远低于龙虾的售价，这种不科学的混养往往会造成养殖效益上的降低。

四是捕捞不及时的误区。

现在各地在稻田里养殖龙虾的养殖户大多能采取“捕大留小，天天捕捞，天天上市”的放养模式，但是还有许多虾农因种种原因，对已经能适合上市的大虾不能及时捕捞上市，而不能上市的大虾往往有更强的活力。它们有独占地盘、弱肉强食的习性，会对小虾产生一定的欺负，从而造成小虾一方面长不大，另一方面可能会死亡。因此对适宜上市的虾应早上市，大的龙虾经捕捞后田里的密度就会稀疏，可以加速余下部分小虾的生长。

第二节　龙虾的发展和市场

一、龙虾的来源

龙虾学名叫克氏原螯虾（*Procambarus clarkii*），又称小龙虾、克氏螯虾、红色沼泽螯虾，具有虾的明显特征。整个身体由 20 节组成，分为头胸部和腹部，其外形又酷似海中龙虾，故称为龙虾，又因它的个体比海水龙虾小而称为小龙虾。同时为了和海水龙虾相区别，加上它是生活在淡水中的，因而在生产上和应用上也常被称为淡水小龙虾，也是目前世界上分布最广、养殖产量最高的优良淡水螯虾品种。

根据研究，龙虾原产于北美洲，美国是龙虾的故乡，加拿大和墨西哥等地也是它的故乡之一，尤其是美国路易斯安那州是龙虾的主要产区。这个州已经把龙虾的养殖当做农业生产的主要组成部分，并把虾仁等龙虾制品输送到世界各地。

龙虾的种类繁多，由于地域关系及长期的进化，已经形成了许多种类。根据资料表明，全世界现已查明的龙虾有590多种和亚种，其中分布最多的是北美洲，有400多个种和亚种；其次是澳大利亚，有100多种；欧洲有15种；南美洲有8种；亚洲有7种；非洲原只有马达加斯加岛有龙虾，非洲大陆本没有龙虾的分布，后来经人为引进，才形成了种群。我国土著龙虾有4种，引进了好几种，但最形成气候和市场价值的却是原产于美国的龙虾。

二、龙虾在中国的发展

龙虾在中国的发展是有一个过程的，它并不是直接从美国传入我国，而是1918年先从美国引入日本，1929年左右再从日本传入中国，先在江苏的南京、安徽的滁州、当涂一带生长繁殖。20世纪50年代，在我国还不多见，20世纪80年代，我国水产专家开始关注龙虾，华中农业大学的魏青山教授开始做这方面的基础研究，张世萍教授也在90年代开始涉足这方面的研究。与此同时，澳大利亚的红螯虾（俗称也叫淡水龙虾）也开始被引进我国并做了一些基础性研究，尤其是华中农业大学的陈孝煊教授和吴志新老师做了大量的工作，取得非常宝贵的第一手资料。

由于龙虾具有适应能力强、繁殖速度快、迁移迅速、喜掘洞等特点，对农作物、鱼苗、池埂及农田水利有一定的破坏作用，在我国曾长期被作为一种敌害生物来加以清除。例如在早期的四大家鱼养殖中，就把龙虾作为一项主要的敌害加以清除。经过不断的研究和生产实践表明，龙虾的掘洞能力、攀援能力及在陆地上的移动速度都远比中华绒螯蟹弱。只要养殖者加强管理，为龙虾的生长营造合适的生态环境，龙虾是可以作为一种优质水产资源加以利用的。

目前，龙虾已经由“外来户”变为“本地居民”了，成为我国主要的甲壳类经济水生动物之一。它的受欢迎程度和市场经济价值直逼我国特产的中华绒螯蟹，长江南北都能见到它的踪迹，特别是江淮一带气候宜人，水网众多，已经成为龙虾的主要产区。由于龙虾在国际、国内市场十分火爆，价格不断攀升，销售供不应求，经济效益明显，已经成为我国新兴的水产主养品种之一。发展淡水龙虾的人工养殖，既可丰富人民的菜篮子，又可出口创汇，实为养殖生产者实现快速增收致富的一条好门路。

2000 年后，我国先后有安徽、江苏、上海、湖北等省市开展了龙虾的人工繁殖工作，例如湖北省水产科学研究所在 2005 年取得室外规模化人工繁殖的突破，繁殖龙虾苗近 100 万尾，安徽省滁州地区于 2007 年取得了千亩连片稻田轮作示范区亩产超 100 千克产量的成绩。

随着自然种群的扩展和人类的养殖活动，该虾现广泛分布于我国东北、华北、西北、西南、华东、华中、华南及台湾地区，形成可供利用的天然种群。

三、龙虾的市场

1. 食用市场火爆

龙虾肉质鲜美，营养丰富，可食部分较多，达 40%，虾尾肉占体重的 15%～18%，是人们喜爱的一种水产食品。目前龙虾销售市场前景广阔，国外很多国家都有喜欢吃龙虾的习惯，欧美国家是龙虾的主要消费国，在美国该虾不仅是重要的食用虾类，而且是垂钓的重要饵料，年消费量 6 万～8 万吨，自给能力不足 1/3，每年瑞典举行为期 3 周的龙虾节，每年进口龙虾就达 5 万～10 万吨；在国内，龙虾的食用已经风靡全国，被越来越多的消费者青睐，已成为城乡大部分家庭的家常菜肴，特别是江苏、浙江、上海，龙虾已经成为很多人餐桌上必不可少的一道美味。尤其以江苏省盱眙县每年举办的“龙虾节”更是闻名中外，让龙虾的饮食文化走向世界，走向高端，从以前被人不屑一顾的大排档已经进入高档酒楼食肆场所，其代表作品是盱眙“十三香龙虾”。在武汉、南京、上海、常州、无锡、苏州、合肥等大中城市，龙虾的年消费量都在万吨以上。根据调查，南京市一个晚上饭店、大排档的龙虾销售量在2万千克左右。

人人爱吃的龙虾

2. 保健市场广阔

龙虾具有防止胆固醇在人体内蓄积的作用，是一种高蛋白、低脂肪的健康保健食品，蛋白含量占总体的17.62%，氨基酸总量占蛋白质的77.2%，脂肪含量不到0.2%，而且所含的脂肪主要是由不饱和脂肪酸组成的，宜于人体吸收。龙虾还含有人体所需的多种矿物质，矿物质含量为1.6%，富含维生素A、维生素C、维生素D，远远超过畜禽肉含量，龙虾的蛋白质中，含有较多的原肌球蛋白和副肌球蛋白，经常食用龙虾，具有补肾、壮阳、滋阴、健胃的功能。龙虾比其他虾类含有更多的铁、钙和胡萝卜素，龙虾虾壳和肉都对人体健康很有利，对多种疾病有疗效。

3. 饲料原料市场有需求

龙虾的结构相对简单，除去甲壳后，它的身体其他部分是许多鱼类和经济水产动物重要的饵料来源，十多年前的河蟹养殖都喜欢用龙虾作为重要的饲料源，经加工后的废弃物也可作为饲养其他动物的饲料。

4. 工业市场附加值高

龙虾的工业价值不断被开发，根据资料表明，龙虾虾头和虾壳含有20%的虾壳素，从龙虾的甲壳中提取的虾青素、虾红素、甲壳素、几丁质、鞣软及其衍生物被广泛应用于食品、工业、医药、饮料、造纸、印染、日用化工、农业和环保等方面，甲壳加工投资少、效益高。

5. 国际市场广受欢迎

十年前，由于龙虾的整虾食用开发较缓慢，它的利用价值主要是体现在出口创汇上，尤其是虾仁部分，经冷冻或速冻后被出口到欧盟、日本、美国、东南亚、澳洲等市场，深受欢迎。近年来，龙虾的出口创汇又开发了虾黄、尾肉及整条虾出口。在美国，龙虾的售价每千克可达3.5~5美元，每千克龙虾尾肉售价可达20美元。

最受市场欢迎的龙虾

1988年我国湖北省首次向瑞典出口龙虾，这是我国第一次将龙虾出口到国外，以后每年出口龙虾创汇超过5 000万美元。江苏是龙虾加工出口的重点省份，全省有加工企业60多家，年加工龙虾出口量6 000吨左右。浙江省出口主要是冻虾仁，宁波、温岭均设有加工厂出口欧洲。

随着龙虾国际市场的打开，国内龙虾加工企业增多，为龙虾规模化养殖提供了产品销售保障。

第三节 龙虾的生物学特性

一、龙虾的分类学地位与分布

龙虾中文学名为克氏原螯虾，在淡水螯虾类中属中、小型个体，在分类学上与龙虾、河蟹、河虾及对虾一起属于节肢动物门。龙虾属于甲壳纲、十足目、蝲蛄科、原螯虾属。

龙虾

龙虾原产北美，现广泛分布于世界上多个国家和地区，主要分布的国家和地区有美国、墨西哥、澳大利亚、新几内亚、津巴布韦、南非、土耳其、叙利亚、匈牙利、波兰、保加利亚、西班牙。在 20 世纪早期从日本传入我国，最初在江苏的北部，随着自然种群的扩展和人类的养殖活动，现广泛分布于我国的新疆、甘肃、宁夏、内蒙古、山西、陕西、河南、河北、天津、北京、辽宁、山东、江苏、上海、安徽、湘江、江西、湖南、湖北、重庆、四川、贵州、云南、广西、广东、福建及台湾等 20 多个省、市、自治区，形成可供利用的天然种群。特别是在长江中、下游地区生物种群量较大，是我国龙虾的主产区。

二、龙虾的形态特征

1. 外部形态

龙虾的体型稍平扁，体表包裹着一层由几丁质组成的外骨骼，从而形成坚硬的甲壳，俗称虾壳，主要起保护内部柔软机体和附着筋肉之用。身体由头胸部和腹部共 20 节组成，头胸部粗大，腹部自前向后逐步变小。其中头部 5 节，胸部 8 节，腹部有 7 节，除尾节无附肢外，共有附肢 19 对。各体节之间以薄而坚韧的膜相连，使体节可以自由活动。

龙虾的头部圆筒形，前端有一水平方向前伸的扁平额角，三角形。额角表面中部凹陷，两侧有隆脊，尖端锐刺状。头胸甲背部有四条沿身体纵轴方向排列的脊。头胸甲在体侧部形成鳃甲。头部有小触须一对，具有嗅觉、触觉、平衡的功能；大触须一对，具有嗅觉、触觉的功能；大颚一对，主要是咀嚼食物。另外还有第一小颚和第二小颚各一对，主要是辅助摄食、激动鳃室内水流动的作用。

腹部共有 7 节，腹部第二节至第五节下面都有一对附肢，称为腹足或游泳足，有激动水流、抱卵和保护幼体的功能。腹部第六节附肢向后伸展、加宽称尾足，并与尾节组成尾扇。龙虾尾部有 5 片强大的尾扇，能控制虾在水中的平衡、升降以及向后退缩等运动。另外雌虾在抱卵期和孵化期，尾扇均向内弯曲，在爬行或受到敌害惊扰时，以保护受精卵或稚虾免受损害。雌虾生殖孔一对，位于第三对步足基部，雄虾在第五对步足基部有一对生殖突，演变成钙质管状交接器。此外，在额剑基部两侧有复眼一对，横接于眼柄末端，可以自由活动。

胸部有 5 对步足，第一对呈粗壮的螯状，俗称大螯，是主要的防御敌害、攻击食物、捕食工具；第二、三对为钳状，具有摄食、运动、清洗的作用；第四、五对为爪状，主要是运动、清洗作用。在头胸部的前端还有三对触角，一对大触角，两对小触角，具有感觉和协助摄食的作用。

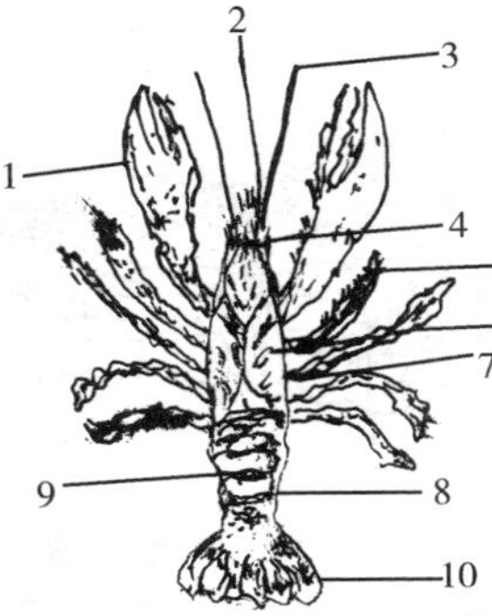

1. 大螯 2. 小触角 3. 大触角 4. 额剑 5. 胸足
6. 肝脏 7. 头胸甲 8. 游泳足 9. 腹部 10. 尾扇

小龙虾外部特征示意图（背面观）

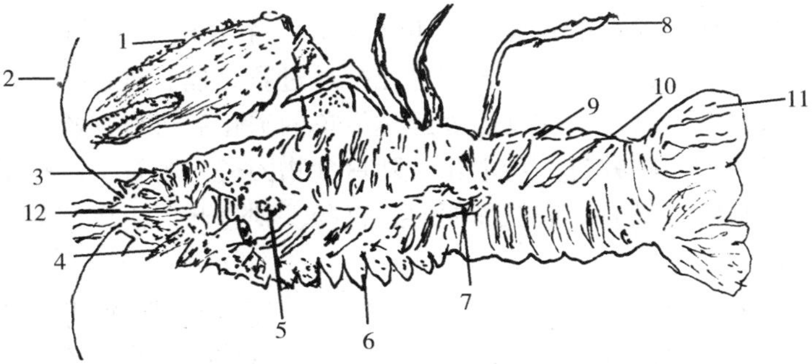

1. 大螯 2. 大触角 3. 头胸甲 4. 额剑 5. 口 6. 鳃
7. 输精管 8. 胸足 9. 交接棒 10. 游泳足 11. 尾扇 12. 小触角

小龙虾外部特征示意图（腹面观）

2. 内部结构

龙虾的体内无脊椎，整个体内分为消化系统、呼吸系统、循环系统、排泄系统、神经系统、生殖系统、肌肉运动系统、内分泌系统等八大部分。

呼吸系统：龙虾的呼吸系统主要是鳃，共有鳃 17 对，鳃上密布排列许多细小的羽状鳃板、鳃丝组成。龙虾呼吸时，口周围的附肢运动形成水流进入鳃腔，水流经过鳃完成气体交换，获取充足的氧气，排出二氧化碳等废气。龙虾的成虾有较强的耐低溶氧能力，在潮湿微

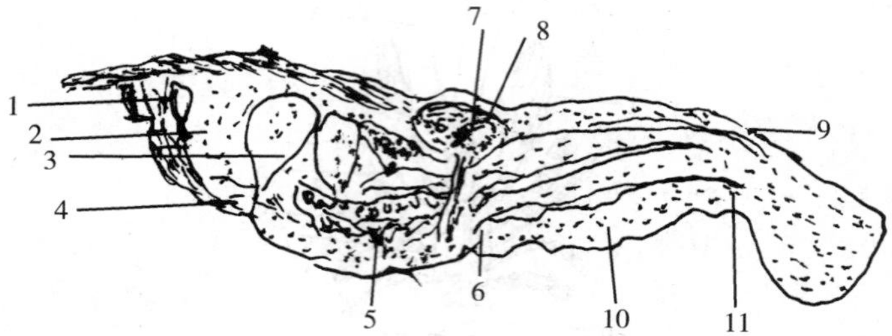

1. 脑　2. 绿腺　3. 胃　4. 口　5. 卵巢　6. 储精囊
7. 心脏　8. 心包腔　9. 背动脉　10. 腹部　11. 肛门

小龙虾内部结构示意图

水状态下，能存活较长时间，故能耐长途运输，活虾供市。但幼虾和怀卵亲虾则不宜在过低的溶氧水体中生活。

消化系统：龙虾的消化系统并不复杂，主要包括口、食道、胃、肠、肝胰脏、直肠、肛门，首先是龙虾通过螯足捕获食物，然后食物经过口直接送入食道，在食道处经过简单的消化后形成食物团，进入胃部作简单的储藏并进一步消化。随后食物团进入肠管，进行深层次的消化和吸收，最后形成的粪便通过直肠，到达开口于尾节的肛门并及时排泄。

肌肉运动系统：龙虾的肌肉运动系统主要是由肌肉和甲壳组成的，是龙虾完成掘洞、交配、摄食、防卫、运动的主要系统。甲壳又被称为外骨骼，起着支撑的作用，在肌肉的牵动下起着运动的功能。

循环系统：龙虾的循环系统也属于比较原始的，是一种开管式循环系统，总的来说是不发达的，主要包括心脏、血液和血管。值得注意的是，龙虾的血液是透明、非红色的液体。

排泄系统：龙虾的排泄系统由绿腺和膀胱共同完成，在头部大触角基部内部有一对绿色腺体，称为绿腺，这是龙虾的主要排泄系统。腺体后连接有膀胱，开口于体外，能及时将一些体内生成的废物排泄出去。

神经系统：龙虾的神经系统和其他甲壳类动物是一样的，很简单，包括神经节、神经和神经索，通过神经系统可以有效地调控龙虾的生长、蜕皮及生殖生理过程。

生殖系统：龙虾的生殖系统是比较发达的，不但担负着种族延续的重任，而且在生产中对苗种的供应起着决定性的作用。龙虾雌雄异体，可以分为雄性生殖系统和雌性生殖系统。雄性生殖系统包括精巢1对，输精管1对，生殖突1对；雌性生殖系统包括卵巢1对，输卵管1对，生殖孔一个。值得注意的是，雄性龙虾的交接器和雌性龙虾的储精囊都不属于生殖系统，但是它们在龙虾的生殖过程、种族延续中起着非常重要的、不可或缺的作用。有人把交接器和储精囊形象地称为生殖系统附属机构。

内分泌系统：龙虾的内分泌系统非常简单，常常与其他结构组合在一起而被人们忽视，所以长期以来人们并不完全了解它的作用，以至于在许多资料中并没有提及龙虾有内分泌系统这一说法。

三、栖息习性

龙虾喜温怕光，为夜行性动物，昼伏夜出，营底栖爬行生活，有明显的昼夜垂直移动现象。在正常条件下，白天光线强烈时常潜伏在水中较深处或水体底部光线较暗的角落、石砾、水草、树枝、石块旁、草丛或洞穴中，光线微弱或夜晚出来摄食，多聚集在浅水边爬行觅食或寻偶。该虾多喜爬行，不喜游泳，觅食和活动时向前爬行，受惊或遇敌时迅速向后，弹跳回深水中躲避。

从调查情况看，龙虾对水体要求较宽，各种水体都能生存，广泛栖息生活于淡水湖泊、河流、池塘、水库、沼泽、水渠、水田、水沟及稻田中，甚至在一些鱼类难以存活的水体也能存活，但在食物较为丰富的静水沟渠、池塘和浅水草型湖泊中较多，说明该虾对水体的富营养化及低氧有较强的适应性。一般水体溶氧保持在3毫克/升以上，即可满足其生长所需。栖息地水体水位较为稳定的，则该虾分布较多。龙虾栖息的地点常有季节性移动现象，春天水温上升，龙虾多在浅水处活动，盛夏水温较高时就向深水处移动，冬季在洞穴中越冬。

龙虾的栖息地多为土质，特别是腐殖质较多的泥质，有较多的水草、树根或石块等隐蔽物。当水体溶氧不足时，该虾常攀援到水体表层呼吸或借助于水体中的杂草、树枝、石块等物，将身体偏转使一侧鳃处于水体表面呼吸，甚至爬上陆地借助空气中的氧气呼吸，离开水体能成活 1 周以上。

四、迁徙习性

该虾有较强的攀援能力和迁徙能力，在水体缺氧、缺饵、污染及其他生物、理化因子发生骤烈变化而不适的情况下，常常爬出水体外活动，从一个水体迁徙到另一个水体。该虾喜逆水，常常逆水上溯的能力很强，这也是该虾在下大雨时常随水流爬出养殖池塘的原因之一，因此在养殖过程中一定要注意防逃措施的建设。

五、掘穴习性

龙虾与河蟹很相似，有一对特别发达的螯，有掘洞穴居的习惯。

1. 掘穴地点

调查发现，龙虾掘洞能力较强，但并不是在所有的情况下都喜欢打洞。在水质较肥、淤泥较多，有机质丰富的生长季节，龙虾掘穴明显减少；而在无石块、杂草及洞穴可供躲藏的水体，该虾常在堤埂靠近水面上下挖洞穴居。

2. 掘穴形状与深度

洞穴的深浅、走向与水体水位的波动、堤岸的土质及龙虾的生活周期有关。在水位升降幅度较大的水体和虾的繁殖期，所掘洞穴较深；在水位稳定的水体和虾的越冬期，所掘洞穴较浅；在生长期，龙虾基本不掘洞。洞穴一般圆形，向下倾斜，且曲折方向不一。

我们曾经在滁州市全椒县和天长市进行调查，对 122 例龙虾洞穴的调查与实地测量中发现，深度 30～80 厘米的有 95 处，占测量洞穴的 78%左右，部分洞穴的深度可超过 1 米。我们在天长市杨村镇测量到最长的一处洞穴达 1.94 米，直径达 7.4 厘米。调查还发现，横向平面走向的龙虾洞穴才有超过 1 米以上深度的可能，而垂直纵深向下的洞穴一般都比较浅。

3. 掘穴速度

龙虾的掘洞速度是非常惊人的，尤其在放入一个新的生活环境中更是明显。2006 年，我们在天长市牧马湖一小型水体中放入刚收购的龙虾，经一夜后观察，在沙壤土中，大部分龙虾掘的新洞深度在

40厘米左右。

4. 掘穴位置

在调查中发现，龙虾所掘的洞口位置通常选择在相对固定的水平面处较多，但这种选择性也会因水位的变化而使洞口高出或低于水平面，故而一般在水面上下20厘米处龙虾洞口最多，这种情况在稻田中很明显。另外在水上池埂、水中斜坡及浅水区的沙质池底部都有龙虾洞穴，但是在池底软泥处则几乎没有龙虾洞穴的存在。

5. 掘穴保护

龙虾在挖好洞穴后，多数都要加以覆盖，即将泥土等物堵住唯一的入口，这可能是龙虾防止其他敌害进入洞穴侵袭的一种自我保护。尤其对于越冬的龙虾是非常有好处的，它可以防止洞穴内部的温度不至于过低而使自己被冻伤。

6. 掘穴作用

无论在何种生存环境中，在繁殖季节龙虾打洞的数量都明显增多，这说明龙虾的打洞行为是有积极意义的。试验观察表明，龙虾喜阴怕光，光线微弱或黑暗时爬出洞穴，光线强烈时，则沉入水底或躲藏在洞穴中。尤其是当龙虾处于蜕壳生长期和繁殖期时，也在洞穴中进行，防止被其他动物伤害。因而在养殖池中适当增放人工巢穴，并加以技术措施能大大减轻该虾对池埂、堤岸的破坏。

7. 掘穴的危害

凡事都有两面性，掘洞是龙虾自身的一种保护行为，对龙虾是非常有用的，但许多学者也认为，龙虾的打洞行为是有害的，尤其是对河堤、池塘、库坝可能会造成毁灭性的破坏作用。蔡生力教授认为，1998年长江中下游遭受洪灾时，很多堤坝的险情都与龙虾的破坏有关。

六、自我保护习性

龙虾的游泳能力较差，只能作短距离的游动，常在水草丛中攀爬，抱住水体中的水草或悬浮物将身体侧卧于水面，当受惊或遭受敌害侵袭时，便举起两只大螯摆出格斗的架势，一旦钳住后不轻易放松，放到水中才能松开。

龙虾幼体附肢的再生能力强，一旦附肢断开后，会在第 2 次蜕皮时再生一部分，几次蜕皮后就会恢复，不过新生的部分比原先的要短小。这种再生行为也是龙虾一种保护性的适应。

七、强烈的攻击行为

龙虾的攻击性相当强，在争夺领地、抢占食物、竞争配偶时，这种攻击性更加明显。根据 Ameyaw ~ Akumfi 于 1976 年的报道，龙虾在第二期幼体时就显示了强烈的种内攻击行为。当两只龙虾相遇时，两虾都会将各自的两只大螯高高竖起，伸向对方，呈战斗状态。“狭路相逢勇者胜”，双方在对峙约 10 秒钟后，会立即发起攻击，直至一方承认失败并退却后，这场战争才算告一段落。在这种情况下，如果一方是刚蜕壳的软壳虾，它的防御能力相当弱，此时极有可能成为对方的腹中之物。因此在人工养殖过程中应增加隐蔽物，增加环境复杂度，减少龙虾直接接触发生战斗的机会。

八、领地行为明显

龙虾和河蟹一样具有强烈的领地行为，一旦同类进入它的领地，就会发生攻击行为。这种领地的表现形式就是掘洞，在洞穴内是不能容忍同类尤其是同一性别的龙虾共处的，但生殖交配和抱卵时除外。领地的大小不是一成不变的，它根据时间和生态环境不同而作适当调整。

九、趋水习性

龙虾和河蟹一样，具有很强的趋水习性，喜欢新水、活水。在进排水口有活水进入时，它们会成群结队地溯水逃跑。在下雨时，由于受到新水的刺激，加上攀爬能力强，它们会集群顺着雨水流入的方向爬到岸边或停留或逃逸。在养殖池中常常会发现成群的龙虾聚集在进水口周围，因此养殖龙虾时一定要有防逃的围栏设施。

十、氧气对龙虾的影响

水体是龙虾生存的环境，水质的好坏直接影响着龙虾的健康和发育，良好的水质条件可以促进虾体的正常发育。水体中溶解氧的来源有两条，一是大气中氧气的溶解，二是水生植物光合作用时氧气的释放。氧气在水中的溶解度随温度升高而降低，高温会引起水体中溶解氧降低，另外养殖密度过大、水中微生物的呼吸作用、有机物的分解作用、还原性物质如硫化氢等的氧化作用，都会造成水体缺氧，使龙虾生长缓慢甚至死亡。

龙虾利用空气中氧气的能力很强，有其他虾类难以具备的本领。在水中溶氧减少时，便会侧卧在水面，头胸甲一面露出水面进行呼吸，当水体中氧气进一步减少时，它会用步足撑起身体，头胸甲全部露出水面。龙虾喜在高溶解氧条件下生长，一般水体溶氧保持在3毫克/升以上，即可满足其生长所需。当水体溶氧不足时，该虾常攀援到水体表层呼吸或借助于水体中的杂草、树枝、石块等物，将身体偏转使一侧鳃腔处于水体表面呼吸。在水体缺氧的环境下它不但可以爬上岸来，甚至爬上陆地借助空气中的氧气呼吸。在阴暗、潮湿的环境条件下，该虾离开水体能存活1周以上。

十一、温度对龙虾的影响

龙虾为变温水生动物，其代谢活动、酶活性和生长发育与水体中温度有密切的关系。

1. 温度对龙虾代谢活动的影响

根据杨成等和温小波等就温度对龙虾窒息点影响的研究，得出了龙虾的窒息点与温度成正相关关系。温度升高，窒息点增大；随着温度的升高，代谢强度增加，代谢率增大，龙虾的能量消耗增大。为维持其正常代谢水平，保持最适宜的生长温度在25～30℃是非常重要的。龙虾在这个最适生长水温范围内，随着温度的升高，其摄食量也逐渐增大，生长速度也逐渐加快，这个范围的水温维持时间越长，龙虾的个体增长越快。了解和掌握龙虾的窒息点和耗氧率，对于在龙虾养殖中对温度的控制管理有重要意义。

2. 温度对龙虾酶活性的影响

由于龙虾的免疫系统为非特异性，只能以其自身的天然免疫反应为主，并通过酚氧化酶、抗菌肽、凝集素等化学物激活免疫系统。朱毅菲等研究发现，龙虾的免疫系统中酚氧化酶的活性温度在20℃时表现为最佳，在此以后，随温度升高，其活性迅速下降，但在20～30℃内仍保持较高热稳定性，于30℃时最稳定。

3. 温度对龙虾生长发育的影响

李铭等通过研究温度对龙虾幼虾发育和存活的影响，提出了对于龙虾幼虾，不宜生长在高于30℃以上和低于5℃以下的水域中，1月龄的幼虾最佳生长温度为25℃；李庭吉等通过研究不同水温条件下龙虾亲虾孵化幼体数量和受精卵孵化情况，建议在龙虾育苗生产中，受精卵的孵化温度控制在24～30℃，这样既节约成本，又能提高孵化率。

4. 龙虾对温度的适应能力

龙虾对高水温或低水温都有较强的适应性，这与它的分布地域跨越热带、亚热带和温带是一致的。研究表明，龙虾温度适应范围为−15～40℃，在我国大部分地区都能自然越冬。在长江流域，冬天晚上将其带水置于室外，被冰冻住仍能成活，但龙虾的最适温度范围为15～25℃。受精卵孵化和幼体发育水温在24～28℃为好。

十二、盐度对龙虾的影响

盐度是反映水体中无机离子含量的指标，对于龙虾而言，盐度围绕其等渗点进行渗透，水生生物在等渗点时渗透压力最小，代谢率最低，生长率最高。因为此时维持内稳态的渗透压调节能耗最少，而盐度的改变需要消耗更多的能量用于渗透压调节，这样其能量代谢也就发生变化。

1. 盐度对龙虾酶活性的影响

郭春雨等在龙虾的盐度驯化试验中发现：其鳃的 Na^+-K^+-ATPase 酶活性与盐度成正相关关系，盐度越高，其活力越高。

2. 盐度对龙虾的半致死浓度的影响

李洪涛等研究了盐度对龙虾24小时、48小时、72小时、96小时的半致死浓度 LC_{50} 为31.74克/升、27.21克/升、26.45克/升、26.09克/升，其安全浓度是6.00克/升。这与龙虾对盐度的耐受性非常高，可以在0～12克/升盐度下存活的结果一致。

3. 盐度对龙虾代谢的影响

在盐度低于1克/升的环境下，龙虾的代谢率处于较低的水平，有利于其生长发育，此条件下有助于提高其养殖产量。而当盐度超过6克/升时，龙虾的生理代谢受到抑制，此时用于维持体内稳态所需的能耗最多，不利于其正常生长和发育，也不利于其摄食与生长。

十三、其他环境因子对龙虾的影响

水体是龙虾生存的环境，水质的好坏直接影响着龙虾的健康和发育，良好的水质条件可以促进虾体的正常发育。

1. 氨氮

养殖水体中的氨主要来自水生动物排泄物和底层有机物经氨化作用产生，在水体中主要以非离子氨（NH_3）和离子氨（NH_4^+）两种形式存在。艾春香等认为，水体中的氨氮可以影响龙虾的生长、蜕皮、耗氧量、氨氮排泄、血淋巴中血蓝蛋白水平和总蛋白质含量，并影响细胞渗透压调节、离子浓度和 Na^+-K^+-ATPase 酶活性。通过氨氮的胁迫降低龙虾的抗病免疫力，同时抗体对病原体的易感性提高，增加疾病发生的机会。

2. 亚硝酸盐

龙虾血液中含辅基为铜化合物的血蓝蛋白，在亚硝酸盐的作用下与血红蛋白反应，引起缺氧和青紫症状，进一步引起虾的大量死亡。罗静波等研究发现，龙虾幼仔对亚硝酸盐的耐受性随接触时间的增加而显著降低，安全浓度为1.52毫克/升。同时还发现，试验中最早死亡的通常是要蜕壳的、在蜕壳或刚完成蜕壳的个体。可见，亚硝酸盐对蜕壳期间的仔虾毒性危害大。

3. 硫化氢

在养殖水体底部存在着大量的有机物，在底部溶解氧含量较低的情况下，厌氧型的硫酸盐还原菌大量繁殖，把水体及底质中的硫酸盐还原为硫化氢。硫化氢通过渗透与吸收进入龙虾的组织与血液，表现为缺氧的症状，也对鳃丝黏膜有很强的刺激和腐蚀作用。在养殖过程中减少硫化氢的措施主要有三点：一是养殖过程应充分增氧，不断氧化分解 H_2S；二是经常换水，干塘后清除底层淤泥，减少 H_2S 的产生；三是不断调节水体 pH 值，控制在 6.5~8.5 为宜。

4. pH

pH 是水体的重要指标，龙虾喜欢中性和偏碱性的水体，养殖水体中 pH 值一般为 6.5～8.5，pH 值过高或过低会对龙虾直接产生危害。

十四、重金属对龙虾的影响

随着工业化的发展，汞、锌、铅、铜和镉等重金属作为工业原料大量使用，含有这些重金属离子的污水进入养殖水体中，重金属离子主要通过龙虾的呼吸作用由鳃和通过摄食由消化道进入机体内，在体内积累，不仅会造成龙虾养殖的损失，而且会通过食物链危害人类的健康。

汞：汞主要通过龙虾的消化道进入体内，严重影响细胞呼吸，导致其组织器官功能损坏和抑制中枢神经系统。

铜和镉：当铜和镉进入龙虾体内时，破坏细胞膜的结构完整性，影响其功能，最终导致 DNA 的损伤。

锌和铅：主要通过呼吸道进入龙虾体内，影响机体的造血功能、神经系统和排泄系统。

如用地下水养殖龙虾，必须事前对地下水进行检测，以免重金属含量过高，影响龙虾的生长发育。

十五、对农药反应敏感

龙虾对某些农药如敌百虫、菊酯类杀虫剂、化肥、液化石油气等化学物品非常敏感，只要塘内有这些化学物品，龙虾就会全军覆灭，因此养殖水体应符合国家颁布的渔业水质标准和无公害食品淡水水质标准。养殖区里有稻田的，要注意在防治水稻疾病时，不能轻易将田水放入养虾水域中。如果是稻田混养的，在选择药物时要注意药物的安全性。

十六、食性与摄食

华中农业大学魏青山 1985 年对武汉地区龙虾食性分析的结果是：

植物性成分占98%，其中主要是高等水生植物及丝状藻类。因此龙虾是以植物性食物为主的杂食性动物，动物类的小鱼、虾，浮游生物，底栖生物、水生昆虫、动物尸体、有机碎屑及各种谷物，饼类、蔬菜、陆生牧草、水体中的水生植物、着生藻类等都可以作为它的食物，也喜食人工配合饲料（表1）。另外，龙虾食性在不同的发育阶段稍有差异。刚孵出的幼体以其自身存留的卵黄为营养，幼体第一次蜕壳后开始摄食浮游植物及小型枝角类幼体、轮虫等，随着个体不断增大，摄食较大的浮游动物、底栖动物和植物碎屑，成虾兼食动植物，主食植物碎屑、动物尸体，也摄食水蚯蚓、摇蚊幼虫、小型甲壳类及一些水生昆虫。在人工养殖情况下，幼体可投喂丰年虫无节幼体、螺旋藻粉等，成虾可投喂人工配合饲料，或以人工配合饲料为主，辅以动物、植物碎屑。

魏青山的研究表明，在20~25℃，龙虾摄食马来眼子菜每昼夜可达自身体重的3.2%，摄食空心菜可达2.6%，水花生达1.1%，豆饼达1.2%，人工配合饲料达2.8%，摄食鱼肉达4.9%，而摄食蚯蚓高达14.8%。由于其游泳能力较差，在自然条件下对动物性饲料捕获的机会少，因此在该虾的食物组成中植物性成分占98%以上。在生长旺季，池塘下风处浮游植物很多的水面，能观察到龙虾将口器置于水平面处用两只大螯不停划动水流将水面藻类送入口中的现象，表明龙虾甚至能够利用水中的藻类。

表1 龙虾对各种食物的摄食率

	名称	摄食率（%）
植物	眼子菜	3.2
	空心菜	2.6
	水花生	1.1
	苏丹草	0.7
动物	水蚯蚓	14.8
	鱼肉	4.9
饲料	配合饲料	2.8
	豆饼	1.2

（引自：魏青山，1985）

龙虾摄食多在傍晚或黎明，尤以黄昏为多，人工养殖条件下，经过一定的驯化，白天也会出来觅食。龙虾具有较强的耐饥饿能力，一般能耐饿3~5天；秋冬季节一般20~30天不进食也不会饿死。摄食的最适温度为25~30℃；水温低于15℃以下活动减弱；水温低于10℃或超过35℃摄食明显减少；水温在8℃以下时，进入越冬期，停止摄食。在适温范围内，随水温的升高，摄食强度也在增加。

龙虾不仅摄食能力强，而且有贪食、争食的习性。在养殖密度大或者投饵量不足的情况下，龙虾之间会自相残杀，尤其是正蜕壳或刚蜕壳的没有防御能力的软壳虾和幼虾常常被成年龙虾所捕食，有时抱卵亲虾在食物缺少时会残食自己所抱的卵。据有关研究表明，1只雌虾1天可吃掉20只幼体。

养殖龙虾时，可以在水域中先投入动物粪便等有机物，作用是培养浮游生物作为龙虾的饵料，但这些东西并不是龙虾的食物。

十七、蜕壳

龙虾与其他甲壳动物一样，体表为很坚硬的几丁质外骨骼，因而其生长必须通过蜕掉体表的甲壳才能完成其突变性生长。在它的一生中，每蜕一次壳就能得到一次较大幅度的生长。所以，正常的蜕壳意味着生长。

龙虾的蜕壳与水温、营养及个体发育阶段密切相关。幼体一般4~6天蜕皮1次，离开母体进入开放水体的幼虾每5~8天蜕皮1次，后期幼虾的蜕皮间隔一般8~20天。水温高，食物充足，发育阶段早，则蜕皮间隔短。从幼体到性成熟，龙虾要进行11次以上的蜕皮。其中蚤状幼体阶段蜕皮2次，幼虾阶段蜕皮9次以上。

蜕壳时间大多在夜晚，人工养殖条件下，有时白天也可见其蜕皮(壳)。根据该虾的活动及摄食情况，其蜕皮周期可分为蜕皮间期、蜕皮前期、蜕皮期和蜕皮后期四个阶段。蜕壳时，先是体液浓度增加，紧接着虾体侧卧，腹肢间歇性地缓缓划动，随后虾体急剧屈伸，将头胸甲与第一腹节背面交结处的关节膜裂开，再经几次突然性地连续跳动，新体就从裂缝中跃出旧壳。这个阶段持续时间几分钟至十几分钟不等。经过多次观察，我们发现身体健壮的龙虾蜕壳时间多在8分钟左右，时间过长则龙虾易死亡。蜕壳后水分从皮质进入体内，身体增重、增大；体内钙石的钙向皮质层转移，新的壳体于12~24小时后皮质层变硬、变厚，成为甲壳。进入越冬期的龙虾，一般蛰居在洞穴中，不再蜕壳，并停止生长。

我们对龙虾蜕皮情况做了调查，性成熟的亲虾一般1年蜕皮1~2次。据测量，全长8~11厘米的龙虾每蜕一次皮，全长可增长1.2~1.5厘米。

十八、生长

龙虾是通过蜕壳来实现体重和体长生长的，离开母体的幼虾在温度适宜20~32℃，很快进入第一次蜕皮，每一次蜕皮后其生长速度明显加快。根据测试表明，龙虾生长总的趋势是有一定规律的。从孵化后到体重15克这一阶段内，是快速增长阶段；在达到16~45克的阶段，增长的速率呈相对稳定的水平；在体重达50克以后，生长较慢。在水温适宜、饲料充足等条件良好的情况下，一般60~90天内长到体长8~12厘米，体重15~20克，最大可达30克以上的商品规格。

我们在安徽省滁州地区进行调查测量时发现，9月中旬脱离母体的幼虾平均全长约1.05厘米，平均体重0.038克；在池塘中养殖到第二年的4月，平均全长达8.7厘米，平均重达24.7克。

十九、寿命与生活史

龙虾雄虾的寿命一般为20个月，雌虾的寿命为24个月。

龙虾的生活史也并不复杂，雌雄亲虾交配后分别产生卵子和精子，并受精成为受精卵，然后进入洞穴中发育。受精卵和蚤状幼体都由雌虾单独保护完成，到一定时间后，抱卵虾离开洞穴，排放幼虾。离开母体保护的幼虾经过数次的蜕壳后就可以上市了，还有部分成虾则继续发育为亲虾，完成下一个生殖轮回。

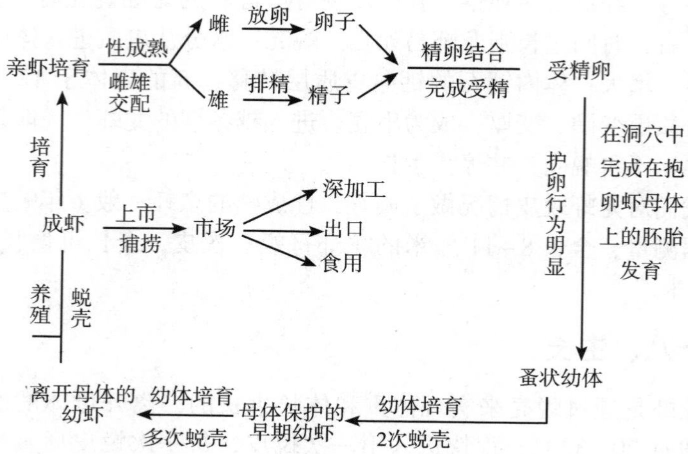

淡水小龙虾的生活史及培育

二十、捕获季节

每年6—8月，是龙虾体形最为“丰满”的时候，这时候的龙虾壳硬肉厚，也是人们捕捞和享用的最佳时机。

第二章 池塘养殖龙虾

龙虾在我国饲养后，已经表现出很强的适应性，湖北、福建、安徽、江苏等省均已养殖成功。龙虾的池塘养殖是目前比较成功且效益较稳定的一种养殖模式，在池塘中的养殖也可以分为专养、套养、混养、轮养等多种类型。不同的类型所要求的池塘条件略有不同，掌握技术难易程度也不一样，产生的经济效益差别很大。

为在实现龙虾池塘标准化养殖中取得更好的经济效益，我们认为着重要抓好以下几点：科学管水、科学投种、科学混养、科学防病、科学投喂和科学管理工作，工作示意图如下。

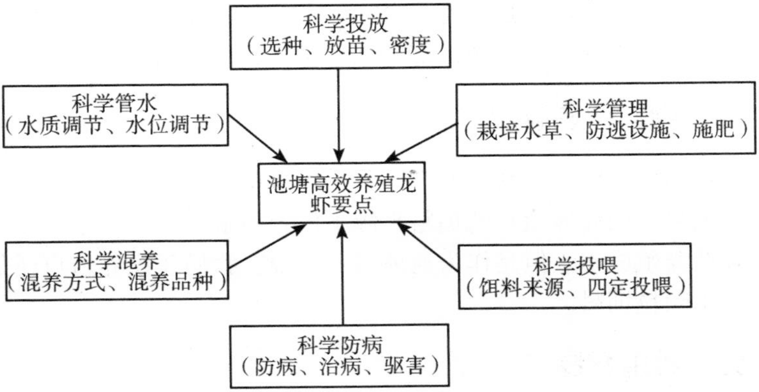

池塘养龙虾的管理工作

第一节　龙虾养殖的特点

与其他虾类相比，龙虾的成虾养殖具有六大特点。

一、体大肥美

由于龙虾的个体要比一般的青虾和罗氏沼虾大，因此经过人工养殖的上市龙虾，一般个体重可达 30～50 克，最大个体达 100 克左右，而且肉质肥美，可食部分比较多。

二、单位面积产量高

正常情况下，每年 8—9 月放养亲虾，次年 5 月就可以收获，而且具有一年放苗，多年受益的优点，每亩龙虾产量 250 千克左右。如果在苗种来源丰富且劳动力成本可控的情况下，可以在池塘里一年养殖两到三茬，总产量会更高，经济效益也更好。

三、适应性强

龙虾的生命力强、适应性广，纯淡水或半咸水都能生存，对恶劣的环境忍耐度高，离水后可存活 30 小时，耐长途运输，便于活虾上市。因此可以在淡水、微咸水等池塘里进行人工养殖。

四、饲料容易解决

龙虾的食性杂，饲料来源广，几乎农村中常见的东西都可能成为它的好饲料，因此养殖它的饲料来源不但容易解决而且价格低廉，可大大降低养殖成本。但是作为池塘精养来说，我们建议养殖户还是要考虑使用颗粒饲料。

五、养殖容易

一方面是龙虾的病害少；另一方面是龙虾的饲料好解决；还有一个就是龙虾的适应性强；最后一点就是龙虾的养殖方式多样化，因此养殖龙虾就很简单。

六、易推广，经济效益显著

只要做好管理措施，一般情况下，养殖龙虾的每亩纯收入可达3 000元左右。所以说养殖龙虾具有成本低、销路宽、收益快等优点，现在全国各地已经广为养殖。

第二节　龙虾养殖池的条件

一、形状

养殖龙虾的池塘形状主要取决于自然地形、阳光、风向和饲养管理等，不要求过于拘泥一格，一般为长方形，也有圆形、正方形、多角形的池塘。

二、朝向

池塘的朝向应结合场地的地形、水文、风向等因素，尽量使池面充分接受阳光照射，满足水中天然饵料的生长需要。池塘朝向也要考虑是否有利于风力搅动水面，增加溶氧，一般池形以东西走向为宜。

三、面积

虾池的大小与龙虾产量的高低有非常密切的关系。面积较大的池塘建设成本低，但不利于生产操作，进排水也不方便；面积较小的池塘建设成本高，便于操作，但水质容易恶化，不利于水质管理。标准化龙虾养殖的池塘面积以5~10亩为宜，水深1~1.5米。池底应有不少于1/5面积的沉水植物或挺长植物区。

四、深度

由于龙虾喜欢在浅水区活动，因此养虾池塘要求有深水区和浅水区，浅水区的水深在0.4米，深水区在1.0~1.2米。深水区的比例不超过池塘面积的30%。

五、底质

饲养龙虾的池塘要求池底平坦，底质以沙石或硬质土底为好，无渗漏，池坡土质较硬，底部淤泥层不超过 10 厘米，池塘保水性好，严防工业污染和农药污染。

六、池埂

池埂是池塘的轮廓基础，池埂结构对于维持池塘的形状、方便生产以及提高养殖效果等有很大的影响。

池埂的宽度应根据生产情况和当地土质情况确定，一般无交通要求的池埂宽度不小于 4 米，有交通要求的池埂宽度不小于 6 米，池塘的坡比为 1：(1.5~3)。

七、进排水系统

池塘的水质条件良好是高产高效的保证，饲养龙虾的池塘要求水源充足、水质良好、符合养殖用水标准，进排水方便。对于大面积连片虾池的进、排水总渠应分开，按照高灌低排的格局，建好进、排水渠，做到灌得进，排得出，定期对进、排水总渠进行整修消毒。池塘的进、排水口应用双层密网防逃，同时也能有效地防止蛙卵、野杂鱼卵及幼体进入池塘危害蜕壳虾；为了防止夏天雨季冲毁堤埂，可以开设一个溢水口，溢水口也用双层密网过滤，防止幼虾乘机顶水逃走。

第三节　养虾池塘的处理

一、池塘的改造

如果虾池达不到养殖要求，或者养殖时间较久，应加以改造。改造池塘时应采取：死水改活水；低埂改高埂；狭埂改宽埂；漏水塘改为保水塘；瘦塘改为肥塘。在池塘改造的同时，要做好进排水闸门的修复及相应进水滤网、排水防逃网的添置。另外养殖小区的道路修整、池塘内增氧机线路的架设及增氧机的维护、自动饵料饲喂器的安装和调试等工作也要一并做好。

1. 改漏水塘为保水塘

有些虾池常年漏水不止，这主要是土质不良或堤基过于单薄。沙质过重的土壤不宜建塘堤。如建塘后发现有轻度漏水现象，应采取必要的塘底改土和加宽加固堤基，在条件许可的情况下，最好在塘周砌砖石或水泥护堤。

2. 改死水塘为活水塘

虾池水流不通，不仅影响产量，而且对生产有很大的危险性，容易引起养殖的龙虾和混养鱼类的浮头、泛塘和发病。因此对这样的池塘，必须尽一切可能改善排灌条件，如开挖水渠、铺设水管等，做到能排能灌，才能获得高产。

3. 改瘦塘为肥塘

虾池在进行上述改造以后，就为提高生产力、夺取高产奠定了基础。有了相当大的水体，能排灌自如，使水体充分交换，但如果没有足够的饲、肥供给，塘水不能保持适当的肥度，同样不能收到应有的经济效果。因此，我们应通过多种途径，解决饲、肥料来源，逐渐使塘水转肥。

4. 虾沟改建

对于面积 8 亩以下的龙虾池，应改平底型为环沟型或井字型，池塘中间要多做几条塘中埂；对于面积 8 亩以上的龙虾池，应改平底型为交错沟型，并做到沟沟相通。加大池埂坡比，池埂坡比 1：(2.5~3) 为宜。这些池塘改造工作应结合年底清塘清淤时一起进行。

二、防逃设施

1. 龙虾逃跑的特点

龙虾的逃逸能力比较强，防逃设施也不可少，一般来讲，龙虾逃跑有三个特点。

一是生活环境改变引起的逃跑。由于生活和生态环境改变而引起大量逃跑，龙虾对新环境不适应，尤其是虾种刚入池的第一个晚上和雨天，如果没有防逃设施，可以在一天内逃走 80%左右。这种逃跑行为，通常持续1周的时间，以前3天最多。我们做过试验，2007年7月24日于一口一亩地的小池塘里放养21千克龙虾，没有安装防逃设施，在小塘四周用8条又长又大的地笼捕捉，每一条地笼有24个小格门，第二天早晨倒出地笼里的龙虾并称重，发现8笼共回捕17.3千克龙虾，占所投放龙虾的82.3%。因此我们建议在龙虾放养前一定要做好防逃设施。

二是条件恶化时引起的逃跑。水质恶化迫使龙虾寻找适宜的水域环境而逃走。有时天气突然变化，特别是在风雨交加时，龙虾就会想法逃逸。

三是在饵料严重匮乏时，龙虾也会逃跑。因此我们建议在龙虾放养前一定要做好防逃设施。

2. 钙塑板防逃

在田埂上安插高55厘米的硬质钙塑板作为防逃板，埋入田埂泥土中约15厘米，每隔75~100厘米处用一木桩固定。注意四角应做成弧形，防止龙虾沿夹角攀爬外逃。

3. 网片、塑料薄膜防逃

这种防逃设施是采用麻布网片、尼龙网片或有机纱窗和硬质塑料薄膜共同防逃。方法是用高50厘米的有机纱窗围在池埂四周，用质量好的直径为4~5毫米的聚乙烯绳作为上纲，缝在网布的上缘，缝制时钢绳必须拉紧，针线从钢绳中穿过。然后选取长度为1.5~1.8米的木桩或毛竹，削掉毛刺，打入泥土中的一端削成锥形，或锯成斜口，沿田埂将桩打入土中50~60厘米，桩间距3米左右，并使桩与桩之间呈直线排列，田块拐角处呈圆弧形。然后用高1.2~1.5米的密网靠牢在桩上，围在池塘四周，在网上内面距顶端10厘米处再缝上一条宽25~30厘米的硬质塑料薄膜即可。防逃膜不应有褶，接头处光滑且不留缝隙。

4. 进出水口防逃

还有一种防逃不可忽视，就是龙虾喜欢戏水，要防止它们从进出水口处逃逸，因此在修筑进出水口时，也有一定的讲究。进水渠道建在田埂上，排水口建在虾沟的最低处，按照高灌低排的格局，保证灌得进，排得出，定期对进、排水总渠进行整修。稻田开设的进排水口应用铁丝网或双层密网防逃，也可用栅栏围住，既可防止龙虾在进水或者下大雨时顶水外逃，也能有效地防止蛙卵、野杂鱼卵及幼体进入稻田危害蜕壳虾。同时为了防止夏天雨季冲毁堤埂，稻田应开施一个溢水口，溢水口也用双层密网过滤，防止龙虾乘机逃走。

为了检验防逃的可靠性，我们还建议在规模化养殖的连片养虾田的外侧修建一条田头沟或者防逃沟，可以在沟内长年用地笼捕捞龙虾，因此它既是进水渠，又是检验防逃效果的一道屏障。

三、人为提供活动场所

在生产实践中，我们发现由于龙虾是底栖爬行动物，决定池塘养殖产量最主要因子并不是池塘水体的容积，而是池塘的水平面积和池塘堤岸的曲折率。简单地说，就是在相同面积的池塘，水体中水平面积越大，堤岸的边长越多，可供龙虾打洞或栖息的场所越多，则可放养虾的数量越多，产量也就越高。因此，有条件的地方可在放虾前对池塘做简易的处理，可大大提高池塘的载虾量，获得更高的经济效益。

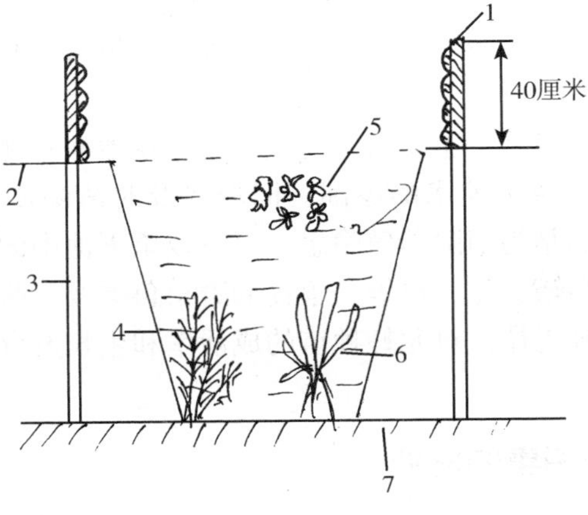

1. 防逃设施　2. 池埂地面　3. 埂　4. 斜坡　5. 漂浮水草　6. 沉水水草　7. 池底

池塘养殖龙虾示意图

根据相关资料表明，一些地方采取如下措施来提高水体的水平面积，在此特别借鉴一下，以供虾农朋友引用。在靠近池塘四周 1~2 米处用网片或竹席平行搭设 2~3 层平台，第一层设在水面下 20 厘米处，长 200~300 厘米、宽 30~50 厘米，第二层设在第一层的下方，两层之间的距离为 20~30 厘米。每层平台均有斜坡通向池底，平行的两个平台之间要留 100~200 厘米的间隙，供龙虾到浅水区活动。同时在池塘中间设置一定数量的垂直网片。我们认为这种方法是可行的，也是非常有效的。

还有一种方法就是在池塘中多筑几条塘间埂，埂与埂间的位置交错开，埂宽 30 厘米，只要略微露出水面即可。池塘中要有足够的隐蔽物，可以设置竹筒、瓦片、网片、砖块、石块、竹排、塑料筒、人工洞穴等隐蔽物体供其栖息穴居，一般每亩要设置 3 000个以上的人工巢穴。在实践中发现采用这种方法的养殖户产量都比较高。

第四节　龙虾养殖池的清塘消毒

清塘消毒至关重要，类似于建房打基础，地基打得扎实，高楼才能安全稳固。否则，就有可能酿成“豆腐渣”工程的悲剧。养龙虾也一样，基础细节做得不扎实，就会增加养殖风险，甚至酿成严重亏本的后果。

新开挖的池塘要平整塘底，清整塘埂，使池底和池壁有良好的保水性能，尽可能减少池水的渗漏，旧塘要及时清除淤泥、晒塘和消毒。清塘的目的是为消除养殖隐患，可有效杀灭池中的敌害生物，如鲶鱼、泥鳅、乌鳢、蛇、鼠等，争食的野杂鱼类及一些致病菌。这是龙虾养殖的基础工作，对龙虾种苗的成活率和生长发育都将起着关键性的作用。

一、清塘消毒的好处

定期对池塘进行清塘消毒，从养殖的角度上来看，有三个好处。

1. 减少龙虾得病的机会

池塘的淤泥里存在各种病菌，另外淤泥过多也易使水质变坏，水体酸性增加，病菌易于大量繁殖，使龙虾抵抗力减弱。通过清整能杀灭水中和底泥中的各种病原菌、细菌、寄生虫等，减少龙虾疾病的发生概率。

2. 杀灭有害物质

通过对池塘的清淤，可以杀灭对龙虾尤其是蜕壳虾的有害生物，如蛇、鼠和水生昆虫，吞食蜕壳虾的野杂鱼类，如鲶鱼、乌鳢等及一些致病菌。

3. 起到加固池埂的作用

养殖几年的池塘，在波浪的侵蚀下，有的池埂被掏空，有的田埂出现了崩塌现象。在清整的同时，可以将沟底周围的淤泥挖起放在池埂上，待稍干时应拍打紧实，可以加固池埂，对崩塌的池埂也要进行修整。

二、生石灰清塘

生石灰来源非常广泛，而且价格低廉，是目前能用于消毒清塘最有效的方法。它的缺点就是用量较大，使用时占用的劳动力较多，而且生石灰有严重的腐蚀性，操作不慎，会对人的皮肤等造成一定伤害，因此在使用时要小心操作。

1. 生石灰清塘的原理

生石灰是公认的最佳消毒方法，清塘的原理是：生石灰遇水后会发生化学反应，放出大量热能，产生具有强碱性的氢氧化钙，这种强碱能在短时间内使水体的酸碱度迅速提高到 11 以上。因此，用生石灰清塘能迅速杀死水体里的水生昆虫及虫卵、野杂鱼、青苔、病原体等，可以说是一种广谱性的清塘药物。另外生石灰遇水作用后生成的强碱与底泥中的腐殖酸产生中和作用，使池水呈中性偏弱碱性，既改良了水体中的水质和池底的土质，同时也能补充大量的钙质，有利于龙虾的蜕壳和生长发育。这也是在龙虾的生长期中，需要经常用生石灰化水泼洒来调节水质的重要原因。

2. 生石灰清塘的优点

用生石灰清塘消毒，具有以下的优点。

一是灭害作用。用生石灰清塘时，通过与底泥的混合，能迅速而彻底地杀死隐藏在底泥中的泥鳅、黄鳝、乌鳢等各种杂害鱼，水螅、水鳖虫等水生昆虫和虫卵，青苔、绿藻等一些水生植物，鱼类寄生虫、病原菌及其孢子和老鼠、水蛇、青蛙等敌害，减少疾病的发生和传染，改善龙虾栖息的生态环境，是其他清塘药物无法取代的。

二是改良水质。由于生石灰清塘时，能放出强碱性的物质，因此清塘后水的碱性就会明显增强。由于碱的游离，可以中和淤泥中的各种有机酸，改变酸性环境，使池塘呈微碱性环境。这种碱性能通过絮凝作用使水中悬浮状的有机质快速沉淀，对于那些浑浊的池水能适当起到澄清的作用，非常有利于浮游生物的繁殖，而浮游生物又是龙虾的天然饵料之一，因此有利于促进龙虾的生长。

三是改良土质和肥水效果。生石灰清塘时，遇水作用产生氢氧化钙，氢氧化钙继续吸收水生动物呼吸作用放出的二氧化碳生成碳酸钙沉入池底，可提高池水的碱度和硬度，增加缓冲能力，提高水体质量。一方面，可以有效地降低水体中二氧化碳的含量，钙离子浓度增加，pH 值升高；另一方面，碳酸钙能起到疏松土层的效果，改善底泥的通气条件，同时能加速细菌分解有机质的作用，并能快速释放出长期被淤泥吸附的氮、磷、钾等营养盐类，从而增加了水的肥度，可让池水变肥。同时钙离子本身是浮游植物和水生动物不可缺少的营养元素，间接起到了施肥的作用，促进龙虾天然饵料的繁育，当然也就促进鱼类的生长。一般用生石灰清塘，7～10 天浮游生物可达高峰，有利于龙虾尤其是幼虾的生长。

3. 干法清塘

生石灰清塘可分干法清塘和带水清塘两种方法。通常都是使用干法清塘，在水源不方便或无法排干水的池塘才用带水清塘法。

在抱卵虾或虾苗放养前 20～30 天，排干池水，保留水深 5 厘米左右，不把水完全排干。在池底四周和中间多选几个点，挖成小坑，小坑的面积约 2 米^2 即可，小坑的数量，以能泼洒遍及全池为限。将生石灰倒入小坑内，用量为每亩池塘用生石灰 40 千克左右，加水后生石灰会立即溶化成石灰浆水，同时会放出大量的烟气和发出“咕嘟咕嘟”的声音，这时要趁热向四周均匀泼洒，池塘的堤岸、边缘和虾池中心以及洞穴都要洒到。为了提高消毒效果，第二天可用铁耙再将池底淤泥耙动一下，使石灰浆和淤泥充分混合，否则杀不死钻入泥中的泥鳅、乌鳢和黄鳝。然后再经 3~5 天晒塘后，灌入新水，经试水确认无毒后，就可以投放龙虾。

4. 带水清塘

对于那些排水不方便或者是为了赶时间时，可采用带水清塘的方法。这种消毒措施速度快，效果也好。缺点是石灰用量较多。

每亩水面水深 50 厘米时，用生石灰 150 千克溶于水中后，先是将生石灰放入大木盆、小木船、塑料桶等容器中化开成石灰浆，操作人员穿防水裤下水，将石灰浆全池均匀泼洒（包括池坡）。用带水法清塘虽然工作量大，但效果很好，可以把石灰水直接灌进池埂边的鼠洞、蛇洞、泥鳅和黄鳝洞里，能彻底杀死病害。

还有一种方法就是将生石灰盛于箩筐中，悬于船后，沉入水中，划动小船在池中来回缓行，使石灰溶浆后散入水中。

5. 测试余毒

测试余毒的方法是在消毒后的池子里放一只小网箱，在预计毒性已经消失的时间，向小网箱中放入 40 只龙虾小苗。如果在一天（即 24 小时）内，网箱里的龙虾小苗没有死亡也没有任何其他的不适反应，说明生石灰的毒性已经全部消失，这时就可以大量放养龙虾苗种；如果 24 小时内仍然有测试的龙虾小苗死亡，说明毒性还没有完全消失。这时可以再次换水 1/3~1/2，然后过 1~2 天再试水，直到完全安全后才能放养虾种。

6. 巧用生石灰

对于水产养殖者来说，生石灰比较常用，来源广、效果好，而且功能强大，在养殖过程中一定要利用好生石灰。

一是可用作水质调节剂。如果水产养殖的池塘水质易呈酸性、老化时，这时可用浓度为 15~20 毫克/升的生石灰液全池泼洒，能够调节水质，改善水体养殖环境。另外，定期在主养龙虾、河蟹等甲壳类水生动物的池塘泼洒生石灰液，可有效增加水体的钙含量，有利于甲壳类动物壳质的形成和促进蜕壳的顺利进行。

二是可用作防霉剂。部分用于水产养殖的饲料，特别是用秸秆类制作的饲料，存放一定时间会发生霉变，若在饲料中加入一定量的生石灰，使其处于碱性条件下，可抑制和杀死微生物，从而起到一定的防霉保鲜作用。

三是可用作池塘涵洞的填料剂。在池塘中埋入进、排水管道时，用生石灰作为填料堵塞管道周围的缝隙，既可以填充缝隙，又能防止黄鳝、蛇、鼠等顺着管道打洞，效果较好。

四是可用作消毒剂。前文已经讲述。

7. 生石灰使用时应注意的问题

在虾池中使用生石灰，无论是干法消毒还是带水消毒，都要注意几个问题。

第一是生石灰的质量影响清塘效果。因此，最好选择质量好的生石灰，质量好坏是可以鉴别的，很方便也很容易。好的生石灰，即没有风化的新鲜石灰，呈块状、较轻、不含杂质，遇水后反应剧烈且体积膨大得明显。清塘不宜使用建筑上袋装的生石灰，袋装的生石灰杂质含量高，其有效成分氧化钙的含量比块状的低，如只能使用袋状生石灰应适当增加用量，另外有些已经潮解的石灰会减弱其功效，也不宜使用。

第二是要科学掌握生石灰的用量。以上介绍的只是一个参考用量，具体的用量还要在实践中摸索。石灰的毒性消失期与用量有关，如果石灰质量差或淤泥多时要适当增加石灰用量。

第三是在用生石灰消毒时，不要施肥。因为一方面肥料中所含的离子氨会因 pH 值升高转化为非离子氨，这种非离子氨是有毒性的，会对龙虾产生毒害作用。另一方面肥料中的磷酸盐会和石灰释放出来的钙离子发生化学反应，生成难溶性的磷酸钙，从而明显降低肥效。

第四是在使用生石灰消毒时，不要与含氯消毒剂或杀虫剂同时使用。这是因为它们在同时使用时，会产生拮抗作用，从而降低水体消毒的功效。

第五是池塘消毒宜在晴天进行。阴雨天气温低，影响药效，一般水温升高 10℃ 药效可增加 1 倍。早春水温 3~5℃ 时要适当地增加用量 30%~40%，尤其是对底层鱼（如泥鳅较多）的鱼池，更应适当增加用量。

第六是生石灰的使用要根据鱼池中的 pH 值具体情况而定，不可千篇一律。生石灰清塘最好随用随买，一次用完，效果较好。放置时间久了，生石灰会吸收空气中的水分和二氧化碳生成碳酸钙而失效。若购买了生石灰正巧天气不好，最好用塑料薄膜覆盖，并做好防潮工作。

三、漂白粉清塘

1. 漂白粉清塘的原理

漂白粉是一种常用的粉剂消毒剂，清塘的效果与生石灰相近，其作用原理不同。当它遇到水后也能产生化学反应，放出次氯酸和氯化钙。漂白粉遇水后有一种强烈的刺鼻味道，即次氯酸，不稳定的次氯酸会立即分解放出氧原子，初生态氧有强烈的杀菌和杀死敌害生物的作用。因此，漂白粉具有杀死野杂鱼和其他敌害的作用，杀菌效力很强。

2. 漂白粉清塘的优点

漂白粉清塘的优点与生石灰基本相同，能杀死鱼类、蛙类、蝌蚪、螺、水生昆虫、寄生虫和病原体，但是它的药性消失比生石灰快，而且用量更少，但没有生石灰的改良水质和使水变肥的作用。使用漂白粉后，池塘不会形成浮游生物高峰，且漂白粉容易潮解，易降低药效，使含氯量不稳定。因此在生石灰缺乏或交通不便的地区或劳动力比较紧张的地区，我们建议采用这个方法更有效果，尤其是对一些急于使用的池塘更为适宜。

3. 带水消毒

和生石灰消毒一样，漂白粉消毒也有干法消毒和带水消毒两种方式。

在用漂白粉带水清塘时，要求水深0.5~1米，漂白粉的用量为每亩池面用10~15千克。漂白粉清塘，操作方便，省时省力，先用木桶或瓷盆内加水将漂白粉完全溶化后，全池均匀泼洒，也可将漂白粉顺风撒入水中即可，然后划动池水，使药物分布均匀。一般用漂白粉清池消毒后3~5天即可注入新水和施肥，再过两三天后，即可投放龙虾进行饲养。

4. 干法消毒

在漂白粉干塘消毒时，用量为每亩池面用5~8千克，使用时先用木桶加水将漂白粉完全溶化后，全池均匀泼洒即可。

5. 注意事项

第一是漂白粉一般含有效氯30%左右，清塘用量按漂白粉有效氯30%计算。由于它具有易挥发的特性，因此在使用前先对漂白粉的有效含量进行测定，在有效范围内（含有效氯30%）方可使用。如果部分漂白粉失效了，这时可通过换算来计算出合适的用量。目前，市场上有二氯异氰尿酸钠、三氯异氰尿酸钠、三氯异氰尿酸等含氯药物亦可使用，但应计算准确。

第二是漂白粉极易挥发和分解，释放出的初生态氧容易与金属起作用。因此，漂白粉应密封在陶瓷容器或塑料袋内，存放在阴凉干燥地方，防止失效。加水溶解稀释时，不能用铝、铁等金属容器，以免被氧化。

第三是操作时要注意安全，漂白粉的腐蚀性强，不要沾染皮肤和衣物。操作人员施药时应戴口罩，并站在上风处，顺风泼洒，以防中毒。

第四是漂白粉的药性，与温度也有关，所以在早春时分也应增加用量。

第五是漂白粉的消毒效果常受水中有机物影响，如虾池水质肥、有机物质多，清塘效果就差一些。另外使用漂白粉要根据池塘水量的多少决定用量，防止用量过大将塘内螺蛳杀死。

四、生石灰、漂白粉交替清塘

有时为了提高效果，降低成本，就采用生石灰和漂白粉交替清塘的方法，比单独使用漂白粉或生石灰清塘效果好。也分为带水消毒和干法消毒两种，带水清塘，水深1米时，每亩用生石灰60~75千克加漂白粉5~7千克。

干法清塘，水深在10厘米左右，每亩用生石灰30~35千克加漂白粉2~3千克，化水后趁热全池泼洒。使用方法与前两种相同，7天后即可放龙虾，效果比单用一种药物更好。

五、漂白精清塘消毒

干法消毒时，可排干池水，每亩用有效氯占 60%~70%的漂白精 2~2.5 千克。

带水消毒时，每亩每米水深用有效氯占 60%~70%的漂白精 6~7 千克。使用时，先将漂白精放入木盆或搪瓷盆内，加水稀释后进行全池均匀泼洒。

六、茶粕清塘

茶粕是广东、广西常用的清塘药物。它是山茶科植物油茶、茶梅或广宁茶的果实榨油后所剩余的渣滓，形状与菜饼相似，又叫茶籽饼。茶粕含皂苷，是种溶血性毒素，能溶解动物的红细胞而使其死亡。水深 1 米时，每亩用茶粕 25 千克。将茶粕捣碎成小块，放入容器中加热水浸泡一昼夜，然后加水稀释连渣带汁全池均匀泼洒。在消毒 10 天后，毒性基本上消失，可以投放龙虾进行养殖。

要注意的是，在选择茶粕时，尽可能地选择黑中带红、有刺激性、很脆的优质茶粕，这种茶粕的药性大，消毒效果好。

七、生石灰和茶碱混合清塘

此法适合池塘进水后用，把生石灰和茶碱放进水中溶解后，全池泼洒，生石灰每亩用量 50 千克，茶碱 10~15 千克。

八、鱼藤酮清塘

鱼藤酮又名鱼藤精，是从豆科植物鱼藤及毛鱼藤的根皮中提取的，能溶解于有机溶剂，对害虫有触杀和胃毒作用，对鱼类有剧毒。使用含量为 7.5%的鱼藤酮的原液，水深 1 米时，每亩使用 700 毫升，加水稀释后装入喷雾器中遍池喷洒。能杀灭几乎所有的敌害鱼类和部分水生昆虫，对浮游生物、致病细菌和寄生虫没有杀灭作用。效果比前几种药物差一些，毒性 7 天左右消失，这时就可以投放龙虾了。

九、巴豆清塘

巴豆是江浙一带常用的清塘药物，近年来已很少使用，被生石灰等取代。巴豆是大戟科植物的果实，所含的巴豆素是一种凝血性毒素，只能杀死大部分敌害杂鱼，能使鱼类的血液凝固而死亡。对致病菌、寄生虫、水生昆虫等没有杀灭作用，也没有改善土壤的作用。

在水深10厘米时，每亩用5～7千克。将巴豆捣碎磨细装入罐中，也可以浸水磨碎成糊状装进酒坛，加烧酒100克或用3%的食盐水密封浸泡2～3天，用池水将巴豆稀释后连渣带汁全池均匀泼洒。10～15天后，再注水1米深，待药性彻底消失后放养龙虾。

要注意的是，由于巴豆对人体的毒性很大，施巴豆的池塘附近的蔬菜等，需要过5～6天以后才能食用。

十、氨水清塘

氨水是一种挥发性的液体，一般含氮12.5%～20%，是一种碱性物质，当泼洒到池塘里时，能迅速杀死水中的鱼类和大多数的水生昆虫。使用方法是在水深10厘米时，每亩用量60千克。在使用时要同时加3倍左右的塘泥，目的是减少氨水的挥发，防止药性消失过快。一般是在使用1周后药性基本消失，这时就可以放养龙虾了。

十一、二氧化氯清塘

二氧化氯消毒是近年来才渐渐被养殖户所接受的一种消毒方式，它的消毒方法是先引入水源后再用二氧化氯消毒，用量为10～20千克/亩·米水深，7～10天后放苗。该方法能有效杀死浮游生物、野杂鱼虾类等，防止蓝绿藻大量滋生，放苗之前一定要试水，确定安全后才可放苗。值得注意的是，由于二氧化氯具有较强的氧化性，加上其易爆炸，容易发生危险事故，因此在贮存和消毒时一定要做好安全工作。

十二、茶皂素清塘

使用时将茶皂素用水浸泡数小时，按每立方米水体1～2克的用量撒入水中，经 1~2 小时即可杀死水体中的敌害。

十三、药物清塘时的注意事项

在养殖龙虾时，经过清塘的池塘，能改善水体的生态环境，提高苗种的成活率，增加产量，提高经济效益。无论是采用哪种药物和清塘消毒方式，都要注意以下几点。

一是清塘消毒的时间要恰当，不要太早也不宜过迟，一般是掌握在龙虾下塘前 10~15 天进行比较合适。如果过早清塘后，待加水后龙虾却没有入田，这时池塘里又可能会产生虫害等；而过迟清塘消毒时，药物的毒性还没有完全消失，这时龙虾苗种已经到了稻田边，如果立即放苗，很有可能对龙虾苗种有毒害作用，从而影响它们的生产，如果不放，大量的苗种无处放置，而且下次再捕捞又是个问题。

二是上述的清塘药物各有其特点，可根据具体情况灵活掌握使用。使用上述药物后，田水中的药性一般需经 7~10 天才能消失，在龙虾苗种下田前必须测试水中的余毒，测试方法上文已经讲述，只有在确认水体无毒后才能投放龙虾苗种。

三是为了提高药物清塘的效果，建议选择在晴天的中午进行药物清塘，而在其他时间尽量不要清塘，尤其是阴雨天更不要清塘。

第五节　养殖前的准备工作

一、解毒处理

1. 降解残毒

在运用各种药物对水体进行消毒、杀死病原菌、除去杂鱼后，池塘里会有各种毒性物质存在，必须先对水体进行解毒后方可用于池塘养殖。

解毒的目的是降解消毒药品的残毒以及重金属、亚硝酸盐、硫化氢、氨氮、甲烷和其他有害物质的毒性，可在消毒除杂的 5 天后泼洒卓越净水王或解毒超爽或其他有效的解毒药剂。

2. 防毒排毒

防毒排毒是指定期有效地预防和消除养殖过程中出现或可能出现的各种毒害，如重金属中毒、消毒杀虫灭藻药中毒、亚硝酸盐中毒、硫化氢中毒、氨中毒、饲料霉变中毒、藻类中毒等。尤其重金属对龙虾养殖的危害，我们必须有清醒的认识。

常见的重金属离子有铅、汞、铜、镉、锰、铬、砷、铝、锑等，重金属的来源主要有三方面：第一，工业污水、生活污水、种养污水等。它们在排放后通过一定的渠道注入或污染了龙虾养殖的进水口，从而造成重金属超标，不经过解毒处理无法放龙虾苗种。第二，所抽的地下水本身重金属超标。第三，自我污染。即在养殖过程中滥用各种吸附型水质和底质改良剂等，从而导致重金属离子超标。尤其是养殖时间久了，沟底的有机物随着投饵量和虾粪便以及动植物尸体的不断增多，底质环境非常脆弱，受气候、溶氧、有害微生物的影响，容易产生氨氮、硫化氢、亚硝酸盐、甲烷、重金属等有毒物质，其中有些有毒成分可以检出，有的受条件限制无法检出，比如重金属和甲烷。还有一种自我污染的途径是由于管理的疏忽，对沟底的有机物没有及时有效地处理，造成水质富营养化，产生水华和蓝藻。那些老化及死亡的藻类，以及泼洒消毒药后投喂的饵料都携带着有毒成分，容易被龙虾误食，从而造成龙虾中毒。

重金属超标会严重损害龙虾的神经系统、造血系统、呼吸系统和排泄系统，从而引发神经功能紊乱、代谢失常、肝胰腺坏死、肝脏肿大、败血、黑鳃、烂鳃、停止生长等症状。

因此，在龙虾的日常管理工作中要做好防毒解毒工作，从而消除养殖的健康隐患。

首先，对外来的养殖水源要加强监管，努力做到不使用污染水源；其次，在使用自备井水时，要做好暴晒的工作和及时用药物解毒的工作；再次，在养殖过程中不滥用药物，减少自我污染的可能性。因此中后期的定期解毒排毒很有必要。

二、培植有益微生物种群

培植有益微生物种群，不仅能抑制病原微生物的生长繁殖，消除健康养殖隐患，还可将塘底有机物和生物尸体通过生物降解转化成藻类、水草所需的营养盐类，为肥水培藻、强壮水草奠定良好的基础。在解毒 3~5 小时后，就可以采用有益微生物制剂，如水底双改、底改灵、底改王等药物按使用说明全池泼洒，目的是快速培植有益微生物种群，用来分解消毒杀死的各种生物尸体，避免二次污染，消除病原隐患。

如果不用有益微生物对消毒杀死的生物尸体进行彻底地分解或消解，则清整消毒不彻底，从而具有抗体的病原微生物待消毒药效过期后就会复活，而且它们会在复活后利用残留的生物尸体作培养基大量繁殖。而病原微生物复活的时间恰好是龙虾蜕壳最频繁的时期，蜕壳时的龙虾活力弱，免疫力低下，抗病能力差，病原微生物极易侵入虾体，容易引发病害。所以，我们必须在用药后及时解毒和培育有益微生物的种群。

三、种植水草

“虾多少，看水草”，在水草多的池塘养殖龙虾的成活率就非常高。水草是龙虾隐蔽、栖息、蜕皮生长的理想场所，水草也能净化水质，减低水体的肥度，对提高水体透明度、促使水环境清新有重要作用。同时，在养殖过程中，有可能发生投喂饲料不足的情况，水草也可作为龙虾的饲料。在养殖实践中，我们发现种植水草能有效提高龙虾的成活率、养殖产量和产出优质商品虾。

龙虾喜食的水草种类有苦草、眼子菜、轮叶黑藻、金鱼藻、凤眼莲、水浮莲和水花生等以及陆生的草类。水草的种植可根据不同情况而有一定差异：一是沿池四周浅水处 10%~20% 面积种植水草，即可供龙虾摄食，同时为虾提供了隐蔽、栖息的理想场所，也是龙虾蜕壳的良好地方；二是在池塘中央提前栽培伊乐藻或菹草；三是移植水花生或凤眼莲到水中央；四是临时放草把，方法是把水草扎成团，大小为 1 米^2 左右，用绳子和石块固定在水底或浮在水面，每亩可放 25 处左右，每处 8 千克水草，用绳子系住，绳子另一端漂浮于水面或固定于水面。也可用草框把水花生、空心菜、水浮莲等固定在水中央。但所有的水草总面积要控制好，一般在池塘种植水草的面积以不超过池塘总面积的1/3为宜，否则会因水草种植面积过多，长得过度茂盛，在夜间使池水缺氧而影响龙虾的正常生长。

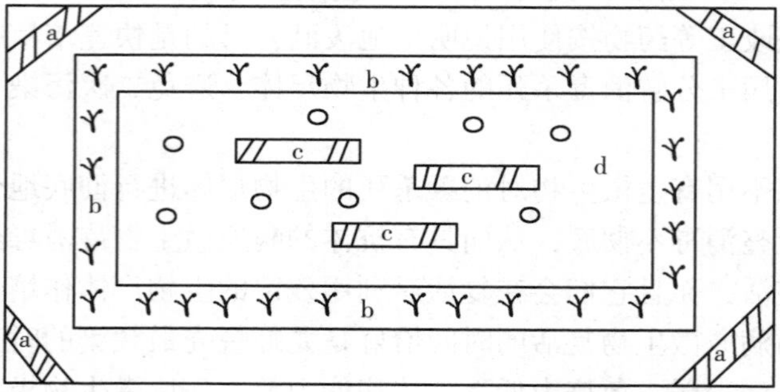

a. 池塘四角，种栽浮萍等漂浮植物　b. 池塘四周的环形沟，种伊乐藻等沉水植物　c. 池塘中心空旷地带的塘间小埂　d. 池塘养殖区，可适当种植各种水草　o. 小圆圈处可种植苦草、菹草等

池塘种植水草示意图

四、进水和施肥

水源要求水质清新，溶氧充足，无有机物及工业重金属污染。放苗前7~15天，加注新水50厘米。向池中注入新水时，要用40~80目纱布过滤，防止野杂鱼及鱼卵随水流进入饲养池中。池中进水50厘米后，施用发酵好的有机粪肥，如施发酵过的鸡、猪粪及青草绿肥等有机肥，施用量为每亩500千克左右，另加尿素0.5千克，使池水pH值在7.5~8.5，透明度30~40厘米，培育轮虫和枝角类、桡足类等基础饵料生物。对于一些养殖老塘，由于塘底较肥，每亩可施过磷酸钙2~2.5千克，对水全池泼洒。

五、投放螺蛳

1. 龙虾池中放养螺蛳的作用

螺蛳是龙虾很重要的动物性饵料，螺蛳的价格较低，来源广泛，全国各地几乎所有的水域中都会自然生存大量的螺蛳。向龙虾池中投放螺蛳一方面可以改善池塘底质、净化底质，另一方面可以补充动物性饵料，具有明显降低养殖成本、增加产量、改善龙虾品质的作用，从而提高养殖户的经济效益。

螺蛳不但质嫩鲜美，而且营养丰富，利用率较高，是龙虾最喜食的理想优质鲜活动物性饵料之一。在饲养过程中，螺蛳能为龙虾提供源源不断的、适口的天然饵料，促进龙虾快速生长，提高龙虾产量和上市规格。同时螺蛳壳与贝壳一样是矿物质饲料，能提供大量的钙质，对促进龙虾的蜕壳起到很大的辅助作用。

在龙虾养殖池中，适时适量投放活的螺蛳，利用螺蛳自身繁殖力强、繁殖周期短的优势，任其在池塘里自然繁殖。在龙虾池塘里大量繁殖的螺蛳以浮游动物残体和细菌、腐屑等为食，因此能有效地降低池塘中浮游生物含量，可以起到净化水质、维护水质清新的作用。在螺蛳和水草比较多的池塘里，我们可以看到水质一般都比较清新、爽嫩，原因就在这里。

2. 螺蛳的选择

螺蛳可以在市场上直接购买，而且每年在养殖区里都会有专门贩卖螺蛳的商户。但是对于条件许可、劳动力丰富的养殖户，我们建议最好是自己到沟渠、鱼塘、河流里捕捞，既方便又节约资金，更重要的是从市场上购买的螺蛳不新鲜，活动能力弱。

如果是购买的螺蛳，要认真挑选，注意选择优质的螺蛳，可以从以下几点进行选择。

第一，要选择螺色青淡、壳薄肉多、个体大、外形圆、螺壳无破损、靥片完整者。

第二，要选择活力强的螺蛳，可以用手或其他物品来测试，如果受惊时螺体能快速收回壳中，同时靥片能有力地紧盖螺口，那么就是好的螺蛳。反之则不宜选购。

第三，要选择健康的螺蛳。螺蛳也是虫病菌或病毒的携带和传播者，因此，保健养螺又是健康养虾的关键所在。螺体内最好没有蚂蟥（也就是水蛭）等寄生虫寄生，另外购买螺蛳要避开血吸虫病易感染地区。

第四，选择的螺蛳壳要嫩且光洁，壳坚硬不利于后期龙虾摄食。

第五，引进螺蛳不能在寒冷结冰天气，避免冻伤死亡，要选择气温相对高的晴好天气。

3. 螺蛳的放养

螺蛳群体呈现出“母系氏族”，雌螺占绝大多数，占75%~80%，雄螺仅占20%~25%。在生殖季节，受精卵在雌螺育儿囊中发育成仔螺产出。每年的4—5月和9—10月是螺蛳的两次生殖旺季。螺蛳是分批产卵型，产卵数量随环境和亲螺年龄而异，一般每胎20~30个，多者40~60个，一年可生150个以上。产后2~3个星期，仔螺重达0.025克时即开始摄食，经过1年饲养便可交配受精产卵，繁殖后代。根据生物学家的调查，繁殖的后代经过14~16个月的生长又能繁殖仔螺。因此许多养殖户为了获得更多的小螺蛳，通常是在清明前每亩放养鲜活螺蛳200~300千克，以后根据需要逐步添加。

第一次放养是在投放虾种后的1周后，投放螺蛳50~100千克/亩，量不宜太大，如果量大水质不易肥起来，容易滋生青苔、泥皮等。投放螺蛳应以母螺蛳占多数为佳，一般雌性大而圆，雄性小而长，外形上主要从头部触角上加以区分，雌螺左右两触角大小相同且向前伸展；雄螺的右触角较左触角粗而短，末端向内弯曲，其弯曲部分即为生殖器。

第二次放养是在清明前后，也就是在4—5月，投放200~250千克/亩，在循环沟里少放，尽量放在虾塘中间生有水草的地方。

第三次投放是在6—7月份，放养量为100~150千克/亩。有条件的养殖户最好放养仔螺蛳，这样更能净化水质，利于水草的生长。到了6—7月螺蛳开始大量繁殖，仔螺蛳附着于池塘的水草上，仔螺蛳不但质嫩鲜美，而且营养丰富，利用率很高，是龙虾最适口的饵料，正好适合龙虾生长旺期的需要。

第四是在池塘投放时，最好用小船或木海将螺蛳均匀撒在池塘各个角落，一定要注意不能将一袋螺蛳全部堆放在池塘的一个角落或一个点，大量沉在底部的螺蛳会因缺氧而死亡，反而对池塘的水质造成污染。

第五是螺蛳入池后的10天内不要施化肥来培肥水质。

4. 保健养螺

第一是在投放螺蛳前1天，使用合适的生化药品来改善底质，活化淤泥，给螺蛳创造良好的底部环境，减少螺蛳在池塘中所携带的有害病菌。

第二是在投放时应先将螺蛳洗净，并用对螺蛳刺激性小的药物对螺体进行消毒，目的是杀灭螺蛳身上的细菌及寄生虫。

第三是在放养螺蛳的 3 天后使用健草养螺宝（8~10 亩用 1 桶）来育肥螺蛳，增加螺蛳肉质量和口感，为龙虾提供优良的饵料、增强体质。以后将健草养螺宝配合钙质如生石灰等，定期使用。

第四是在高温季节，每 5~7 天可使用改水改底的药物，控制虫病毒和病菌在螺蛳体内的寄生和繁殖，从而大大减少携带和传播。

第五是为了有利于水草的生长和保护螺蛳的繁殖，在虾种入池前最好用网片圈虾池面积的 30%作暂养区，地点在深水区，待水草覆盖率达 40%~50%、螺蛳繁殖已达一定数量时撤除，一般暂养至 4 月份，最迟不超过 5 月底。

第六节 肥水培藻

一、肥水培藻的重要性

肥水培藻是龙虾养殖中的一个新话题，实际上就是在放苗前通过施基肥来达到让水肥起来，同时用来培育有益藻相，在以前的龙虾养殖中并没有引起重视。但是随着龙虾养殖技术的日益发展，人们越来越重视这个问题，认为肥水培藻是龙虾养殖过程中的一个至关重要的环节，这个环节做得好坏不仅关系到虾苗虾种的成活率和健康状况，而且还关系到养殖过程中龙虾抗应激和抗病害的能力，更关系到养殖产量乃至养殖成败。因此我们建议各位养殖户朋友一定要重视此技术措施。

肥水就是通过向稻田里施加基肥的方法来培育良好的藻相。良好的藻相具有三个方面的作用。一是良好的藻相能有效地起到解毒、净水的作用，主要是有益藻群能吸收水体环境中的有害物质，起到净化水体的效果；二是有益藻群可以通过光合作用，吸收水体内的二氧化碳，同时向水体中释放出大量的溶解氧，据测试，水体中 70%左右的氧是有益藻类和水草产生的；三是有益藻类自身或以有益藻类为食的浮游动物，它们都是虾苗虾种喜食的天然优质饵料。

生产实践表明，水质和藻相的好坏，会直接关系到龙虾对生存环境的应激反应。例如龙虾生活在水质爽活、藻相稳定的水体中，水体中的溶氧和 pH 值通常是正常稳定的，而且在检测时，会发现水体中的氨氮、硫化氢、亚硝酸盐、甲烷、重金属等一般不会超标，龙虾在这种环境中才能健康生长。反之，如果水体中的水质条件差，藻相不稳定，那么水中有毒有害的物质就会明显增加，同时水体中的溶氧偏低，pH 不稳定，容易直接导致龙虾应激生病。

二、培育优良的水质和藻相的方法

培育优良的水质和藻相的关键是施足基肥，如果不施足基肥，肥力就不够，营养供不上，藻相活力弱，新陈代谢的功能低下，水质容易清瘦，不利于虾苗、虾种的健康生长，当然龙虾也就养不好，这是近几年来很多成功的养殖户用自己的辛苦钱摸索出来的经验。

现在市场上对于龙虾养殖时培育水质的肥料用的都是生物肥、有机肥或专用培藻膏，各个生产厂家的肥料名称各异，但是培肥的效果却有很大差别。本书介绍的一些肥料和药品是一部分目前在市场上比较实用有效的专用水产生化肥和用于龙虾养殖的药品，本书并没有专门为这些公司生产的药物和肥料做广告的义务和想法，如果各地有其他类似的药物，也可以采用，具体的用法和用量请见说明书，如不按操作规则和药物使用量使用，造成的后果与我们无关，作者特此申明。例如可采用 1 包酵素钙肥+1 桶六抗培藻膏+1 包特力钙混合加水后，全田泼洒，可泼洒 15～20 亩。2 天后，用粉剂活菌王来稳定水色，具体使用量为 1 包可肥水 1～2 亩。

勤施追肥保住水色是培育优良水质和藻相的重要技巧，可在投种后 1 个月内勤施追肥，追肥可使用市售的专用肥水膏和培藻膏。具体用量和用法如下：前 10 天，每 3～5 天追一次肥，后 20 天每 7～10 天追一次肥。在施肥时讲究少量多次的原则，这样做既可保证藻相营养的供给，也可避免过量施肥造成浪费，或者导致施肥太猛，水质过浓，不便管理。在生产上，追肥通常采用六抗培藻膏或藻幸福追肥，六抗培藻膏每 8~10 亩用 1 桶，藻幸福每 6~8 亩用 1 桶，然后用黑金神和粉剂活菌王维持水色，用量为 1 包黑金神配 2 包粉剂活菌王浸泡后可用于 8~10 亩水面。

三、肥水培藻的难点和对策

在指导养殖户运用施基肥来肥水培藻时，我们经常会遇到池塘里肥水困难或根本水就肥不起来的问题，尤其是在春节前后更难培肥。经过认真地分析、比较、研究和判断后，我们总结了有 11 种情况极易导致肥水培藻效果不佳，现将这些情况进行科学总结、提炼，方便养殖者在龙虾养殖中如果遇到这些情况时能快速做出科学的判断和处理。

1. 低温寡照时的肥水培藻

在低温寡照时，肥水培藻效果不好。这种情况主要发生在早春时节，龙虾养殖刚刚开始进入生产期时通常会发生。由于气温低，导致池塘里的水温低，加上早春的自然光照弱，几种因素叠加在一起，共同起作用时，导致池塘里的水体中有机质缺乏，会对肥水培藻产生不利影响。而大多数养殖户只看表面现象，并不会究其根源，因此看到池水还是不肥，就一味地盲目施肥，甚至施猛肥、施大肥，直接将大量的鸡粪施在池塘里，当然不会有太明显的效果。而更严重的是，这些大量的鸡粪施入池塘里，容易导致养殖中后期塘底产生大量的泥皮、青苔、丝状藻，从而引发池塘的水质、底质出问题，最终导致龙虾病害横行。

池塘里水温太低时，施肥效果不明显，除了上述原因外，还有两方面的原因，一是当水温太低时，藻类的活性受到抑制，它们的生长发育也受到抑制，这时如果采用单一无机肥或有机无机复混肥来肥水培藻，一般来说都不会有太明显的效果。另一方面，在水温太低时，池塘里刚施放进去的肥料养分易受絮凝作用，向下沉入沟底，由于底泥中刚刚被清淤消毒过，底层中的有机质缺乏，导致这些刚刚到达底层的养分易渗漏流失，有的养分结晶于底泥中，水表层的藻类很难吸收到养分，所以肥水培藻很困难。

采取的对策如下。

（1）解毒：用生产厂家的净水药剂来解毒，使用量请参照说明书，在早期低温时可适当加大用量10%，常见的有净水王等，参考用量为3~5亩1瓶。

（2）及时施足基肥：在解毒后第2天施基肥，这时的基肥与常规的农家肥是有区别的，它是一种速效的生化肥料，按5~8亩将1包酵素钙肥和2瓶藻激活配1桶六抗培藻膏使用，也可以配合使用其他生产厂家的相应肥料。

（3）勤施追肥：在肥水3天后，开始施用追肥。由于水温低，肥水难度大，用常规的施肥养鱼技术来肥水很难见效。追施专用的生化追肥，可参考各生产厂家的药品和用量，市场常用配方：按8~10亩将1包卓越黑金神和2瓶藻激活配合1桶藻幸福或者1桶六抗培藻膏追肥。

值得注意的是，采用这种技术来施肥，虽然成本略高，但肥水和稳定水色的效果明显，有利于早期龙虾的健康养殖，为将来的养殖生产打下坚实的基础。

2. 重金属含量超标时的肥水培藻

水体中的常规重金属含量超标，影响肥水效果，超标可以通过水质测试剂检测出来。这些过多的重金属可以与肥料中的养分结合并沉积在池底，从而造成肥水培藻的效果不好。

采取的对策如下。

（1）立即解毒：用生产厂家的净水药剂来解毒。

（2）施足基肥：在解毒后第2天施基肥，可以配合使用生产厂家的相应专用生化肥料，具体的使用配方可请教相关技术人员。

（3）勤施追肥：在肥水3天后开始施用追肥，追施专用的生化追肥，可参考各生产厂家的药品和用量。

3. 亚硝酸盐偏高时的肥水培藻

水体中的亚硝酸盐偏高，会影响肥水培藻的效果，可以用水质测试仪快速测定出来，测试时简单方便。

采取的对策如下。

（1）立即降低水体中亚硝酸盐的含量，即可用化学药剂快速下降，也可配合生物制剂来降低亚硝酸盐。目前常用药物及用法：可采用亚硝快克配合六抗培藻膏降亚硝酸盐。方法是将亚硝快克与六抗培藻膏加10倍水，混合浸泡3小时左右全池泼洒，每亩水面1米水深将亚硝快克1包加六抗培藻膏1千克使用。

（2）施基肥：在施用降亚硝酸盐的第2天开始施加基肥，也是用的生化肥料。可按5~8亩将1包酵素钙肥和2瓶藻激活加1桶六抗培藻膏加水混合，全池均匀泼洒。

（3）追施肥：在用基肥肥水3~4天，开始施追肥，可参考各地市场可售的肥料，例如用卓越黑金神浸泡后配合藻激活、藻幸福或者六抗培藻膏追肥，并稳定水色。

4. pH值过高或过低时的肥水培藻

当池塘里的pH值过高或过低时，也会影响水体肥水培藻效果。

采取的对策如下。

（1）调整pH值：当pH值偏高时，用生化产品将pH及时降下来。例如可按6~8亩计算施用药品，将六抗培藻膏1桶、净水王2瓶、红糖5斤混在一起降pH值；当pH值偏低时，直接用生石灰对水后趁热全池泼洒来调高pH值，石灰的用量根据pH值的情况酌情而定，一般用量为8~15千克/亩。待pH值调至7.8以下，施基肥和追施肥。

（2）施足基肥：待pH值调至7.8以下时，最好能到7.5即施基肥，也是用生化肥料，按5~8亩将1包酵素钙肥和2瓶藻激活配1桶六抗培藻膏使用，也可以配合使用其他生产厂家的相应肥料。

（3）勤施追肥：在肥水3天后，就开始施用生化追肥，可参考各生产厂家的药品和用量。市场常用配方：按8~10亩将1包卓越黑金神和2瓶藻激活配合1桶藻幸福或者1桶六抗培藻膏追肥。

5. 药残过大时的肥水培藻

在向池塘里施加的药物如杀虫药、消毒药等的残留过大，影响肥水效果。

这是在早期对池塘进行消毒时，消毒的药剂量过大，造成池塘里的毒性虽然换水两三次，但是仍然有一定的残余，这时肥水就会影响消毒效果。

采取的对策如下。

（1）暴晒：如果发现池塘里还有残余药物时，这时就要排干池塘里的水，再适当延长暴晒时间，一般为1周左右，然后再进水。

（2）及时解毒，可用各种市售的鱼塘专用解毒剂来进行解毒，用量和用法请参考说明。

（3）及时施用基肥和追肥，使用方法均同第一种情况下的用法。

6. 用深井水作水源时的肥水培藻

由于水源的进排水系统并不完善，造成了水源已经受到一定程度的污染，许多养殖户则打了自备深进水作为养殖水源。这种深进水虽然避免了养殖区内的相互交叉感染，但是这种水源一方面缺少氧气，却富含矿物质，另一方面对肥水培藻也有一定的影响。

采取的对策如下。

（1）曝气增氧：在池塘进水后，开启增氧机曝气3天，来增加池塘里水体里的溶解氧。

（2）解除重金属：用特定的药品来解除重金属，用量和用法请参考使用说明。例如可用净水王解除重金属，每瓶2~3亩。

（3）引进新水：在解除重金属3小时后，引进5厘米的含藻新水。

（4）及时施用基肥和追肥，使用方法均同第一种情况下的用法。

7. 水源受污染时的肥水效果

如果在养虾过程中引用水源不当，主要是引用了已经受污染的水源，直接影响肥水效果。

这种情况主要发生在两种地方：一是靠近工业区的池塘，附近的水源已经被工业排出的废水污染；二是在高产养殖区，由于用水是共同的途径，有的养殖户不小心或者是无意间将其他池塘里的养殖水源直接排进了进水渠道，结果导致养殖小区里相互污染。

采取的对策如下。

（1）解毒：用特定的药品来解毒，用量和用法请参考使用说明。

（2）引进新水：在解毒3小时后，引进5厘米的含藻新水。

（3）及时施用基肥和追肥，使用方法均同前文。

8. 池塘底质老化的肥水培藻

池塘底部的矿物质和微量元素缺乏，影响肥水效果。这种情况主要发生在常年养殖而且没有很好地清淤修整的池塘，导致池塘里的底质老化，有利于藻类生长发育的矿物质和微量元素缺乏，而对藻类生长有抑制作用的矿物质却大量存在，当然肥水效果就不好。

采取的对策如下。

（1）解毒：用特定的药品来解毒，用量和用法请参考使用说明。例如可用解毒超爽或净水王解毒，每瓶 3~4 亩。

（2）及时施用基肥和施用追肥，使用方法均同前文。

9. 池塘浑浊时的肥水培藻

池塘里的水体混浊，会影响肥水培藻的效果。这种情况发生的原因有很多，发生的季节和时间也不同，尤其是在大雨后的初夏时节更易发生。主要表现是池塘里的水严重浑浊，水体中的有益藻类严重缺乏，这时施肥效果几乎没有。

采取的对策如下。

（1）解毒：用特定的药品来解毒，用量和用法请参考使用说明。

（2）引进新水：在解毒 3 小时后，引进 5 厘米的含藻新水。

（3）及时施用基肥和追肥，使用方法均同前文。

值得注意的是，发生这种情况时，施肥最好在晴天的上午 10 时左右施用。

10. 青苔影响肥水培藻效果

池塘里有青苔、泥皮、丝状藻时，影响肥水效果。这种情况几乎发生在龙虾的整个生长期，尤其是以早春的青苔和初秋的泥皮最为严重。

采取的对策如下。

（1）灭青苔、泥皮、丝状藻：如果发现池塘里的青苔和丝状藻太多，这时可先用人工尽可能捞干净，然后再采取生化药品来处理，既安全，效果又明显。不要直接用硫酸铜等化学药品来消除青苔和丝状藻，这是因为化学物品虽然对青苔和丝状藻及泥皮效果明显，但是对虾苗虾种会产生严重的药害，另外硫酸铜等化学物品对肥水不利，也对已栽的水草不利，故不宜采用。生化物品的用量和用法请参考使用说明，各地均有销售。这里介绍一种使用较多的一例，仅供参考：先将黑金神配合粉剂活菌王加藻健康（无需加红糖）混合浸泡 3~12

小时后全池均匀泼洒，生化药品的用量是1包黑金神加2包粉剂活菌王可用3~5亩的水面。

（2）及时施用基肥和追肥，使用方法均同前文。

11. 新开挖的池塘里肥水培藻效果不理想

这种情况发生在刚刚开挖还没有养殖的新的池塘里，由于是刚开挖的池塘，池塘的底部基本上是一片黄土或白板泥，没有任何淤泥，水体中少有藻类和有机质，因此用常规的方法和剂量来肥水培藻效果肯定不理想。

采取的对策如下。

（1）引进藻源：引进3~5厘米的含藻种的水源，也可以直接购买市售的藻种，经过活化后投放到池塘里，用量可增加10%左右。

（2）促进有益藻群的生长，可泼洒特定的生化药品来促进有益藻群的生长，用量和用法请参考使用说明。这里介绍一例，仅供参考，可以泼洒卓越黑金神和粉剂活菌王，用法是黑金神1包、粉剂活菌王2包、藻健康1包加水混合浸泡，可以泼洒3~5亩。

（3）及时施用基肥和追肥，使用方法均同前文。

现在在龙虾养殖上，大家基本上都重视了肥水培藻的环节，因为只有做好肥水培藻的工作，才能有效地提高虾苗虾种的成活率，才能保障养殖产量和效益。我们在肥水时也有可能会遇到上述11种情况中的一种，也许还有我们没总结到的其他情况，但我们一定要坚持走肥水培藻、科学养虾的路子。以上方法也许有些麻烦，成本有些偏高，但是效果良好。许多养殖户的事例已经说明，如果肥水培藻工作做不好，后续的养虾问题就会出现很多，尤其病害会很快猖獗。因此，我们务必认真做好每一个细节，千万不可“偷工减料”。

第七节　虾种放养

一、放养模式

龙虾的池塘养殖模式有池塘单养和池塘混养或套养两类，根据实践情况，我们建议采取池塘混养或套养为宜。单养即只在池塘中养殖龙虾，不放养鱼类或为调节水质放养极少量的白鲢，最好是采用秋季放养的模式，次之是采用春季放养或夏季放养模式。

1. 秋季放养模式

以放养当年培育的大规格虾苗或亲虾为主，放养时间为 8 月上旬至 9 月中旬。虾苗规格 1.2 厘米左右，每亩放养 3 万尾左右；亲虾规格 8 厘米左右，每亩放养 20~25 千克，雌雄比例 3∶1 或 5∶2。第二年 3 月可用地笼等网具及时将繁殖过的亲虾捕起上市，获得好价格。翌年 4 月即可陆续起捕其他的虾上市，商品虾的体重可达 35~50 克/只。

8 月宜放养的亲虾

2. 夏季放养模式

以放养当年孵化的第一批稚虾为主，放养时间在 6 月中旬，稚虾规格为 0.8~1 厘米。每亩放养 2 万尾，要投足饵料，当年 7 月下旬至 8 月上旬即可上市，商品虾的体重可达 20 克/只。

3. 春季放养模式

以放养当年不符合上市规格虾为主，每年的 3—4 月开始放养。规格为 100~200 只/千克，每亩放养 1.5 万尾。投放幼虾后还要适时追施发酵过的有机粪肥，培养天然饵料生物。初期水深保持在 30~60 厘米，后期因气温较高，应加高水位，通过调节水深来控制水温。经过快速养殖，到 5 月中下旬即可陆续起捕上市，商品虾的体重可达 30 克/只。

二、放养时间

石灰水消毒待 7~10 天水质正常后即可放苗。

三、虾种质量要求

一是看体色。好的龙虾苗群体色素相同，体表光洁亮丽鲜艳有光泽，体色差的虾苗往往体色暗淡。对于亲虾来说，底板干净，没有出现黄底板、黑底板，也没有出现腐壳。

二是看活动能力。将虾苗捕起放在容器内，活蹦乱跳的为好虾苗，行动迟缓的为差的虾苗，另外要求所有的虾肢体完整健全、无伤无病、体质健壮、生命力强。

三是看群体组成。好的健康虾苗规格整齐，大小一致，个体差异不明显，稚虾规格在 1 厘米以上，虾种规格在 3 厘米左右，身体健壮，光滑而不带泥，游动活泼，同批中无损伤和畸形苗；差的虾苗规格参差不齐，悬殊较大，个体偏瘦，有些身上还带有污泥，同时也有大量畸形苗出现。同一池塘放养的虾苗虾种规格要一致，一次放足。

四是看虾的内部。鳃部干净，没有出现黑鳃、黄鳃，也没有出现水肿现象；肝胰脏没有出现发白、糜烂现象；肠道有食，无肠炎现象。

五是看虾的来源。虾苗虾种最好都是人工培育的。如果是野生虾种，应经过一段时间驯养后再放养，以免相互争斗残杀。

可以从以上几个方面选择市场上最好的虾苗，能够提高龙虾的成活率，减少在苗种这一阶段选择的问题，所以建议养殖户在放苗时不要着急，不要盲目地选择苗种，市场上好苗种非常多，一定要选择好。

四、放养密度

龙虾具体的放养虾种密度还要取决于池子的环境条件、饵料来源、虾种来源和规格、水源条件、饲养管理技术等。总之，要根据当地实际，因地制宜，灵活机动地投放虾种。根据我们的经验，如果是自己培育的幼虾，则要求放养规格在 2～3 厘米，每亩放养 14 000～15 000尾。

放养量的简易计算，虾池内幼虾的放养量可用下式进行计算。

幼虾放养量（尾）= 虾池面积（亩）×计划亩产量（千克）×预计出池规格（尾/千克）/预计成活率（%）

其中：计划亩产量，是根据往年已达到的亩产量，结合当年养殖条件和采取的措施，预计可达到的亩产量，一般为 150～200 千克；预计成活率，一般可取 40%为计算；预计出池规格，根据市场要求，一般为 30～40 尾/千克。计算出来的数据可取整数放养。

五、放养时的注意事项

一是冬季放养择晴天上午进行，夏季和秋季放养择晴天早晨或阴雨天进行，避免阳光暴晒。

二是虾种放养前用 3%～5%食盐水浴洗 10 分钟，杀灭寄生虫和致病菌。

三是从外地购进的虾种，因离水时间较长，放养前应略作处理。将虾种在池水内浸泡 1 分钟，提起搁置 2～3 分钟，再浸泡 1 分钟，如此反复 2～3 次，让虾种体表和鳃腔吸足水分后再放养，以提高成活率。

四是饲养龙虾的池塘，适当混养一些鲢鳙鱼等中上层滤食性鱼类，以改善水质，充分利用饵料资源，而且可作塘内缺氧的指示鱼类。

第八节　合理投饵

龙虾食性杂，且比较贪食，喜食小杂鱼、螺蛳、黄豆，也食配合饲料、豆饼、花生饼、剁碎的空心菜及低值贝类等，这些饲料来源广、价格低、易解决。因此我们除“种草、投螺”外，还需要投喂饲料，饲料投喂应把握好以下几点。

一、饵料种类

一是植物性饵料，有青糠、麦麸、黄豆、豆饼、小麦、玉米及嫩的青绿饲料，南瓜、山芋、瓜皮等需煮熟后投喂；二是动物性饵料，有小杂鱼、轧碎螺蛳、河蚌肉等；三是配合饲料。在饲料中必须添加蜕壳素、多种维生素、免疫多糖等，满足龙虾的蜕壳需要。

二、投喂量

虾苗刚下塘时，日投饵量每亩为 0.5 千克。日投饵次数，暂养的小虾要日投 3~4 次，投饲量为存池虾体重的 15%左右。池塘养殖的虾，早晚各投 1 次，投饲量占体重的 4%~7%。随着龙虾的生长，要不断增加投喂量，具体的投喂量除了与天气、水温、水质等有关外，还要自己在生产实践中把握。由于龙虾是捕大留小的，虾农不可能准确掌握虾的存塘量，因此按生长量来计算投喂量是不准确的，在生产上我们建议虾农采用试差法来掌握投喂量。在第 2 天喂食前先查一下前一天所喂的饵料情况，如果没有剩下，说明基本上够吃；如果剩下不少，说明投喂得过多，一定要将饵量减下来；如果看到饵料没有了，且饵料投喂点旁边有龙虾爬动的痕迹，说明上次投饵少了一点，需要加一点，如此 3 天就可以确定投饵量了。在没捕捞的情况下，隔 3 天增加 10%的投饵量，如果捕大留小了，则要适当减少 10%~20%的投饵量。

三、投喂方法

一般每天两次，分上午、傍晚投放，投喂以傍晚为主，投喂量要占到全天投喂量的 60%~70%，饲料投喂要采取“四定”“四看”的方法。

由于龙虾喜欢在浅水处觅食，因此在投喂时，应在岸边和浅水处多点均匀投喂，也可在池四周增设饵料台，以便观察虾吃食情况。具体的投饵方法将在后文有解说。

第九节　底质和水质的改良与护理

要想养好一池“肥、活、嫩、爽”的优良水质，必先培出优良的藻相和健壮的水草。而要想水色优良和保持藻相稳定，池塘底质的改良和养护不可麻痹大意。

一、底质对龙虾生长和健康的影响

龙虾是典型的底栖类生活习性，它们的生活生长都离不开底质，因此底质的优良与否会直接影响龙虾的活动能力，从而影响生长、发育，甚至影响生命，进而会影响养殖产量与养殖效益。

底质，尤其是长期养殖的池塘底质里，往往是各种有机物的集聚之所，这些底质中的有机质在水温升高后会慢慢地分解。在分解过程中，它一方面会消耗水体中大量的溶解氧来满足分解作用的进行；另一方面，在有机质分解后，往往会产生各种有毒物质，如硫化氢、亚硝酸盐等，结果就会导致龙虾因为不适应这种环境而频繁地上岸或爬上草头，轻者会影响它们的生长蜕壳，造成上市龙虾的规格普遍偏小，价格偏低，养殖效益也会降低，严重的则会导致池塘缺氧，甚至龙虾中毒死亡。

底质在龙虾养殖中还有一个重要的影响就是会改变它们的体色，从而影响出售时的卖相。龙虾的体色是与它们的生活环境相适应的，而且也会随着生活环境的改变而改变，例如在黄色壤土且淤泥较少的底质中生长的龙虾，养成后有壳色发亮、肉多壳薄、肉质品味好的优势。而在淤泥较多的黑色底质中养出的龙虾，常常一眼就能看出是“黑底虾”“铁壳虾”等。它们的具体特征就是甲壳灰黑、肉松味淡、泥腥味太重，商品价值非常低。

二、底质不佳的原因

池塘底部变黑发臭的原因，主要有以下几点造成的。

1. 清塘不彻底

在对池塘清整时不彻底，过多的淤泥没有及时清理，造成底泥中的有机物过多，这是底质变黑的主要原因之一。

2. 池塘的设计不科学

一些养殖龙虾的池塘，在开挖池塘时设计不合理，开挖不科学，水体较深，甚至有的就是利用修公路时取土后留下的深水塘，也有的是在砖窑厂取土后留下的深水塘。这种池塘的池水过深，往往超过3米多，上下水体形成了明显的隔离层，造成池塘的底部长期缺氧，从而导致一些嫌气性细菌大量繁殖，水体氧化能力差，水体中有毒有害物质增多，底质恶化，造成底部有臭气。

3. 投饵不讲究

一些养殖户投饵不科学，饲料利用率较低、长期投喂过量或者蛋白质含量过高的饲料，这些过量的饲料并没有被龙虾及时摄食利用，从而沉积在底泥中。另外就是龙虾新陈代谢产生的大量粪便也沉积在底泥中，为病原微生物的生长繁殖提供条件，消耗池水中大量的氧气，同时还分解释放出大量的硫化氢、沼气、氨气等有毒有害物质，使底质恶臭。

4. 用药不恰当

在养殖过程中，随着水产养殖密度的不断增大，以消耗大量高蛋白饲料及污染稻田自身和周边环境为代价来维持生产的养殖模式，破坏了池塘原有的生态平衡。加上养殖户为了防治虾病，大量使用杀虫剂、消毒剂、抗生素等，甚至农药虾用，并且用药剂量越来越高。这样，在养殖过程中，养殖残饵、粪便、死亡动物尸体和杀虫剂、消毒剂、抗生素等化学物在池塘的底部沉淀，形成黑色污泥，污泥中含有丰富的有机质，厌氧微生物占主导地位，严重破坏了底质的微生态环境，导致各种有毒有害物质恶化底质，从而危害养殖龙虾。还有一些养殖户并不遵循科学养殖的原理，用药不当，破坏了水体的自净能力，经常使用一些化学物质或聚合类药物，例如大量使用沸石粉、木炭等吸附性物质为主的净水剂，这些药物在絮凝作用的影响下沉积于底泥中，从而造成池底变黑发臭。

5. 青苔影响底质

在养殖前期，由于青苔较多，许多养殖户会大量使用药物来杀灭青苔，这些死亡后的青苔并没有被及时地清理或消解，而是沉积于池塘的底泥中；另外在养殖中期，龙虾会不断地夹断水草，这些水草除了部分漂浮于水面之外，还有一部分和青苔以及其他水生生物的尸体一起沉积于底泥中，随着水温的升高，这些物质会慢慢地腐烂，从而加速底质变黑发臭。

三、底质与疾病的关联

在淤泥较多的池塘中，有机质的氧化分解会消耗掉底层本来并不多的氧气，造成底部处于缺氧状态，形成所谓的“氧债”。在缺氧条件下，嫌气性细菌大量繁殖，分解田间沟底部的有机物质而产生大量有毒的中间产物，如 NH_3、NO_2^-、H_2S、有机酸、低级胺类、硫醇等。这些物质大都对龙虾有着很大的毒害作用，并且会在水中不断积累，轻则影响龙虾的生长，饵料系数增大，养殖成本升高；重则会提高龙虾对细菌性疾病的易感性，导致龙虾中毒死亡。

另外，当底质恶化，有害菌会大量繁殖，水中有害菌的数量达到一定峰值时，龙虾就可能发病。如龙虾甲壳的溃烂病、肠炎病等。

四、科学改底的方法

1. 用微生物或益生菌改底

提倡采用微生物型或益生菌来进行底质改良，达到养底护底的效果。充分利用复合微生物中的各种有益菌的功能优势，发挥它们的协同作用，将残饵、排泄物、动植物尸体等影响底质变坏的隐患及时分解消除，可以有效地养护底质和水质，同时还能有效地控制病原微生物的蔓延扩散。

2. 快速改底

快速改底可以使用一些化学产品混合而成的底改产品，但是从长远的角度来看，还是尽量不用或少用化学改底产品，建议使用微生物制剂的改底产品，通过有益菌如光合细菌、芽孢杆菌等作用来达到底改的目的。

3. 间接改底

在龙虾养殖过程中，一定要做好间接护底的工作，可以在饲料中长期添加大蒜素、益生菌等微生物制剂。这些微生物制剂是根据动物正常的肠胃菌群配制而成，利用益生菌代谢的生物酶补充龙虾体内的内源酶不足，促进饲料营养的吸收转化，降低粪便中有害物质的含量，排出来的芽孢杆菌又能净水，达到水体稳定、及时降解的目的。全方面改良底质和水质，不仅能降低龙虾的饵料系数，还能从源头上解决龙虾排泄物对底质和水质的污染，节约养殖成本。

4. 采用生物肥培养有益藻类

定向培养有益藻类，适当施肥并防止水体老化。在利用池塘养殖龙虾时不怕“水肥”，而是怕“水老”。因为“水老”藻类才会死亡，才会出现“水变”，水肥不一定“水老”。可以定期使用优质高效的水产专用肥来保证肥水效率，如“生物肥水宝”“新肽肥”等。这些肥水产品都能被藻类及水产动物吸收利用，不污染底质。

5. 对瘦底池塘的改底

底瘦的池塘通常是新塘或清淤翻晒过的养殖池塘，池塘底部有机质少，微生态环境脆弱，不利于微生物的生长繁殖。

底瘦、水瘦的池塘：藻类数量少，饵料生物缺乏，溶氧量往往比较低，水体易出现浑浊或清水。针对这种情况，如果大量浮游动物出现，局部杀一些浮游动物。可施 EM 菌，补充底部和水体的营养物质，调节底部菌群平衡，建立有利于水质的微生物群落。浑浊的水体，应先用净水产品来处理，并在肥水同时连续使用增氧产品 2~3 天，保证肥水过程中水体溶氧充足。

底瘦、水肥的池塘：活物饵料丰富，藻类数量多，水体的溶氧丰富。底部供应的营养不足，这样的水质难以维持，容易出现倒藻。可施用有机肥来补充底肥，并加 EM 菌补充底部营养和有益菌群的数量，以促使底层为良性。

6. 对肥底池塘的改底

底肥、水肥的池塘：水体黏稠物质多，自净能力差，底层溶氧不足，底泥发臭。先使用净水产品净化水质或开增氧机，提高底泥的氧化还原电位。促进有益菌的繁殖，水肥的池塘要防止盲目用药，改用降解型底质改良剂代替吸附性底质改良剂。可施用 EM 菌和生物类的底改产品定向培养有益藻类，防止水体老化。

底肥、水瘦的池塘：水体营养不足，藻类生长受限制，水体溶氧量低，底层易出现“氧债”，敌害微生物易繁殖。这种情况，需要底层充气，提高底泥的氧化还原电位，可施EM菌来促进有益菌的生长繁殖，同时施净水产品调节水质，降解水体中的毒素，提供丰富的营养，培养有益藻类。防止盲目使用杀虫剂、消毒剂。

五、养虾中后期底质的养护与改良

龙虾养到中后期，投喂量逐步增加，吃得多，排泄也多，因此龙虾排泄物越来越多，加上多种动植物的尸体累加沉积在池塘的底部，底部的负荷逐渐加大。这些有机物如果不及时处理，会造成池塘的底部严重缺氧。因为这些有机质的腐烂至少要耗掉总溶氧的50%以上，在厌氧菌的作用下，就容易发生底部泛酸、发热、发臭，滋生致病原，从而造成龙虾爬到边上、草头等应激反应。另外，在这种恶劣的底部环境下，一些致病菌特别是弧菌容易大量繁殖，从而导致龙虾的活力减弱，免疫力下降，这些底部的细菌和病毒交叉感染，使龙虾容易暴发细菌性与病毒性并发症疾病，最常见的是会发生黑鳃、烂鳃等病症。这些危害的后果非常严重，应引起养殖户的高度重视。

因此在龙虾养殖1个月后，就要开始对池塘的底质做一些清理隐患的工作。所谓隐患，是指剩余饲料、粪便、动植物尸体中残余的营养成分。消除的方法就是使用针对残余营养成分中的蛋白质、氨基酸、脂肪、淀粉等进行培养驯化的具有超强分解能力的复合微生物底改与活菌制剂，如一些市售的底改王、水底双改、黑金神、底改净、灵活100、新活菌王、粉剂活菌王等。既可避免底质腐败产生很多有害物质，还可抑制病原菌的生长繁殖。同时还可以将这些有害物质转化成水草、藻类的营养盐供藻类吸收，促进水草、藻类的生长，从而起到增强藻相新陈代谢的活力和产氧能力，稳定正常的pH和溶解氧。实践证明，采取上述措施处理行之有效。

一般情况下，池塘里的溶氧量在凌晨1:00至早晨6:00是最少的时候，这时不能用药来改底；在气压低、闷热无风天的时候，即使在白天泼洒药物，也要防止龙虾应激反应和池塘里缺氧，如果没有特别问题时，建议在这种天气不要改底；而在晴天中午改底效果比较好，能从源头上解决池塘里的溶解氧低下的问题，增强水体的活性。中后期改底每 7~10 天进行 1 次，在高温天气（水温超过 30℃）每 5 天 1 次，但是底改产品的用量稍减，也就是掌握少量多次的原则。因为沟底水温偏高时，底部有机物的腐烂要比平时快 2~3 倍，所以改底的次数相应地要增加。

六、关于底改产品的忠告

关于底改产品的选用，现在市场上销售的同类产品或同名产品太多，养殖户要做理性的选择，不要被概念的炒作所迷惑。例如有些生产厂家打出了“增氧型底改”“清凉型底改”的产品，其实这类底改大多是以低质滑石粉为材料做成的吸附型产品，用户只是凭表面直观的感觉判断其作用效果。不可否认的是用了这类产品后，表面看起来水体中的悬浮颗粒少了，水清爽了一些，殊不知这些悬浮颗粒被吸附沉积到塘底，就会加重塘底的“负荷”，一旦塘底“超载”，底质就会恶化。加上这些颗粒状的底改产品，沉入塘底后需要消耗大量的氧气来溶散，所以从本质上讲，这类产品使用后不仅增氧效果不明显，反之还会降低底部溶氧，这就是为什么这些底改用得越多，黑鳃、肝脏坏死等症状不仅得不到控制，反而会越来越严重的最主要原因。所以使用产品时，理智的选择是关键，不要被“概念”迷惑。否则用了产品，花了成本，效果却大打折扣。

七、池塘水质的养护

1. 养殖前期的水质养护

在用有机肥和化学肥料或生化肥料培养好水质后，在放养虾种的第 5 天，可用相应的生化产品为池塘提供营养来促进优质藻相的持续稳定。这是因为在藻类生长繁殖的初期对营养的需求量较大，对营养的质量要求也较高，当然这些藻类快速繁殖，在水里是优势种群，它们的繁殖和生长会消耗水体中大量的营养物质。此时如果不及时补施高品质的肥料养分，水色很容易被消耗掉，而呈澄清样，藻相因营养供给不足或者营养不良而出现“倒藻”现象。另外，虾池里的水色过度澄清会导致天然饵料缺乏，水中溶氧偏低，虾种很快就会出现游塘伏边等应激反应，从而出现“偷死”现象，也会影响龙虾的第一次蜕壳。

保持藻相的方法很多，只要用对药物和措施得当就可以，这里介绍一种方案，仅供参考。在放养虾种的第 4 天用黑金神浸泡 1 夜，到了第 5 天上午配合使用藻幸福或者六抗培藻膏追肥，用量为 1 包卓越黑金神加 1 桶藻幸福或者 1 桶六抗培藻膏，可以泼洒 7~8 亩。

2. 中后期的水质养护

水质的好与坏，优良水质稳定时间的长与短，取决于水草、菌相（指益生菌）、藻相是否平衡，是否有机共存于池塘里。如果水体中缺菌相，就会导致水质不稳定；如果水体中缺藻相，就会导致水体易浑浊，主要是水中悬浮颗粒多；如果水体中缺水草，龙虾就好像少了把“保护伞”。所以养一塘好水，就必须适时地定向护草、培菌、培藻。

根据水质肥瘦情况，应酌情将肥料与活菌配合使用。如水色偏瘦，可采取以肥料为主、以活菌为辅进行追肥。追肥时可以采用生物有机肥或有机无机复混肥，但是更有效的则是采用培藻养草专用肥，这种肥料可全溶化于水，既不消耗水中溶氧，又容易被藻类吸收，是理想的追施肥料。相应的肥料市面上有售。

如水质过浓，就要采取净水培菌措施，使用药物和方法请参考各生产厂家的药品。这里介绍一例，可先用六控底健康全池泼洒 1 次，第 2 天再用灵活 100 加藻健康泼洒，晚上泼洒纳米氧，第 3 天左右，虾池的水色就可变得清爽嫩活。

另外，在高温季节有条件都要经常适当换水，换水时间掌握在 13:00—15:00 或凌晨 1:00—3:00 比较适宜。既可以使池水保持恒定的温度，又可以增加水中溶氧。气压低时最好开动增氧机增氧，有条件的地方应提供微流水养殖。

平时可根据水质具体情况，适时投放定量的光合细菌浓缩菌液，每月 1 次，以调节水质，利用晴天中午开动增氧机 1~2 小时，增加池中溶氧，消除水体中的氨氮等有害物。定期使用生石灰，中后期间隔 15~20 天，每亩 1 米水深用量 5~7.5 千克，保持池水 pH 值 7.5~8.5。

第十节　池塘养殖龙虾的管理措施

一、建立巡池检查制度

勤做巡池工作，发现异常及时采取对策，早晨主要检查有无残饵，以便调整当天的投饵量，中午测定水温、pH、氨氮、亚硝酸氮等有害物，观察池水变化，傍晚或夜间主要观察了解龙虾活动及吃食情况，发现池四角及水葫芦等水草上有很多虾往上爬等异常现象，多数是因缺氧引起，要及时充氧或换水。经常检查、维修、加固防逃设施，台风暴雨时应特别注意做好防逃工作。汛期加强检查，防止池埂被水冲毁而发生逃虾事件；水草中若有龙虾残体出现，说明有水老鼠、青蛙、蛇等敌害存在，应采取防敌害措施；要防止农药对龙虾的毒害，若利用农田的水灌池时，在农田施药期间应严禁田水流入养虾池中；严防逃虾、防偷、防池水被外来物质污染和缺氧、防漏水以及记载饲养管理日志等工作，亦须认真做好。

二、防应激、抗应激

防应激、抗应激，无论是对水草、藻相和龙虾都很重要。如果水草、藻相应激而死亡，那么水环境就会发生变化，直接导致龙虾会连带发生应激反应。可以这样说，大多数的龙虾病害是因应激反应才导致龙虾活力减弱，病原体侵入龙虾体内而引发的。

水草、藻相的应激反应主要受气候、用药、环境变化（如温差、台风天、低气压、强降雨、阴雨天、风向变化、夏季长时间水温高、泼洒刺激性较强的药物、底质腐败等因素）的影响而发生。为防止气候变化引起应激反应，应养成关注天气气象信息的好习惯，提前听气候预报预知未来 3 天的天气情况，当出现闷热无风、阴雨连绵、台风暴雨、风向不定、雨后初晴、持续高温等恶劣天气和水质泥浊等不良水质时，不宜过量使用微生物制剂或微生物底改调水改底，更不宜使用消毒药；同时，应酌情减料投喂或停喂，否则会刺激龙虾产生强应激反应，从而导致恶性病害发生，造成严重后果。

三、做好补钙工作

在池塘养殖龙虾的过程中，有一项工作常常被养殖户忽视，但却是养殖龙虾成功与否的不可忽视的关键工作，这项工作就是补钙。

1. 水草、藻类生长需要吸收钙元素

钙是植物细胞壁的重要组成成分，如果池塘中缺钙，就会限制田里的水草和藻类的繁殖。在放苗前肥水时，常常会发现有肥水困难或水草老化、腐败现象，其中一个重要的原因就是水中缺钙元素，导致藻类、水草难以生长繁殖。因此肥水前或肥水时需要先对池水进行补钙，最好是补充活性钙，以促进藻类、水草快速吸收转化，达到“肥、活、嫩、爽”的效果。

2. 水质和底质的养护和改良也需要补钙

养殖用水的钙、镁含量合适，除了可以稳定水质和底质的 pH，增强水的缓冲能力，还能在一定程度上降低重金属的毒性，并能促进有益微生物的生长繁殖，加快有机物的分解矿化，从而加速植物营养物质的循环再生，对抢救倒藻、增强水草生命力、修复水色及调理和改善各种危险水色、底质，效果显著。

3. 龙虾的整个生长过程都需要补钙

首先是龙虾的生长发育离不开钙。钙是动物骨骼、甲壳的重要组成部分，对蛋白质的合成与代谢、碳水化合物的转化、细胞的通透性、染色体的结构与功能等均有重要影响。

其次是龙虾的生长离不开钙。龙虾的生长要通过不断蜕壳和硬壳来完成，因此需要从水体和饲料中吸收大量的钙来满足生长需要。集约化的养殖方式又常使水体中矿物质盐的含量严重不足。而钙、磷吸收不足又会导致龙虾的甲壳不能正常硬化，形成软壳病或者蜕壳不遂，生长速度减慢，严重影响龙虾的正常生长。因此为了确保龙虾的正常生长发育和蜕壳的顺利进行，需要及时补钙，用生石灰对池塘进行定期补钙是一种值得推广的方法。可以说，补钙固壳、增强抗应激能力是加固防御病毒侵入而影响健康养殖的防火墙。

四、加强对水草的管理

根据水草的长势，及时在浮植区内泼洒速效肥料。肥液浓度不宜过大，以免造成肥害。如果水花生高达25~30厘米时，就要及时收割，收割时需留茬5厘米左右。其他的水生植物，亦要保持合适的面积与密度，池塘里的伊乐藻要做好三点：一是要成行，二是不连片，三是不出水面。

五、补施追肥

饲养期间，要视池水透明度适时补施追肥，一般每半月补施一次追肥，追肥以发酵过的有机粪肥为主，施肥量为每亩15~20千克。

六、水质管理

1. 冲水换水

虽然龙虾对水质要求不高，无需经常换水，但潘志远和涂桂萍试验发现，要取得高产，同时保证商品虾的优质，必须经常冲水和换水。流水可刺激龙虾蜕壳，加快生长；换水可减少水中悬浮物，使水质清新，保持丰富的溶氧。在这种条件下生长的龙虾个体饱满，背甲光泽度强，腹部无污物，因而价格较高。所以冲水和换水是养殖龙虾取得高产的必备条件。

2. 水质调控

强化水质管理，要求保持“肥、爽、活、嫩”。前期以肥水为主，透明度为25厘米，中后期通过加水和换水，以间隔15天为一次，每次换水1/3，透明度为30~40厘米。高温季节有条件都要经常适当换水，换水时间掌握在13:00—15:00或凌晨1:00—3:00比较适宜。既可以使池水保持恒定的温度，又可以增加水中溶氧。气压低时最好开动增氧机增氧，有条件的地方应提供微流水养殖。5月中旬至9月中旬使用微生物制剂，根据水质具体情况，适时投放定量的光合细菌浓缩菌液，每月1次，以调节水质，利用晴天中午开动增氧机1~2小时，增加池中溶氧，消除水体中的氨氮等有害物。定期使用生石灰，中后期间隔15~20天，每亩1米水深用量5~7.5千克，保

冲水刺激培育亲虾

持虾池溶氧量在 5 克/升以上，池水 pH 值 7.5~8.5。保持水位稳定，不能忽高忽低。

3. 底质调控

适量投饵，减少剩余残饵沉底；定期使用底质改良剂（如投放过氧化钙、沸石等，投放光合细菌，活菌制剂）；晴天采用机械池内搅动底质，每两周 1 次，促进池泥有机物氧化分解。

七、溶解氧的调节

溶解氧是养殖鱼、虾、蟹等水生动物生存的必要条件，溶解氧的多少影响着养殖水生动物种类的生存、生长和产量。

在龙虾的整个养殖过程确保溶氧充足是贯穿养殖生产与管理的一条主线，可以说氧气是龙虾成功养殖的命根子。因此如何采用有效的增氧措施，解决养殖龙虾中溶氧安全的问题，是提高养殖单位产量和效益的重要手段。

1. 龙虾对氧气的要求

鱼谚有“白天长肉，晚上掉膘”，是十分形象化的解说。即白天在人工投喂饲料的条件下，龙虾可以吃得好，长得壮，但是由于密度大，以及其他有机耗氧量也大，导致水体中氧气不足，晚上龙虾就会消耗身上的肉，这就说明水体里的溶解氧对龙虾养殖的重要性。

如同水对人重要性一样，氧气是也是龙虾赖以生存的首要条件。

在正常投饵的情况下，水中的溶氧量不仅会直接影响龙虾的食欲和消化吸收能力，而且溶氧关系到好气性的细菌生长繁殖。在缺氧情况下，好气性细菌的繁殖受到抑制，从而导致沉积在池底的有机物（动植物尸体和残剩饵料等）为厌气性细菌所分解，生成大量危害龙虾的有毒物质和有机酸，使水质进一步恶化。充足的溶氧量可以加速水中含氮物质的硝化作用，使对龙虾生长有害的氨态氮、亚硝酸态氮转变成无害的硝酸态氮，为浮游植物所利用。促进池塘里物质的良性循环，起到净化水质的作用。溶氧在加速物质循环、促进能量流动、改善水质等方面起重要作用，是获得高产稳产的重要措施，所以在养殖龙虾时水质调控的重要内涵就是改善水中的溶解氧条件。必须通过各种途径及时补充水体里的溶解氧，来满足龙虾的需求，这些途径有换水、机械增氧、化学增氧等方法。

2. 改善池塘里的氧气

改善池塘里的溶氧条件应从增加溶氧和降低有机物耗氧两个方面着手，采取以下措施。

（1）在增加溶氧条件方面。

一是保持池塘里有良好的日照和通风条件。

二是适当扩大池塘面积，以增大空气和水的接触面积。

三是在养殖过程中，对池塘适当施用磷肥，以改善水体里的氮磷比，促进浮游植物生长。

四是及时加注新水，以增加水体透明度；经常及时地加水是培育和控制优良水质必不可少的措施，对调节水体的溶氧和酸碱度是有利的。合理注水有 4 个方面的作用：首先增加水深，提高水体的容量；其次是增加了水体的透明度，有利于龙虾的生长发育；再次是能有效地降低藻类（特别是蓝藻、绿藻类）分泌的抗生素；最后就是通过注水能直接增加水中溶解氧，促使池水垂直、水平流转，增进龙虾的食欲。平时每 2 周注水 1 次，每次 15 厘米左右；高温季节每 4~7 天注水 1 次，每次 30 厘米左右；遇到特殊情况，要加大注水量或彻底换水。总之，当水体颜色变深时就要注水。

五是适当泼洒生石灰。使用生石灰，不仅可以改善水质，而且对防治虾病也有积极作用。一般每亩用量 20 千克，用水溶化后迅速全池泼洒。

六是合理使用增氧机，特别是应抓住每一个晴天，在中午将上层过饱和氧气输送至下层，以保持溶氧平衡。增氧机具有增氧、搅水和曝气等3方面的功能。增氧机是目前最有效的改善水质、提高产量的专用养殖机械之一。目前我国已生产出喷水式、水车式、管叶式、涌喷式、射流式和叶轮式等类型的增氧机，从改善水质防止浮头的效果看，以叶轮式增氧机最为合适，增氧效果最好，在成鱼池养殖中使用也最广泛。据水产专家试验表明，使用增氧机的池塘净产增长14%左右。

（2）在降低池塘有机物耗氧方面。

一是根据季节、天气合理投饵施肥，减少不必要的饲料溶失在水里腐烂，从而可以有效地防止水体中溶解氧的减少。

二是每年需清除含有大量有机物质的池塘里的底泥，可以大量减少淤泥所消耗的氧气。

三是有机肥料需经发酵后在晴天施用，以减少中间产物的存积和氧债的产生。

四是及时清理池塘里过多的水草和即将腐烂的水草，不能让水草在短时间内快速腐烂在池塘里。

3. 微孔增氧和推水设备

常用的增氧设备包括叶轮式增氧机、水车式增氧机、射流式增氧机、吸入式增氧机、涡流式增氧机、增氧泵、涌喷式增氧机、喷雾式增氧机、微孔曝气装置等。但是我们在池塘里通常使用且效果非常好的主要有两种，一种是微孔增氧，另一种是推水设备。

4. 使用方法

在池塘里布设微管的目的是为了增加水体的溶氧，因此增氧系统的使用方法就显得非常重要。

一般情况下，我们是根据水体溶氧变化的规律，确定开机增氧的时间和时段。4—5月，在阴雨天半夜开机增氧；6—10月的高温季节每天开启时间应保持在6小时左右，每天16:00时开始开机2~3小时，日出前后开机2~3小时，连续阴雨或低压天气，可视情况适当延长增氧时间，可在21:00—22:00时开机，持续到第二天中午；养殖后期，勤开机，促进龙虾的生长。

另外在晴天中午开 1～2 小时，搅动水体，增加低层溶氧，防止有害物质的积累；在使用杀虫消毒药或生物制剂后开机，使药液充分混合于养殖水体中，而且不会因用药引起缺氧现象；在投喂饲料的 2 小时内停止开机，保证龙虾吃食正常。

推水设备是我们在生产过程中发现的一种效果非常好的增氧设备，就是通过 3 千瓦功率的鼓风机，把空气中的氧气冲入池塘里，同时也推动了池塘里的水形成一定的流向。据我们的测定，一台 3 千瓦的电机能推动 20～25 亩的池塘，效果非常好。

5. 增氧的作用

在池塘中合理使用增氧设备，在生产上具有以下作用。

一是有效地促进饵料生物的增殖：促进池塘内物质循环的速度，能充分利用水体。开动增氧机可增加浮游生物 3.7～26 倍，绿藻、隐藻、纤毛虫的种类和数量显著增加。

二是有效增氧作用：增氧机可以使池塘里的水体溶解氧 24 小时保持在 3 毫克/升以上，16 小时不低于 5 毫克/升。据测定，一般叶轮式增氧机每千瓦小时能向水中增氧 1 千克左右。

三是提高产量：增氧机可增加龙虾放养密度和增加投饵量，从而提高产量。在相似的养殖条件下，使用增氧机强化增氧的池塘比对照池净增产 12.5%～14.5%，使用增氧机所增加的成本不到因溶氧不足而消耗饲料费用的 2%。

四是防病：有利于防治一些龙虾的生理性疾病，效果更显著等。

八、防治敌害和病害

对病害防治，在整个养殖过程中，始终坚持预防为主、治疗为辅的原则。预防方法主要有干塘清淤和消毒；种植水草和移植螺蚬；苗种检疫和消毒；调控水质和改善底质。

敌害主要有老鼠、青蛙、蟾蜍、水蜈蚣、蛇及水鸟等，平时及时做好灭鼠工作，春夏季需经常清除池内蛙卵、蝌蚪等。我们在全椒县的赤镇发现，水鸟和麻雀都喜欢啄食刚蜕壳后的软壳虾，因此一定要注意及时驱除。

龙虾的疾病目前发现很少，但也不可掉以轻心，目前发现的主要是纤毛虫的寄生。因此要抓好定期预防消毒工作，在放苗前，池塘要进行严格的消毒处理，放养虾种时用5%食盐水浴洗5分钟，严防病原体带入池内，采用生态防治方法，严格落实“以防为主、防重于治”的原则。每隔15天用生石灰10～15千克/亩溶水全池泼洒，不但起到防病治病的目的，还有利于龙虾的蜕壳。在夏季高温季节，每隔15天，在饵料中添加多维素、钙片等药物以增强龙虾的免疫力。

虾种在入田前要集中消毒处理

九、蜕壳虾的保护

蜕壳不仅是龙虾发育变态的一个标志，也是其个体生长的一个必要步骤。这是因为龙虾是甲壳类动物，身体有甲壳包裹，只有随着不断蜕壳，才能发生形态的改变和体形的增大，进而才能增长体重。

1. 龙虾的蜕壳

龙虾的蜕壳伴随它的一生，没有蜕壳就没有龙虾的生长。龙虾蜕壳时，通常潜伏在水草丛中，不久在头胸甲与腹部交界处产生裂缝，并在口部两侧的侧线处也出现裂缝，这时它的尾部会慢慢地扇动，这时裂缝越来越大，束缚在旧壳里的新体逐渐显露于壳外，先是尾部出来，接着是腹部蜕出，然后头胸甲逐渐向上耸起，最后额部和螯足才蜕出。龙虾在蜕去外壳的同时，内部器官，如胃、鳃、后肠以及三角膜也要蜕去几丁质的旧皮，全部更新。

2. 龙虾蜕壳保护的重要性

龙虾只有蜕壳才能长大，蜕壳是龙虾生长的重要标志，它们也只有在适宜的蜕壳环境中才能正常顺利蜕壳。在蜕壳时要求浅水、弱光、安静、水质清新的环境和营养全面的优质适口饵料。如果不能满足上述生态要求，龙虾就不易蜕壳或造成蜕壳不遂而死亡。

龙虾正在蜕壳时，常常静伏不动，如果受到惊吓或者虾壳受伤，那么蜕壳的时间就会大大延长，如果蜕壳发生障碍，就会引起死亡。龙虾蜕壳后，在旧壳里的新体舒张开来，机体组织需要吸水膨胀，体形随之增大，此时其身体柔软无力，肢体软弱无力，活动能力较弱，俗称软壳虾，需要在原地休息半小时左右，才能爬动，钻入隐蔽处或洞穴中，1 天后，随着新壳的逐渐硬化，才开始正常的活动。由于龙虾蜕壳后的新体身体柔软，活动能力很弱，无摄食与防御能力，因此这时极易受同类或其他敌害生物的侵袭。所以，每一次蜕壳，对龙虾来说都是一次生死难关。特别是每一次蜕壳后的半小时，龙虾完全丧失抵御敌害和回避不良环境的能力。在人工养殖时，促进龙虾同步蜕壳和保护软壳虾是提高龙虾成活率的关键技术之一，也是减少疾病发生的重要举措。

刚蜕壳不久的龙虾

3. 影响龙虾蜕壳的因素

影响龙虾蜕壳的因素很多，包括水温、饵料、生长阶段等。在适宜的生长温度范围内，温度越高，它的蜕壳经历时间越短，蜕壳过程越顺利，蜕壳间隔也越多，当然它的生长速度也越快。如果饵料供应不足、水温下降、生态环境恶化也会影响龙虾的蜕壳次数。

4. 蜕壳不遂的原因及处理

在养殖过程中，常常会发现有些龙虾会出现蜕壳难、蜕下的壳很软，甚至在蜕壳过程中就会死亡。

（1）蜕壳不遂：龙虾行动迟钝，在龙虾的头胸部、腹部出现裂痕，无力蜕壳或仅退出部分虾壳，最后全身变成黑色最终死亡。在池水四周或水草上常可以发现这些死虾。

（2）发生蜕壳不遂的原因：导致龙虾蜕壳不遂的原因主要有水环境和龙虾自身的影响。

一是水环境对蜕壳的影响。

培育幼虾的池塘

水中钙不足：钙是龙虾蜕壳所必需的物质基础，龙虾在蜕壳时是需要通过水体吸收大量的钙，如果水中钙不足，不能为龙虾提供新壳所需要的钙，那么就会导致龙虾蜕壳不遂。

干扰大：主要体现在池塘里的龙虾放养密度过大，造成它们相互干扰大，因为龙虾蜕壳时需要一个相对安静的环境和独立的空间，既不能被别的生物所侵袭，也不能有别的同伴干扰。一旦相互干扰大，会造成龙虾蜕壳时紧张，使蜕壳时间延长或者蜕不出而死亡。

水温突变：龙虾在蜕壳时体质是最虚弱的时候，需要相对安静和平和的环境，如果水体温度变化过大，会让它产生应激性反应，而无力蜕壳，另外过低或过高的温度也会阻碍蜕壳。

私密性差：主要体现在池塘没有及时培肥，水体太瘦，导致池塘里水的透明度太大，造成透明度过大，清晰见底，阳光直射到底部会让龙虾感到私密性差，没有安全感，从而整天在池塘里乱游而不蜕壳。

水质不良，底质恶化：当池塘长期不换水，残饵过多，水质浓，有机质含量高，导致池塘长期处于低溶氧状况，或夜间溶解氧偏低，水底有害物质过多，龙虾处于高度应激状态，无力蜕壳。

二是龙虾自身的影响。

营养不足，体质虚弱：龙虾在蜕壳时需要自身提供大量的能量，而这些能量得靠营养物质来转化。这种龙虾自身的影响主要表现在龙虾的喂食方面出现问题：长期投喂饵料不足导致龙虾处于饥饿状态；投喂的饲料质量差，饲料营养不均衡，长期缺乏钙、磷等微量元素、甲壳素、蜕壳素或原料质量低劣或变质，造成龙虾生理性蜕壳障碍，从而导致龙虾摄食后不足以用来完成蜕壳行为，所以在龙虾蜕壳前，最好饲喂高动物蛋白饵料。

病虫害影响蜕壳：龙虾得病后，尤其是纤毛虫等寄生虫大量滋生，寄生在龙虾的甲壳表面，导致龙虾的进食减少，体质虚弱，蜕壳时体力衰竭，轻则无力蜕壳，重则导致死亡。最明显的是，龙虾患上纤毛虫时，会导致壳脱不掉或者蜕壳很难。另外，当病菌侵染龙虾的鳃、肝脏等器官，造成内脏病变，无力蜕壳而死亡。

龙虾的体质失衡：一是龙虾体内β-蜕皮激素分泌过少，表现在旧壳仅脱出一半就会死亡或脱出旧壳后身体反而缩小；二是在养殖过程中乱用抗生素、滥用消毒药等，从而影响了蜕壳或产生不正常现象。

5. 龙虾的蜕壳保护措施

一是保持水体中的钙元素充分，生长季节定期泼洒硬壳宝或石灰水等来调节，增加水体钙、磷等微量元素，平时每 15 天使用 1 次，也可 1 周用一次专门用于促进龙虾蜕壳的含钙质丰富的药物，使水中钙元素充足，也能让蜕壳后的龙虾短时间变硬，安全度过危险期。

二是蜕壳期间严禁加换水，需保持水位稳定，不用刺激性强的药物，保持环境稳定。

三是改善营养，补充矿物质，使龙虾保持健康体质来蜕壳。平时在饲料中添加适量龙虾复合营养促进剂及蜕壳素及贝壳粉、骨粉、鱼粉等含矿物质较多的物质，增加动物性饲料的比例（占总投饲量的1/2以上），促进营养均衡是防治此病的根本方法。在每次蜕壳来临前，要投含有钙质和蜕壳素的配合饲料，力求同步蜕壳。

四是定期杀菌消毒，减少龙虾在蜕壳时病虫害对它的影响，定期泼洒 15~20 毫克/升的生石灰和 1~2 毫克/升的过磷酸钙。生石灰要对水溶化后再泼洒，也建议用温和些的碘制剂，对龙虾刺激性小，才能让它更顺利地度过蜕壳期。

五是在池塘里一定要栽植适量水草，便于龙虾攀缘和蜕壳时隐蔽，蜕壳期间，如果水草不足时，可以临时提供一些水花生、水浮莲等作为蜕壳场所，并保持安静。

六是放养密度合理，以免因密度过大而造成相互残杀，同时要求放养规格尽量一致。

七是为龙虾蜕壳提供良好的环境，给予其适宜的水温、隐蔽场所和充足的溶氧，建池时留出一定面积的浅水区，供龙虾蜕壳。

6. 确定龙虾蜕壳的方法

要想对蜕壳虾进行有效的保护，就必须掌握龙虾蜕壳的时间和规律，本文介绍几种实用的确定龙虾蜕壳的方法，供养殖户参考。

（1）看空壳。

在龙虾养殖期间，要加强对池塘的巡视尤其是田间沟的水草边，主要是多观察池塘里的蜕壳区、浅水的水草边和浅滩处是否有蜕壳后的空虾壳，如果发现有空壳出现，就表明龙虾已经蜕壳。

（2）检查龙虾吃食情况。

龙虾总是在蜕壳前几天吃食迅猛，目的是为后面的蜕壳提供足够的能量，但是到了即将蜕壳的前一两天，龙虾基本上不吃食。如果在正常投饵后，发现近两天饵料的剩余量大大增加，检查后并没有发生疾病，也没有出现明显的水质恶化，那就表明龙虾即将大量蜕壳。

（3）检查龙虾体色。

蜕壳前的龙虾壳很坚硬，体色深，呈黄褐色或黑褐色，步足硬，腹甲黄褐色的水锈也多。而蜕壳后，龙虾体色变得鲜亮清淡，腹甲白色，无水锈，步足柔软。

十、软壳虾的原因及处理

1. 软壳虾的特点

软壳虾的甲壳薄，明显柔软，不能硬化，与肌肉分离，易剥离，体色发暗。由于龙虾的壳软，一方面没有能力捕食其他的食物，另一方面对其他敌害甚至同类的攻击没有抵御能力，从而造成大量的损失。

2. 软壳虾形成的原因

（1）投饵不足或营养长期不足，龙虾长期处于饥饿状态。

（2）池塘里的水质老化，有机质过多，或放养密度过大，从而引起龙虾的软壳病。

（3）龙虾缺少钙及维生素，导致蜕壳后不能正常硬化。

（4）受纤毛虫寄生的龙虾有时亦可发生软壳虾。

3. 处理措施

龙虾在蜕壳进程中和刚蜕壳不久，尚无御敌能力，是生命中的危险时刻，养殖过程中一定要注意这一点，设法保护软壳虾的安全。

（1）为便于加强对软壳虾的管理，为龙虾蜕壳提供良好的环境，给予其适宜的水温、隐蔽场所和充足的溶氧，同时供应足够的优质饲料，平时在饲料中添加足量的磷酸二氢钙。

（2）要经常在饲料中添加含有钙质和蜕壳素的配合饲料，增加动物性饵料的数量，保持饵料的喜食和充足，以避免因饲料不足而残食软壳虾。放养密度合理，以免因密度过大而造成相互残杀。

（3）施用复合芽孢杆菌250毫升/亩，促进有益藻类的生长，并调节水体的酸碱度。

（4）全池泼洒硬壳宝1~2次，补充钙及其他矿物质的含量。

（5）龙虾蜕壳时喜欢在安静的地方或者隐蔽的地方，因而池塘里需有足够的水草，如果水草不多，可以提供一些水花生、水浮莲等作为蜕壳场所，保持水位稳定。

十一、极端低温天气的越冬

龙虾的摄食强度与水温有很大关系，当水温在10℃以上时，龙虾摄食旺盛；当水温低于10℃时，摄食能力明显下降；当水温进一步下降到3℃时，龙虾的新陈代谢水平较低，几乎不摄食，一般潜入洞穴或水草丛中冬眠。

在遇到2008年冬天极端低温天气时，只需要保持正常的越冬水位，然后隔几天在田间沟上破冰，增加水体里的溶解氧就可以。千万不能人为地认为冬天来了，过度地加高池塘的水位，这是不可取的。因为越冬后的龙虾，大部分是抱卵龙虾，平时已经适应了洞穴和恒定的水位，龙虾是没有任何问题的，即使遇到极端严寒天气，也不会被冻死。相反地，如果遇到极寒天气时，临时加深水位，洞穴内的龙虾会不适应而在天气温暖时自动爬出洞穴，极有可能被冰死。另外在加深水位后，抱卵亲虾腹部上的幼虾或即将孵化的受精卵会因水深压力大而大批死亡，从而导致第二年没有苗种供应的现象。

十二、极端高温天气的度夏

龙虾为变温水生动物，其代谢活动、酶活性和生长发育与水体中温度有密切的关系。温度升高，窒息点增大；随着温度的升高，代谢强度增加，代谢率增大，龙虾的能量消耗增大。为维持其正常代谢水平，保持最适宜的生长温度在25~30℃是非常重要的。龙虾在这个最适生长水温范围内，随着温度的升高，其摄食量也逐渐增大，生长速度也逐渐加快，如果这个范围的水温维持时间越长，龙虾的个体增长越快。但是当水温高于35℃，龙虾的活动量降低，摄食明显减少，

抱卵的虾

多数虾进入洞穴度夏。

当龙虾遇到2017年夏天极端高温天气时，我们不难发现全国各地都会有池塘养殖河蟹和池塘养殖龙虾大量死亡的报道，给养殖户造成了巨大损失。在2017年，我们的池塘养殖龙虾是如何做好龙虾的安全度夏呢？这里给大家分享几个小技巧：一是在夏天高温季节到来前尽可能地捕捞完池塘里能上市的大规格龙虾，降低池塘里的龙虾密度；二是保持池塘中间最深处100厘米左右的水深，适当提高池塘里水体的容积；三是做好水体溶氧供应工作，建议大家采用推水设备保证池塘里的水呈流动状态，试验表明，处于水循环状态的池塘里，水温低、溶氧足，几乎没有发现龙虾上岸或上草头的现象；四是确保池塘里的水草覆盖率和成活率，只要不让水草露出水面。然后在流水的作用下，水草基本上是不会死亡的，活水加上水草，就能确保龙虾度过40℃以上的高温。

十三、捕捞

由于龙虾喜欢生长在杂草丛中，加上池底不可能非常平坦，龙虾又具有打洞的习性，因此，根据龙虾的生物学特性，可采用以下几种捕捞方法。

1. 捕捞时间

龙虾生长速度较快，经1~2个月的人工饲养成虾规格达30克以上时，即可捕捞上市。为了获得更高的养殖效益，龙虾的捕捞期应根据市场情况和虾体规格而定。在生产上，龙虾从3月中下旬就可以用虾篓或地笼捕大留小，规格大的上市，小的放回水体继续养殖，收获以夜间昏暗时为好，对上规格的虾要及时捕捞，可以降低存塘虾的密度，有利于加速生长。到9月上旬，龙虾就到了食用淡季，此时龙虾壳硬肉少，不受市民欢迎，市场上的数量供应也会大大减少，尽管价格很低，也不好销售，所以此时就要逐渐停止捕捞。

当水温低于12~13℃时可将虾全部捕获。小规格虾进入越冬池，控温10~15℃，留等第二年再养殖。亲虾进入产卵池培育。

2. 地笼张捕

最有效的捕捞方式是用地笼张捕，地笼网是最常用的捕捞工具。每只地笼长10~20米，分成10~20个方形的格子，每只格子间隔的地方两面带倒刺，笼子上方织有遮挡网，地笼的两头分别圈为圆形，地笼网以有结网为好。

前一天下午或傍晚把地笼放入池边浅水中或者水草茂盛处，里面放进腥味较浓的鱼块、鸡肠等作诱饵效果更好，网衣尾部漏出水面。傍晚时分，龙虾出来寻食时，闻到腥味，寻味而至，碰到笼子后，笼子上方有网挡着，爬不上去，便四处找入口，就钻进了笼子。进入笼子的虾子滑向笼子深处，成为笼中之虾。第二天早晨就可以从笼中倒出龙虾，然后进行分级处理，大的按级别出售，小的继续饲养，这样一直可以持续上市到10月底。如果每次的捕捞量非常少，可停止捕捞。这种捕捞法适宜捕捞野生龙虾和在较大的池塘捕捞。

为了减少龙虾捕捞上来后进行人工分拣而造成的幼虾损伤以及人力资源的浪费，我们强烈建议养殖户在捕捞时，可以将地笼的倒袋部分进行简单处理，可以使用活口倒袋或者用可调节的网眼来做倒袋，根据需要捕捞所需的规格。例如在捕捞4钱（20克）以上的成虾时，小的龙虾可以及时从大的网眼中自动逃出，这样就可以减少小虾的损伤率，同时也大大提高了人工的效率。

3. 手抄网捕捞

把虾网上方扎成四方形，下面留有带倒锥状的漏斗，沿虾塘边沿地带或水草丛生处，不断地用杆子赶，虾进入四方形抄网中，提起网，龙虾就留在了网中。这种捕捞法适宜用在水浅而且龙虾密集的地方，特别是在水草比较茂盛的地方效果非常好。

4. 干池捕捉

抽干水塘的水，龙虾便集中在塘底，用人工手拣的方式捕捉。要注意的是，抽水之前最好先将池边的水草清理干净，避免龙虾躲藏在草丛中；抽水的速度最好快一点，以免龙虾进洞。

5. 其他方法

其他捕捞方法也可用虾笼、手拉网等工具捕捞，也可放水刺激捕捉。

生产中一般先用地笼捕捞，等天气转冷，一般在10月以后，龙虾的运动量减少的时候再干塘捕捞。

第十一节　池塘微孔增氧养殖

溶解氧是养殖鱼、虾、蟹等水生动物生存的必要条件，溶解氧的多少影响着养殖水生动物种类的生存、生长和产量。采用有效的增氧措施，是提高池塘养殖单位产量和效益的重要手段。

一、池塘微孔增氧的概念

池塘中溶氧的状况是影响龙虾摄食量及饲料食入后消化吸收率，以及生长速度、饵料系数高低的重要因素。所以，增氧显得尤为重要，使用增氧机可以有效补充水塘中的溶解氧。一般用水车式增氧机的池塘，上层水体很少缺氧，但却难以提供池底充足氧气，所以缺氧都是在池塘底部。

池塘微孔增氧技术就是池塘管道微孔增氧技术，也称纳米管增氧，是近几年涌现出来的一项水产养殖新技术，是国家重点推荐的一项新型渔业高效增氧技术，有利于推进生态、健康、优质、安全养殖。这是一种利用压缩机和高分子微孔曝氧管相配合的曝气增氧装置，曝气管一般布设于池塘的底部，把含氧空气直接输到池塘底部，使底部水体保持高的溶解氧，同时压缩空气通过微孔逸出形成细密的气泡，会造成水流的旋转和上下对流，从池底往上向水体散气补充氧气，增加了水体的气水交换界面。随着气泡的上升，可将水体下层水体中的粪便、碎屑、残饲以及硫化氢、氨等有毒气体带出水面，防止底层缺氧引起的水体亚缺氧，加快对池底氨、氮、亚硝酸盐、硫化氢的氧化，抑制底部有害微生物的生长，改善了池塘的水质条件，减少了病害的发生。微孔曝气装置具有改善水体环境，溶氧均匀、水体扰动较小的特点。在主机相同功率的情况下，微孔增氧机的增氧能力是叶轮式增氧机的 3 倍，其增氧动力效率可达 1. 8 千克/千瓦小时以上，为当前主要推广的增氧设施，微孔曝气装置特别适用于虾、蟹等甲壳类品种的养殖。

微孔管增氧装置是利用三叶罗茨鼓风机通过微孔管将新鲜空气从水深 1. 5~2 米的池塘底部均匀地在整个微孔管上以微气泡形式溢出，微气泡与水充分接触产生气液交换，氧气溶入水中，能大幅度提高水体溶解氧含量，达到高效增氧、提高产量的目的，现已广泛应用于水产养殖上。

二、池塘微孔增氧的类型及设备

1. 点状增氧系统

点状增氧系统又称短条式增氧系统，就像气泡石一样进行工作，在增氧时呈点状分布，具有用微孔管少、成本低、安装方便的优点。它的主要结构是由三部分组成，即主管—支管—微孔曝气管。支管长度一般在 50 米以内，在支管道上每隔 2~3 米有固定的接头连接微孔曝气管，而微管也是较短的，一般在 15~50 厘米。

2. 条形增氧系统

条形增氧系统是在增氧时呈长条形分布，比点状增氧效率更高一点，当然成本也要高一点，需要的微管也多一点，曝气管总长度在 60 米左右，管间距 10 米左右，每根微管 30~50 厘米，同时微孔曝气管距池底 10~15 厘米，不能紧贴着底泥，每亩配备鼓风机功率 0. 1 千瓦。

3. 盘形增氧系统

这是目前使用效率最高的一种微孔增氧系统，也是制作最复杂的系统，在增氧时，氧气呈盘子状释放，具有立体增氧的效果。使用时用4~6毫米直径钢筋弯成盘框，曝气管固定在盘框上，盘框总长度15~20米，每亩装3~4只曝气盘，盘框需固定在池底，离池底10~15厘米。每亩配备鼓风机功率0.1~0.15千瓦。

无论是哪种微管增氧系统，都需要主机，是为池塘的氧气提供来源的，因此需要选择好。一般选择罗茨鼓风机，因为它具有寿命长、送风压力高、送风稳定性和运行可靠性强的特点，功率大小依水面面积而定，15~20亩（2~3个塘）可选3千瓦一台，30~40亩（5~6个塘）可选5.5千瓦一台。总供气管架设在池塘中间上部，高于池水最高水位10~15厘米，并贯穿整个池塘，呈南北向。总管后面一般接上支管，然后再接微管。

三、微孔增氧的合理配置

在池塘中利用微孔增氧技术养殖龙虾时，微孔系统的配置是有讲究的，根据相关专家计算，1.5米以上深的每亩精养塘需40~70米长的微孔管（内外直径10毫米和14毫米）。在水体溶氧低于4毫克/升时，开机曝气2个小时能提高到5毫克/升以上。

四、微管的布设技巧

利用微孔增氧技术，强调的是微管的作用，因此微管的布设也是很有讲究的，例如一口池塘水深正常蓄水在1米，要求微管布在离池底10厘米处，也可以说要布设在水平线下90厘米处，这样我们可用两根长1.2米以上的竹竿，把微孔管分别固定在竹竿的由下向上的30厘米处，而后再向上在90厘米处打一个记号，再后两人各抓一根竹竿，各向池塘两边把微孔管拉紧后将竹竿插入塘底，直至打记号处到水平为止。在布设管道时，一定要将微管底部固定好，不能出现管子脱离固定桩，浮在水面的情况发生，这样就会大大降低使用效率。要注意的是，充气管在池塘中安装高度尽可能保持一致，底部有沟的池塘，滩面和沟的管道铺设宜分路安装，并有阀门单独控制。如果塘底深浅不在一个水平线上，则以浅的一边为准布管。

在微管设置时要注意不要和水草紧紧地靠在一起，最好是距离水草 10 厘米左右，以免过大的气流将水草根部冲起，从而对水草的成活率造成影响。

五、安装成本

微孔管道增氧系统的安装成本，大概可分为四个档次，各养殖户要根据自己的经济状况和养殖面积来合理选择安装档次。一是用全新的罗茨鼓风机与纳米管搭配，安装成本 1 300～1 500元/亩；二是用旧罗茨鼓风机与纳米管（包括塑料管）搭配，安装成本 800～1 000 元/亩；三是用旧罗茨鼓风机与饮用水级 PVC 搭配，安装成本 500～600 元/亩；四是旧罗茨鼓风机与电工用 PVC 管搭配，安装成本 300～500 元/亩。

六、使用方法

在龙虾池塘里布设微管的目的是为了增加水体的溶氧，因此增氧系统的使用方法就显得非常重要。

一般情况下，我们是根据水体溶氧变化的规律，确定开机增氧的时间和时段。4—5 月，在阴雨天半夜开机增氧；6—10 月的高温季节每天开启时间应保持在 6 小时左右，每天 16: 00 时开始开机 2～3 小时，日出前后开机 2～3 小时，连续阴雨或低压天气，可视情况适当延长增氧时间，可在 21: 00—22: 00 时开机，持续到第 2 天中午；养殖后期，勤开机，促进龙虾的生长。

另外在晴天中午开 1～2 小时，搅动水体，增加低层溶氧，防止有害物质的积累；在使用杀虫消毒药或生物制剂后开机，使药液充分混合于养殖水体中，而且不会因用药引起缺氧现象；在投喂饲料的 2 小时内停止开机，保证龙虾吃食正常。

七、加强管理

在使用微孔增氧养殖龙虾时，单单有增氧效果还是不能将龙虾养大的，还需要种植水草、投喂饲料、科学逃逸、控制水质和预防疾病等管理措施，因此在配合使用微管增氧时，这时管理工作一定要加强到位，才能起到事半功倍的效果，具体的管理措施与池塘养殖龙虾相同，请读者朋友参阅前文。

第三章　龙虾的池塘混养

第一节　池塘生态混养的基础

一、池塘生态混养的原理

池塘混养是我国池塘养殖的特色，也是提高池塘水生经济动物产量的重要措施之一。混养可以合理利用饲料和水体，发挥养殖鱼、虾类之间的互利作用，降低养殖成本，提高养殖产量。

龙虾可在家鱼亲鱼池、成鱼池中以及与其他鱼类混养，利用池塘野杂鱼虾、残饵为食，一般不需专门投饵，套养池面积不限。

二、生态混养龙虾的原则

我国目前养殖的鱼类，从其生活空间看，可相对分为上层鱼类、中下层鱼类和底层鱼类 3 类。上层鱼类如鲢鱼、鳙鱼，中下层鱼类如草鱼、鳊鱼、鲂鱼等，底层鱼类如青鱼、鲤鱼、鲫鱼、鲮鱼、非洲鲫鱼等。从食性上看，鲢鱼、鳙鱼吃浮游生物和有机碎屑，草鱼、鳊鱼、鲂鱼主要吃草，青鱼主吃螺、蚬等软体动物，鲤鱼、鲫鱼（鲤也吃软体动物）能掘食底泥中的水蚯蚓、摇蚊幼虫以及有机碎屑，鲮鱼、非洲鲫鱼能吃有机碎屑及着生藻类。池塘单独养殖上述鱼类，水体中的空间和饵料生物（如小鱼、小虾等）没有完全利用，可以套养龙虾这种底栖性、杂食的水生经济动物。

三、生态混养池塘环境要求

池塘大小、位置、面积等条件应随主养鱼类而定，池底硬土质，无淤泥，池壁必须有坡度，且坡度要大于3∶1。

混养龙虾的池塘必须是无污染的江、河、湖、库等大水体地表水作水源。也可用地下水，地下水有如下优点：有固定的独立水源；没有病原体的野杂鱼；没有污染；全年温度相对稳定；pH值在6.5~8.5；溶氧在5毫克/升以上，池塘中必要时要配备增氧机或其他增氧设备；浮游动物、底栖动物、小鱼、小虾丰富。

池塘要有良好的排灌系统，一端上部进水，另一端池底部排水，进排水口都要有防敌害、防逃网罩。

池塘底部应有约1/5底面积的沉水植物区，并有足够的人工隐蔽物，如废轮胎、网片、PVC管、废瓦缸、竹排等。

四、防逃设施

防逃设施有多种，常用的有两种，一是安插高45厘米的硬质钙塑板作为防逃板，埋入田埂泥土中约15厘米，每隔100厘米处用一木桩固定。注意四角应做成弧形，防止龙虾沿夹角攀爬外逃；第二种防逃设施是采用网片和硬质塑料薄膜共同防逃，用高50厘米的有机纱窗围在池埂四周，在网上内面距顶端10厘米处再缝上一条宽25厘米的硬质塑料薄膜即可。

五、龙虾生态混养类型

主养滤食性、草食性的池塘，因龙虾与主养鱼类的食性、生活习性等几乎没有矛盾，不需要因为混养龙虾而减少放养量。

1. 以龙虾为主，混养其他鱼类的混养方式

龙虾在自然条件下以小鱼、小虾、水生昆虫、植物碎屑为食。因此，养殖龙虾的池塘，水体的上层空间和水体中的浮游生物尤其是浮游植物没有得到充分利用，可以套养一些食浮游生物的鱼类，如鲢鱼、鳙鱼，来控制水体浮游生物的过量繁殖，调节池塘的水质。

在我国南方，由于适温期长，多采取这种方式。一般每亩放养规

格为2~3厘米的虾种5 000只，再混养花白鲢鱼种150~200尾（20尾/千克），采用密养、轮捕、捕大留小和不断稀疏的方法饲养。也可以采用另一种放养模式，即将龙虾亲虾直接放养。将亲虾直接放入养殖池让其自然繁殖获取虾种，每亩投放抱卵亲虾20~25千克，每千克为30~40只。其他鱼种为鲢鱼250尾（规格为250克）、鳙鱼30~40尾（规格为250克）、草鱼50尾（规格500克）。在混养的鱼类中，尽量不要投放鲤鱼、鲫鱼和罗非鱼（非洲鲫鱼）。在投喂饲料的情况下，投喂的饲料被鲤鱼、鲫鱼和罗非鱼先行吃掉，这样会影响龙虾的摄食和生长，降低产量。注意鱼种放养时，要用3%~5%的食盐水浸泡5~10分钟，并且先放龙虾苗种，10~15天后再放其他鱼种，以利于龙虾的生长。

2. 以其他鱼类为主，混养龙虾的养殖方式

在常规成鱼池搭配龙虾时，龙虾可以一次放养，也可以多次轮捕轮放，捕大留小，这种混养方式的龙虾产量也不低。根据不同主养鱼的生活习性和摄食特点，又分为以下几种。

（1）主养滤食性鱼类：在主养滤食性鱼类的池塘中混养龙虾时，在不降低主养鱼放养量的情况下，放养一定数量的龙虾。放养密度随各地养殖方法而不同，一般每亩产750千克的高产鱼池中，每亩混养龙虾3厘米的虾种2 000尾或抱卵虾5千克，在鱼鸭混养的塘中绝对不能混养。

（2）主养草食性鱼类：草食性鱼类所排出的粪便具有肥水的作用，肥水中的浮游生物正好是鲢鱼、鳙鱼的饵料。俗话说“一草养三鲢”，主养草食性鱼类的池塘一般会搭配有鲢鱼、鳙鱼。搭配有鲢鱼、鳙鱼的池塘再混养龙虾时，方法同（1）。

（3）主养杂食性鱼类：杂食性鱼类一般会和龙虾在食性和生态位上相矛盾，因此，主养杂食性鱼类的池塘是不可以套养龙虾的。

（4）主养肉食性鱼类：主养凶猛肉食性鱼类的池塘，其水质状况良好，溶氧丰富，在饲养的中后期，由于主养的鱼类鱼体已经较大，很少再去利用池塘中的天然饲料；加上投喂主养鱼的剩余饲料可以很好地被龙虾摄食利用。再者经过我们多年的试验，以及我们做的获奖项目已经表明，凶猛性鱼类在投喂充足的情况下，几乎不会主动

摄食龙虾的，具体原因有待研究。因此，主养凶猛肉食性鱼类的成鱼池塘中混养龙虾时，放养量可以适当增加，每亩可放养规格为3厘米左右的龙虾3 000尾或抱卵虾8~10千克。龙虾下池的时间一般应在主养鱼类下池1~2周之后。此时，主养鱼对人工配合颗粒饲料有了一定的依赖性。

第二节　亲鱼塘混养龙虾

一、混养原理

这种模式主要适合于四大家鱼人工繁殖为主而且规模较大的养殖场。亲鱼塘一般具有面积大、池水深、水质较好和放养密度相对较低等特点，在充分利用有效水体和不影响亲鱼生长的情况下，适当混养龙虾，既可消灭池中小杂鱼，又可增加经济收入。

二、池塘条件

池塘要选择水源充足、水质良好，水深为1.5米以上的成鱼养殖池塘，最好要求池塘有浅滩、深水区，浅水区里如果有一些水草或挺水植物就更理想。

三、放养时间

龙虾的放养时间一般在四大家鱼人工繁殖后，约5月中旬进行。

四、放养模式及数量

每亩放养虾种3 000尾，亩产商品龙虾30千克左右，如以鲢鱼或鳙鱼为主养鱼的亲鱼池，每亩放养数量还可增加。若是以后备亲鱼为主的池塘，可在6月底至7月初每亩投放草鱼夏花鱼种1 000尾。

五、饲料投喂

根据放养量池塘本身的资源条件来看，一般不需投饵，混养的龙虾以池塘中的野杂鱼和其他主养鱼吃剩的饲料为食，如发现鱼塘中确实饵料不足可适当投喂。

六、日常管理

（1）每天坚持早晚各巡塘一次，早上观察有无鱼浮头现象，如浮头过久，应适时加注新水或开动增氧机，下午检查鱼吃食情况，以确定次日投饵量。另外，酷热季节、天气突变时，应加强夜间巡塘，防止意外。

（2）适时注水，改善水质，一般15~20天加注新水1次，天气干旱时，应增加注水次数，如果鱼塘载体量高，必须配备增氧机，并科学使用增氧机。

（3）定期检查鱼生长情况，如发现生长缓慢，则须加强投喂。

（4）做好病害防治工作，虾下塘前要用3%的食盐水浸浴10分钟或用防水霉菌的药物浸浴。5月、7月、9月用杀虫药全池泼洒各一次，防止纤毛虫等寄生虫侵害。

七、放养优点

养成成活率高，投入少产出大，成虾起捕可在第二年亲鱼人工繁殖时进行，一直延续到数年，效益很高，对亲鱼的生长也无不良影响。

第三节　鱼种池混养龙虾

一、混养原理

这种模式主要适合于鱼种池养殖二龄大规格鱼种为主来混养龙虾的养殖场。鱼种池具有面积不大、池水较深、水质较好等特点，在充分利用有效水体和不影响鱼种生长的情况下，适当混养龙虾，既可消灭池中小杂鱼，又可增加经济收入。

二、目标产量

龙虾与鱼种混养，是在培育鱼苗、鱼种的基础上，增投适当数量的龙虾幼虾，以达到每亩产龙虾 60 千克左右，同时产大规格鱼种 500 千克左右的结果。

三、池塘条件

池塘要选择水源充足、水质良好，水深为 1.5~2 米的鱼种养殖池塘。

四、放养时间

龙虾的放养时间一般在 3 月左右进行。鱼苗放养则在 5 月下旬 6 月中旬为宜。

五、放养模式及数量

每亩放养 3 厘米的幼虾 6 000尾，每亩投放草鱼、鲢鱼、鳙鱼的水花 2 万尾、夏花鱼种各 800 尾。

六、饲料投喂

投放鱼种以后，投喂主要按培育鱼苗、鱼种的方法，只是在每天傍晚对虾投喂一次，对虾的日投喂量以池塘存虾总量的 3%~5% 加减。

七、日常管理

同第二节亲鱼塘混养龙虾。

八、捕捞

龙虾的捕捞方法前期与池塘单养龙虾相同，投放水花鱼苗后也可不变。投放夏花鱼种以后捕虾方法应有所改变，即减少地笼捕虾，增加拉网捕虾，7 月底至 8 月中旬基本捕完。虾捕获以后，鱼苗、鱼种继续在池塘内养殖。

九、放养优点

养成成活率高，投入少产出大，效益很高，对鱼种的生长也无不良影响。

第四节　成鱼养殖池混养龙虾

一、混养原理

这种养殖模式主要适合于一般的常规成鱼养殖，根据各种鱼类的食性和栖息习性不同进行搭配混养，是一种比较经济合理的养殖方式。成鱼塘一般小杂鱼类较多，是龙虾的适口鲜活饵料，混养龙虾后有利于逐步清除小杂鱼，减轻池中溶解氧消耗、争食等弊端，同时可增加单位产量。

二、养殖目标

在龙虾养殖的基础上，投放适当数量的大规格鱼种混养成鱼，从而达到每亩产龙虾 100 千克以上，同时产商品成鱼 350 千克以上的目标产量。

三、池塘条件

池塘要选择水源充足、水质良好、清新无污染、地面开阔、地势略带倾斜的地方，水深为 1.0~1.5 米的成鱼养殖池塘，不宜过深，池埂应有一定的坡度，有利于水草的生长、光合作用和溶解氧补充以及鱼、虾的栖息、摄食与生长，在适温条件下，还是以浅水养殖为好。在池塘的周围没有山林或建筑物阻挡，可保证通风良好，有利于池塘水的搅动对流。

池塘面积不限，但是从方便管理和成虾捕捞的角度来看，以 3~5 亩为宜，做到排灌分开，能排能灌，有利于水质的调控和疾病的防治。在苗种放养前要对老池塘进行处理，一是清除过多的淤泥，池底只留下 15 厘米左右的淤泥，将清出的淤泥用于修补加固堤埂；二是对池塘进行科学地消毒清池，将一切不利于鱼、虾生存的敌害生物全部彻底清除，详细技术见前文；三是做好防逃设施，由于龙虾的逃逸性能比较强，因此必须做好防逃工作，既可以防止龙虾外逃，又可以防止敌害生物如青蛙、蛇、老鼠等的入侵；四是做好进水关，防止敌害生物通过水流进入池塘，因此可在进水口处安装60目的筛绢。

四、种植水草

龙虾喜欢生活在水草茂盛的地方，因为这样的区域既有较多的饵料生物，而且由于水草的光合作用，这儿的溶解氧也比较丰富，更重要的是水草还是龙虾蜕壳、隐蔽的好地方。所以可在池塘四周或四个角落的浅水带种植水草，可选用水花生、聚草、苦草、菹草、空心菜等。

五、进水与施肥

与前文的方法是一样的，这里不再赘述。

六、放养时间

虾种放养应以秋放时间为好，一般在8—9月放养抱卵亲虾，也可在5—6月利用幼虾价格低廉、数量众多的机会，适时增投；放的鱼种可选择团头鲂、花鲢、白鲢等，投放鱼种的时间可放在冬季、春季。放养时应用药物杀菌消毒，主要防止水霉菌感染，一般用食盐或抗水霉菌鱼药即可。

七、放养模式及数量

秋季投放的亲虾投放量为每亩20千克，第二年补投的幼虾规格一般要求2厘米以上，每亩可增投2 000尾。鱼种的规格和数量为：投放50~100克的团头鲂鱼种300尾，50~100克的鳙鱼种80尾，50~100克的白鲢200尾。

八、饲料投喂

龙虾每日投喂1~2次，有条件的可在午夜时再投喂一次，龙虾的日投喂量以池塘存虾总量的3%~5%加减。有的池塘本身的资源条件比较好，天然饵料充足，混养的龙虾以池塘中的野杂鱼和其他主养鱼吃剩的饲料为食，一般不需投饵，如发现鱼塘中确实饵料不足可适当投喂。对鱼投喂要定点、定时、定质、定量，每日投喂2~3次。

九、日常管理

（1）每天坚持早晚各巡塘一次，早上观察有无鱼浮头现象，如浮头过久，应适时加注新水或开动增氧机，下午检查鱼吃食情况，以确定次日投饵量。另外，酷热季节、天气突变时，应加强夜间巡塘，防止意外。

（2）适时注水，改善水质，一般15~20天加注新水一次，天气干旱时，应增加注水次数，如果鱼塘载体量高，必须配备增氧机，并科学使用增氧机。

（3）定期检查鱼生长情况，如发现生长缓慢，则须加强投喂。

十、放养优点

这种模式在各地普遍采用，尤其适合于中小型养殖户，其优点是管理方便，不影响其他鱼类生长。此种养殖模式要注意鱼种的数量不要放得太多，同时一定要配备增氧机。

第五节　龙虾和鳜鱼混养

一、混养原理

这种养殖模式主要是根据龙虾单养产量较低，水体利用率偏低，池塘中野杂鱼多且龙虾和鳜鱼之间栖息习性不同等特点而设计。进行龙虾、鳜鱼混养，可有效地使养虾水域中的野杂鱼转化为保持野生品味优质鳜鱼，这种模式可提高水体利用率。

另一个原理就是利用双方的养殖周期不同而设计的，龙虾的养殖周期是从当年的9月放养虾种开始，到第二年的7月起捕完毕为止。在这段时间后，龙虾从下塘就进入打洞和繁殖时期，基本上不在洞外活动，而此时正是鳜鱼生长发育的大好时机。待进入龙虾的生长旺季和捕捞旺季的3—7月，鳜鱼正处于繁殖状态，可另塘培育。

二、池塘条件

可利用原有龙虾池，也可利用养鱼塘加以改造。池塘要选择水源充足、水质良好，水深为1.5米以上，水草覆盖率达25%左右。

池塘面积以10亩左右为宜，东西走向，长宽比以3：1为宜，为了预防疾病的传染，每个池塘都要有独立的进排水系统。

三、清整池塘

主要是加固塘埂，浅水塘改造成深水塘，使池塘能保持水深达到1.8米以上。消毒清淤后，每亩用生石灰75~100千克化浆全池泼洒，将生石灰溶化后不得冷却即进行全池泼洒，以杀灭黑鱼、黄鳝及池塘内的病原体等敌害。

四、及时注水

在虾种或鳜鱼鱼种投放前20天即可进水，水深达到50~60厘米。进水时可用60目筛绢布严格过滤。

五、种草养螺

投放虾种前应移植水草，使龙虾有良好的栖息环境。水草培植一般可播种苦草、伊乐藻、轮叶黑藻、金鱼藻等。

适量投放螺蛳让其自然繁殖，为龙虾提供喜食的天然动物性饵料。螺蛳投放采用两次投放法，第一次投放时间为清明前后，投放量为200~250千克/亩；第二次投放时间为8月，投放量为100千克/亩左右。螺蛳价格低，来源广，有利于降低养殖成本，同时还能起到改良水质的作用。

六、防逃设施

做好龙虾的防逃工作是至关重要的，具体的防逃工作和设施应和上文一样。

七、放养时间

龙虾放养是以抱卵虾为主，不宜放养幼虾，时间在9—10月底进行，鳜鱼种放养时间宜在8月1日前进行。

八、苗种放养

龙虾的苗种放养有两种方式，一是放养2~3厘米的幼虾，亩放0.5万尾，时间在春季4月，当年6月就可成为大规格商品虾，另一种就是在秋季8—9月放养抱卵虾，亩放20千克左右，翌年4月底就可以陆续出售商品虾，而且全年都有虾出售，我们建议采用这一种方法。放养2~4厘米规格的鳜鱼种，池塘每亩投放500尾。

九、龙虾投喂

投喂量则主要根据龙虾体重计算，每日投喂2~3次，投饵率一般掌握在5%~8%，具体视水温、水质、天气变化等情况调整。

十、鳜鱼投喂

由于鳜鱼一生都吃活饵料，因此只有及时供应好的饵料鱼，才能确保鳜鱼养殖的成功。对饵料鱼的质量要求主要体现在两个方面，一是安全性，二是适口性。另外还要求饵料鱼最好没有硬棘且活泼生猛，当然能及时供应也是必不可少的。

1. 饵料鱼来源

鳜鱼饵料鱼的来源一般有三种途径：一是外来购进的饵料鱼，要求鳜鱼养殖基地靠近四大家鱼或其他饵料鱼的繁育场附近，能够做到随时购买家鱼水花密养，随时投喂，确保是活的饵料鱼；二是生产单位自繁自育，满足生产需求，每亩养鳜池应搭配饵料鱼培育池3亩左右，在饵料鱼培育池中可放入鲤鱼、鲫鱼或一些繁殖时间较早、繁殖量较大的野杂鱼类，繁殖大批鱼苗供鳜鱼摄食；三是为了节省鱼池，可直接在鳜鱼池中投放一些麦穗鱼、餐条鱼等小型鱼类，由于这些小鱼的繁殖次数较多，繁殖总量也较多，可以满足鳜鱼的部分需求。

2. 鳜鱼成鱼养殖对饵料鱼的要求

鳜鱼是肉食性凶猛鱼类，终生以鱼、虾等活饵为食，不食死鱼。刚刚孵化出来的鳜鱼鱼苗，卵黄囊还没有完全消失前就开始摄食比较纤细的其他饵料鱼，进食部位一般为尾部，随着鱼体增大，其摄食的饵料鱼种类和个体也增多和增大。例如，鱼苗开口阶段，以团头鲂、三角鲂、长春鳊、细鳞斜颌鲴、黄尾密鲴、餐条鱼等的鱼苗为主。幼鱼阶段和成鱼阶段则以易得的和适口的鱼、虾为主，也就是以底层鱼类和虾类为主，如鲤鱼、鲫鱼、鲴亚科鱼类等。

由于池塘精养鳜鱼时的饵料鱼基本上全部是由人工投喂来满足的，因此，一般精养鱼池的全年支出中，饵料鱼的费用要占到80%左右。对于养殖户来说，要提高养殖效益，如何选择和利用好饵料鱼是很重要的。饵料鱼的种类主要有鲮鱼、团头鲂、鲢、鳙、草、鲫、鲤、麦穗及餐条鱼等，出于苗种来源难易程度的考虑，我们建议用鲢、鳙鱼作为饵料鱼进行培育。

因此我们在养殖鳜鱼时，必须为它们提供充足的、适口的鲜活饵料，我们称之为基础饵料鱼。在鳜鱼夏花鱼种放养前，应放养20倍于鳜鱼夏花鱼种的饵料鱼苗，以供鳜鱼夏花鱼种下池后有适口的饵料鱼苗摄食，尽快适应新的生态环境。

3. 饵料鱼的安全性

无论是哪一种来源的饵料鱼，都要求将安全性放在第一位，只要饵料鱼是安全的，就可以保证养出安全的鳜鱼，当然人食用后也是安全的。

安全性包括以下几个方面。一是外购的饵料鱼要安全，主要是这种饵料鱼不能携带各种致病病原体，包括体表不能有寄生虫寄生，体内也不能有病毒或其他致病菌感染，饵料源繁殖与培育的场所应安全，即产地环境不能有工业污染，不能在饵料鱼体内存在有害物质和有毒物质。

二是饵料鱼到达后，需要进一步培育时，要求所用的培育饲料的原料、添加剂以及成品配合饲料都是安全的。选用的各种原料应符合相关标准，不能使用已经霉烂变质、生虫、黏结、受潮及受到石油、有害重金属、农药等污染的原料；不得在饲料配制过程中添加国家禁止的药物或添加剂等；在加工过程中不能受到环境的污染或其他因素的污染等。

4. 适口性

为了确保在进行龙虾混养鳜鱼时的鳜鱼养殖成功，对饵料鱼的要求不但是安全的，还要是充足的，更重要的是要保证饵料鱼的适口性。适口性包括四方面含义：一要鲜活，鳜鱼对死的东西一概不吃，即使误食后也会吐出来，因此要求饵料鱼不但要鲜，更要活；二要大小适口，尤其是饵料鱼的大小要能让鳜鱼吞食下去，饵料鱼投喂时应掌握其适口性，适口饵料鱼的规格一般为鳜鱼体长的1/3左右，如饵料鱼规格不均匀时，需用鱼筛将大规格的饵料鱼筛去；三要无硬棘，主要是考虑鳜鱼吞食时既不能被卡住，也要保证吞进肚子后不能刺破肠胃；四要供应及时，不能让鳜鱼时饥时饱，根据养殖方式和规模、产量指标和收获时间，预先制定饵料鱼的生产和订购计划，包括提供时间、品种、规格和数量。鳜鱼全年饵料系数为4左右，因此我们可以根据目标产量预先计划出需要购买的饵料鱼数量。

刚刚脱膜的鳜鱼，在一开口时就要以活的鱼虾为饵料，但是不同的生长阶段对饵料鱼的规格要求又有一定的区别。

刚刚开口的鳜鱼苗能吞食下相当于自身体长100%的其他鱼类的鱼苗，这时爱吃团头鲂、鲢鱼和小麦穗鱼苗；随着日龄的增长和自身的生长，饵料鱼的相对长度会减少，经过1周的培育，鳜鱼苗可以吞食相当于自身体长70%~80%的其他鱼类的鱼苗，例如体长8毫米的鳜鱼苗能捕食体长为5.5毫米的其他鱼类的小鱼苗；到成年鱼时的饵料鱼长度为体长的40%~50%。当鳜鱼长到体长达到30厘米时，能吞食14厘米的鲫鱼。

另外鳜鱼在饵料鱼丰富的情况下，会对饵料鱼的品种有选择性，例如一些体型为纺锤形或棍棒形、鳍条柔软的鱼类更受鳜鱼的欢迎，因此鲮鱼、鲂鱼、麦穗鱼、泥鳅更是受欢迎。

5. 饵料鱼的种类

鳜鱼喜爱的饵料鱼种类很多，在进行规模化生产时，要求这些饵料鱼的亲本易得、易培育、繁殖量大，最好是当地方便找到的鱼类，在生产中，我们常以四大家鱼、鲤鱼、鲫鱼、团头鲂、鲴鱼、鲮鱼、罗非鱼、麦穗鱼、泥鳅和虾虎鱼等作为鳜鱼的饵料鱼。

6. 饵料鱼消毒

饵料鱼在投喂前，必须经过严格的消毒杀虫处理。自己培育的饵料鱼，在准备过塘投喂鳜鱼前2天，全池泼洒硫酸铜或福尔马林，浓度分别为每立方米水体7克和20克；购买的饵料鱼，应用每立方米水体100~150克的福尔马林浸浴1~15分钟后，再行投喂。

7. 饵料鱼投喂

首先是确定投喂方式。饵料鱼投喂可以采用每天投喂或分阶段投喂两种方式，无论是采用哪一种投喂方式，应自始至终保证鳜鱼池内的饵料鱼剩余15%~20%。根据生产实践来看，考虑到每天拉网取鱼需要较多的人力和物力，我们还是建议采用分段式投喂。

其次是确定投放饵料鱼的数量。饵料鱼的投喂量应根据季节和鳜鱼摄食强度确定，夏秋季节是鳜鱼生长旺季，鳜鱼摄食旺盛，应适当多投喂，以3~5天吃完为佳；冬春季节鳜鱼摄食强度小，应适当少投喂，以5~7天吃完为宜。鳜鱼与饵料鱼的数量比应掌握在1：(5~10)，若饵料鱼太少，会影响鳜鱼摄食和生长；若饵料鱼太多，则容易引起缺氧浮头，对鳜鱼生长不利。在鳜鱼苗3~6厘米期间，日投喂饵料鱼以每尾鳜鱼4~8尾计算，饵料鱼体长不超过鳜鱼体长的55%~60%；6厘米以后，日投喂饵料鱼4~5尾，其体长不超过鳜鱼体长50%~55%。

再次是掌握日投饵量。每次投饵量不宜过多，一般鳜鱼日摄食量为其体重的5%~12%，因此可根据池内鳜鱼的存塘数量和间隔天数就可以大概估算出需要投放的数量。经7~10天的饲养，当饵料鱼达到1.2~2.0厘米时，刚好为4厘米以上的鳜鱼适口饵料，此时，则应向鳜鱼池开始投放鳜鱼。

最后就是要及时补充饵料鱼。当池中饵料鱼充足时，早晨及傍晚鳜鱼摄食最旺盛，这两个时段观察鳜鱼摄食活动状况最适宜，通过观察可探知饵料鱼的存池量，以便提前安排饵料鱼的投喂计划。当池中饵料鱼充足时，鳜鱼在池水底层追捕摄食饵料鱼，池水表面只有零星的小水花，细听时，鳜鱼追食饵料鱼时发出的水声也小，且间隔时间较长。当池中饵料鱼不足时，鳜鱼追食饵料鱼至池水上层，因此水花大，发出的声音也大，且持续时间较长。若看到鳜鱼成群在池边追食饵料鱼，则说明池中饵料鱼已基本被吃完。夏秋季节冬季、春季初发现鳜鱼有吐出饵料鱼现象，应立即开机增氧并加注新水。

8. 鳜鱼食欲减退的解决措施

引起鳜鱼食欲减退主要有两种情况，一是水质恶化引起的应激反应；二是多次、盲目和超标用药引起药害。

首先是在鳜鱼养殖过程中，由于鳜鱼大量捕食饲料鱼，其排泄物对养殖水体污染十分严重。解决措施：先将鱼池底层水抽去1/2~2/3，再注入新水。放足饲料鱼后，用水体消毒剂进行水体消毒1次，一般鳜鱼即能恢复食欲。如2~3天后鳜鱼食欲再次减退，则再换水1次。

其次是有些养殖户为了提高鳜鱼成活率，经常盲目用药、超剂量用药，引起药害。解决措施：防治鳜鱼病害，一定要对症下药，按标准用药。同时，要以防为主，以治为辅。鳜鱼发病除自身和水体因素外，大多与饲料鱼有关，如饲料鱼的寄生虫病、出血病等都能感染鳜鱼。所以，自己培育饲料鱼，并在其放入鳜鱼池前进行检查，对症下药或预防用药，可减少对鳜鱼池的用药。

十一、水质管理

水质要保持清新，时常注入新水，使水质保持高溶氧。水位随水温的升高而逐渐增加，池塘前期水温较低时，水宜浅，水深可保持在50厘米，使水温快速提高，促进龙虾蜕壳生长。随着水温升高，水深应逐渐加深至1.5米，底部形成相对低温层。水质要保持清新，水色清嫩，透明度在35~40厘米，夏季坚持勤加水，以改善水体环境，使水质保持高溶氧。

十二、其他的管理

1. 病害防治

对龙虾、鳜鱼病防治主要以防为主，防治结合，重视生态防病，以营造良好生态环境，从而减少疾病发生。平时要定期泼洒生石灰、磷酸二氢钙以改善水质，如果发病，用药要注意兼顾龙虾、鳜鱼对药物的敏感性。

2. 加强巡塘

一是观察水色，注意龙虾和鳜鱼的动态，检查水质、观察龙虾摄食情况和池中的饵料鱼数量。二是大风大雨过后及时检查防逃设施，如有破损及时修补，如有蛙蛇等敌害及时清除，观察残饵情况，及时调整投喂量，并详细记录养殖日记，以随时采取应对措施。

3. 施肥

水草生长期间或缺磷的水域，应每隔 10 天左右施一次磷肥，每次每亩 1.5 千克，以促进水生动物和水草的生长。

第六节　龙虾和泥鳅混养

一、混养原理

这种养殖模式是利用两者生长的养殖周期不同而设计的，可充分利用水体空间资源和饵料资源，做到上半年养殖龙虾，下半年养殖泥鳅，具有养殖周期短、投入资金少、收入见效快的优点。

龙虾的养殖周期是从当年的 9 月放养虾种开始，到第二年的 7 月起捕完毕为止。龙虾从下塘就进入打洞和繁殖时期，基本上不在洞外活动，而此时正是泥鳅生长发育的大好时机。待进入龙虾的生长旺季和捕捞旺季的 3—6 月，泥鳅正处于繁殖状态，可另塘培育。也可在龙虾池中轮养大规格的鳅种，让泥鳅在两三个月内就可以达到上市规格。

二、池塘条件

由于泥鳅和龙虾都喜欢栖息在浅水、静水的水域环境中，在浅水处的水草旺盛的地方更是多见，因此可利用原有蟹池或龙虾池，也可利用养鱼塘加以改造。池塘要选择水源充足、水质良好，水深为 1.2~1.5 米，水草覆盖率达 25%左右。

养殖龙虾、泥鳅的池塘面积不宜过大，一般 3~6 亩为宜，东西走向，长宽比以 5∶1 或 5∶2 为宜，为了预防疾病的传染，池与池不可相通，每个池塘都要有独立的进排水系统。排水系统设在池塘比较低一点的位置，排水口离池底30厘米为宜，这样便于控制水位。池塘四周及进排水口处要设置防逃设施。

三、准备工作

清整池塘：主要是加固塘埂、夯实池壁，同时将浅水塘改造成深水塘，使池塘能保持水深达到2米以上。池底要保持15~20厘米的软泥，起保肥的作用，池底要保持平坦，略微向排水口一侧倾斜5~10厘米，这样的目的是能及时将池底的水排干净。

池塘消毒：消毒清淤后，每亩用生石灰75~100千克化浆全池泼洒，杀灭黑鱼、黄鳝及池塘内的病原体等敌害，一般在7~10天后，毒性基本消失后才能投放泥鳅和龙虾苗种。

进水：在虾种或鳜鱼鱼种投放前20天即可进水，水深达到50~60厘米。进水时可用60目筛绢布严格过滤。

种草：投放虾种前应移植水草，使龙虾和泥鳅有良好的栖息环境。种好草既可以为龙虾创造良好的栖息、蜕壳的环境，又能满足泥鳅、龙虾摄食水草的需要。水草培植一般可播种苦草、伊乐藻、轮叶黑藻、金鱼藻、水鳖草等。

投螺：投放螺蛳一方面可以净化底质，还可以及时补充部分动物性饵料，尤其是螺蛳刚刚繁殖出来的幼螺更是龙虾和泥鳅的可口饵料。放养螺蛳的数量控制在300千克/亩左右，供龙虾和泥鳅食用。

培肥：每亩池塘施用发酵的猪粪和大粪250千克，加水30厘米浸泡两天，使池塘的底泥软化，做到泥烂水肥。施肥的主要目的是培育饵料生物，从而使虾苗和鳅苗下塘后就能有充足、可口的天然饵料摄食。在饲养管理阶段，可根据水色的变化及时施加追肥，一般每10天左右追肥一次，具体的追肥量应按池塘水质的肥瘦而定。

四、苗种放养

要求放养的龙虾规格整齐一致、个体丰满度好，爬动迅速有力。龙虾的放养方式有两种：一种是将上年养殖的成虾留塘养殖，让其自然繁殖小虾苗，留塘成虾量为8~12千克/亩。2~3年后，将不同塘口的雌雄龙虾进行交换放养，以免因近亲繁殖而影响龙虾种群的长势及抗病力；另一种是选择本地培育和湖区收购的幼虾放养。放养规格为4~5厘米，放养密度为15千克/亩左右。放养时间在4—5月。

在选择虾苗时，要选择体质健壮、个体比较均匀的虾苗，如果发现虾苗活动迟缓、脱水较严重或受伤较多时，不要选用，尤其是从农贸市场上收购的苗种，更要警惕，一定要小心检查其质量。在苗种放养前一定要用3%的食盐水洗浴10分钟，然后缓缓地放在浅水区，任其自行爬动，在倒虾苗时一定要注意动作要轻，速度要慢，切不可直接倒入池塘中，否则入池的苗种成活率会大大降低。

由于龙虾在生长发育的高峰期，也吃泥鳅，因此在混养泥鳅时，最好避开龙虾的生长高峰期。因为泥鳅的养殖周期短，所以要选择大规格的鳅种来放养，适宜放养的苗种规格为400~500尾/千克，这种规格的体长为6~8厘米，投放量为2万~3万尾/亩。泥鳅的苗种可以从泥鳅繁殖场采购、自己人工繁殖培育或从农贸市场收购优质苗种，要求规格整体、体质健壮、无病无伤的苗种，要注意的是在苗种放养时一定要用1%~2%的食盐消毒3~5分钟，也可用浓度为10毫克/千克的高锰酸钾溶液消毒10分钟。

五、饲料投喂

投喂量则主要根据龙虾体重计算，投饵率一般掌握在5%~8%，具体视水温、水质、天气变化等情况调整。在养殖的全过程中，要搭配一定数量的新鲜动物性饵料，如新鲜的鱼虾、打碎的河蚌等，比例可占日投饵量的50%左右，以防小龙虾营养不良而造成虾体消瘦。投喂饵料时也是有讲究的，为了便于观察龙虾的摄食和蜕壳情况，可沿着池塘的浅水区投喂，一般是采取带状投喂，也可采取定点投喂。为了便于龙虾的取食，可每隔2米设立一个投料点。一般每天投喂两次，第一次在上午9:00左右，投饵量占全天投饵量的30%，第二次为18:00左右，投喂量占70%。

在这种混养模式中，泥鳅基本上不用投喂人工配合饲料，只需人工培育天然饵料就可以。

六、调节水质、水位

主要是加强水质管理，改善水体环境，使水质保持高溶氧状态。在龙虾或泥鳅苗种入池后，要适时、适量地追施发酵的有机粪肥，促进水草生长和培育饵料生物，每半月施一次生石灰水，用量为7.5~10千克/亩。在生长期间，一定要保持水位的相对稳定，一般水深可控制在60厘米左右。生产实践表明，在水位经常变化的情况下，泥鳅和龙虾都会打洞，尤其是龙虾会掘很深的洞穴来隐藏，有时会直接影响堤埂的安全，长期在洞穴中生长的龙虾和泥鳅都会出现生长僵化、停滞的现象，形成早熟现象，个体也较小，直接影响上市规格。因此可以通过加水、排水的方法来控制水位和水温。

七、加强巡塘

每天要巡塘2~3次，一是观察水色，保持池水处于“肥、活、嫩、爽”的良好状态，注意龙虾和泥鳅的动态，检查水质的变化、观察龙虾和泥鳅的摄食与生长情况和池中的饵料是否有过剩。二是大风大雨过后及时检查防逃设施，由于龙虾和泥鳅的逃逸能力很强，尤其是在暴雨或连日阴雨时更会逃跑，因此要加强对防逃设施的检查，如有破损及时修补，如有鼠、蛙、蛇等敌害及时清除，并详细记录养殖日记，以随时采取应对措施。三是保持环境的相对稳定安静，否则会影响龙虾的摄食及蜕壳生长。四是池水过肥要及时开启增氧机来进行增氧。

八、病害防治

对泥鳅和龙虾疾病的防治主要以防为主，防治结合，重视生态防病，以营造良好生态环境，从而减少疾病发生。平时要定期泼洒生石灰、磷酸二氢钙、强氯精等以改善水质，杀灭病菌。在养殖期间，龙虾很可能罹患纤毛虫病，一定要加以重视。投喂的饲料要新鲜、无变质的情况，在配合饲料中要适当添加一些光合细菌及免疫剂，以增强泥鳅和龙虾的免疫力。如果发病，用药要注意兼顾龙虾、泥鳅对药物的敏感性，对有机磷、敌杀死、除虫菊酯类等药物很敏感，在防病治病时要注意不能选用，即使在加水时也要注意查明水源情况，以防万一。

九、捕捞方法

捕捞工具基本上可以通用，都可以用地笼来捕捉，效果非常好，有时为了取得更好的效果，可以在地笼中加一些诱饵，例如动物内脏、熬过的骨头等。捕捞时间是不同的，泥鳅的时间是在 10 月上旬当水温在 15~18℃时就开始捕捉了，而龙虾是在 5 月底就可以捕捉上市了。在捕捉时，先将地笼沉入池底，两端吊起，离水面 30~40 厘米高。如果发现两端下沉时，就要及时倒出泥鳅和龙虾，以免密度过大或沉水时间过长而导致缺氧闷死。

第七节　龙虾与南美白对虾生态混养

在池塘中进行龙虾与南美白对虾混养，是利用南美白对虾能在淡水中养殖的特点，采取科学的技术措施，达到增产增效的目的。

一、池塘选择

一般选择可养鱼的池塘或利用低产农田四周挖沟筑堤改造而成的提水养殖池塘，面积不限，要求水源充足，水质条件良好，池底平坦，底质以砂石或硬质土底为好，无渗漏，进排水方便，虾池的进、排水总渠应分开，进、排水口应用双层密网防逃，同时也能有效地防止蛙卵、野杂鱼卵及幼体进入池塘危害蜕壳的虾。为便于拉网操作，一般 20 亩左右为宜，水深 1.5~1.8 米，要求环境安静，水陆交通便利，水源水量充足，水质清新无污染。

二、配套设施

1. 防逃设施

和南美白对虾相比，龙虾的逃逸能力比较强，因此在进行龙虾池混养殖南美白对虾时，必须考虑到龙虾的逃跑因素。防逃设施有多种，常用的有两种，具体的使用方法见前文。

2. 隐蔽设施

无论对于南美白对虾还是龙虾来说，在池塘中设有足够的隐蔽物，对于它们的栖息、隐蔽、蜕壳等都有好处，因此可以设置竹筒、瓦片、网片、砖块、石块、竹排、塑料筒、人工洞穴等隐蔽物体供其栖息穴居，一般每亩要设置500个左右的人工巢穴。

3. 其他设施

用塑料薄膜围拦池塘面积的5%左右作为南美白对虾的暂养池，同时根据池塘大小配备抽水泵、增氧机等机械设备。

三、池塘准备

1. 池塘清整、消毒

池塘要做好平整塘底、清整塘埂的工作，使池底和池壁有良好的保水性能，尽可能减少池水的渗漏。对旧塘进行清除淤泥、晒塘和消毒工作，5月初抽干池水，清除淤泥，每亩用生石灰100千克、茶籽饼50千克溶化和浸泡后分别全池泼洒，可有效杀灭池中的敌害生物，如鲶鱼、泥鳅、乌鳢、蛇、鼠等，争食的野杂鱼类及一些致病菌。

2. 种植水草

经过滤注水后，混养池就要开始移栽水草，这是对南美白对虾和龙虾生长发育都有好处的一种技术措施。水草的种植方法见后文。

四、培肥

每亩池塘施用发酵的猪粪和大粪200千克，加水30厘米浸泡两天，使池塘的底泥软化，做到泥烂水肥。施肥的主要目的是培育饵料生物，从而使虾苗下塘后就能有充足、可口的天然饵料摄食。在饲养管理阶段，可根据水色的变化及时施加追肥，一般每10天左右追肥一次，具体的追肥量应按池塘水质的肥瘦而定。

五、放养螺蛳

螺蛳是龙虾很重要的动物性饵料，在放养前必须放足鲜活的螺蛳，一般是在清明前每亩放养鲜活螺蛳200~300千克，以后根据需要逐步添加。投放螺蛳一方面可以改善池塘底质、净化底质，另一方面可以为南美白对虾和龙虾补充部分动物性饵料，而且螺蛳肉被吃完后留下的壳可以为水体提供一定量的钙质，能促进南美白对虾和龙虾的蜕壳。

六、苗种投放

石灰水消毒待 7~10 天水质正常后即可放苗。

1. 南美白对虾苗种的放养

南美白对虾要求在 5 月上中旬放养为宜，选购经检疫的无病毒健康虾苗，规格 2 厘米左右，将虾苗放在浓度为 20 毫克/升的福尔马林液中浸浴 2~3 分钟后放入大塘饲养。每亩放养量为 1 万~1. 5 万尾为宜。同一池塘放养的虾苗规格要一致，一次放足。

2. 龙虾苗种的放养

在选择龙虾苗种时，要选择光洁亮丽、甲壳完整、肢体完整健全、无伤无病、体质健壮、个体比较均匀的虾苗，不要选用虾苗活动迟缓、脱水较严重或受伤较多的虾苗，尤其是从农贸市场上收购的苗种，更要警惕，一定要小心检查其质量。放养时先用池水浸 2 分钟后提出片刻，再浸 2 分钟提出，重复 3 次，再用 3%~4%的食盐水溶液浸泡消毒 3~5 分钟，杀灭寄生虫和致病菌，然后缓缓地放在浅水区，任它们自行爬动。在倒虾苗时一定要注意动作要轻，速度要慢，切不可直接倒入池塘中，否则入池的苗种成活率会大大降低。

3. 混养的鱼类

在进行南美白对虾和龙虾混养时，可适当混养一些鲢鳙鱼等中上层滤食性鱼类，以改善水质，充分利用饵料资源，而且这些混养鱼也可作塘内缺氧的指示鱼类。鱼种规格 15 厘米左右，每亩放养鲢、鳙鱼种 50 尾。

七、饲料投喂

当南美白对虾和龙虾进入大塘后可投喂专用南美白对虾、龙虾饲料，也可投喂自配饲料。如果是自配饲料，这里介绍一个饲料配方：鱼粉或鱼干粉或血粉 17%、豆饼 38%、麸皮 30%、次粉 10%、骨粉或贝壳粉3%，另外添加1‰专用多种维生素和2%左右的黏合剂。按南美白对虾、龙虾存塘重量的3%~5%掌握日投喂量，每天上午7:00—8:00投喂日总量的1/3，剩下的在15:00—16:00投喂，后期加喂一些轧碎的鲜活螺、蚬肉和切碎的南瓜、土豆，作为虾的补充料。平时混养的鲢、鳙鱼不需要单独投喂饵料。

八、加强管理

一是水质管理，强化水质管理，整个养殖期间始终保持水质达到“肥、爽、活、嫩”的要求。在南美白对虾放养前期要注重培肥水质，适量施用一些基肥，培育小型浮游动物供南美白对虾和幼小的龙虾摄食。每15~20天换一次水，每次换水1/3。高温季节及时加水或换水，使池水透明度达30~35厘米。每20天泼洒一次生石灰水，每次每亩用生石灰10千克。

二是养殖期间要坚持每天早晚巡塘一次，检查水质、溶氧、虾吃食和活动情况，经常清除敌害。

三是加强蜕壳虾的管理，通过投饲、换水等技术措施，促进龙虾和南美白对虾群体集中蜕壳。平时在饲料中添加一些蜕壳素、中草药等，起到防病和促进蜕壳的作用。在大批虾蜕壳时严禁干扰，蜕壳后及时添加优质饲料，严防因饲料不足而引发虾之间的相互残杀。

九、捕捞

经过120天左右的饲养，南美白对虾长至12厘米时即可收获，采用抄网、地笼、虾拖网等工具捕大留小，水温18℃以下时放干水池捕虾。

再养殖20天后，龙虾就可以捕捞了，可以采取每天用地笼张捕的方式，然后捕大留小，一方面可以及时回收资金，另一方面也可以稀疏池塘里的养殖密度，促进小的虾更好、更快地生长。

第八节　罗非鱼池套养龙虾技术

一、混养原理

罗非鱼是我国引进推广比较成功的淡水养殖品种之一，但由于养殖规模的迅速发展，越冬苗种的需求增大、种质退化、全雄率不高等矛盾突出地表现出来，成鱼早熟、过度繁殖使得大量低值幼鱼争夺饵料和空间，严重影响了成鱼产量、品质及养殖效益的提高。通过投放龙虾，可以有效地控制罗非鱼幼鱼的生长，既解决了龙虾的部分饵料问题，保证了龙虾的生长速度，又控制了小罗非鱼的数量，加快了罗非鱼的生长速度，提高了池塘水面的总养殖产量。

在食性上，两者可以互补，罗非鱼是植物性饲料为主的杂食性鱼类，而龙虾则是以动物食性为主的杂食性动物，两者在食物利用上可以互补，能有效地利用池塘的食物资源，提高经济效益。

另外，罗非鱼是一种暖水性鱼类，当水温低于15℃时，就会处于休眠状态，因此在我国长江流域一带的养殖时间就非常短。根据罗非鱼的温度条件和长江流域的温度及水文条件来看，罗非鱼的生长期只有半年时间，在其他将近半年的时间里，养殖池一直都处于空闲。因此可以在罗非鱼的养殖池中套养龙虾，利用时间差能取得很好的经济效益。

二、池塘条件

由于罗非鱼喜欢生活在具有一定肥度的水体中，池塘面积过大时，水体不易培肥，而且在捕捞时也不易捕干净，所以宜选择面积相对较小的池塘，一般以8~10亩为宜，水深以1~1.5米为宜。池塘里最好有缓坡，方便种植水草和龙虾的爬行。

池塘必须建在水源充足、注排水方便的地方，水质干净无毒有一定的肥度。每个池塘都要有独立的进排水系统，便于控制水位，池塘四周及进排水口处要设置防逃设施。

三、放养前的准备工作

1. 池塘清整与消毒

和一般的池塘处理一样，具体的清整方法和消毒措施同前文。

2. 进水

在虾种或罗非鱼鱼种投放前 20 天即可进水，水深达到 50~60 厘米。进水时可用 60 目筛绢布严格过滤。

3. 种草

投放虾种前应移植水草，使龙虾有良好的栖息环境。种好草既可以为龙虾创造良好的栖息、蜕壳的环境，又能满足龙虾摄食水草的需要。但是养殖罗非鱼时不能有太多的水草，所以建议水草栽种在池塘的四周。水草培植一般可播种苦草、伊乐藻、轮叶黑藻、金鱼藻、水鳖草等。

4. 投螺

投放螺蛳可以净化底质，还可以及时补充部分动物性饵料，尤其是螺蛳刚刚繁殖出来的幼螺更是龙虾的可口饵料。放养螺蛳的数量控制在 100 千克/亩左右，供龙虾食用。螺蛳可以充分利用罗非鱼吃剩下的腐屑，并不需要另外管理和投喂。

5. 培肥

由于罗非鱼是喜肥鱼类，而螺蛳和龙虾也吃浮游生物，因此在放养前需要施重肥，培育好浮游生物，每亩池塘施用发酵的猪粪和大粪 500 千克，同时施加尿素 3 千克/亩，过磷酸钙 2 千克/亩。在饲养管理阶段，可根据水色的变化及时施加追肥，一般每 10 天左右追肥一次，具体的追肥量应按池塘水质的肥瘦而定。

四、苗种的放养

1. 罗非鱼的放养

罗非鱼的品种很多，有尼罗罗非鱼、莫桑比克罗非鱼、奥利亚罗非鱼和红色罗非鱼，以及杂交一代福寿鱼、吴郭鱼等。除了雄性化的罗非鱼之外，其他各品种成鱼池中都可以混养龙虾。

在长江中下游地区可在 4 月中旬放养，此时水温基本稳定在

18℃左右。如果放养时间过早，池塘的水温过低，会导致罗非鱼大量死亡，而放养过迟又会造成养殖时间过短，势必会影响最后出塘的规格和产量。放养规格是4厘米/尾，每亩放养1 200尾，放养时要求规格尽量整齐，体质健壮，无病无伤。放养前应采用食盐水或亚甲基蓝溶液对鱼种进行药浴消毒，防止苗种受伤后容易感染水霉病或受到其他病菌的侵袭。

2. 龙虾的放养

龙虾在放养时的挑选和前文是一样的，只是密度略有差异而已。

放养2~3厘米的幼虾时，亩放2 000尾，时间也是在春季4月，可采用人工繁殖或从天然水域中捕捞的苗种；也可以在秋季8—9月放养抱卵虾，亩放10千克左右。

在苗种放养前一定要用3%的食盐水洗浴10分钟，然后缓缓地放在浅水区，任它们自行爬到池塘里。

五、饲料投喂

这种养殖模式主要是养殖罗非鱼，饲料投喂也要先保证罗非鱼的供应，一般每天可投喂罗非鱼专用饲料2次，投喂时间分别在上午的8:00—9:00和15:00—16:00，日投喂量为鱼体重的3%~5%。当然具体的投喂量和投喂时间还要根据罗非鱼的吃食情况、水温、天气和水质灵活掌握。

龙虾可以不必另外投喂饲料，因为池塘里有丰富的水草和充足的螺蛳就可以满足龙虾的摄食需求，另外还有部分罗非鱼没有吃完的饲料也会被龙虾摄食。

六、日常管理

一是适时开启增氧机，由于罗非鱼喜肥，所以池塘的肥度是比较高的，这种较肥的水体在夏季很容易出现缺氧现象，平时要做好检查，一旦发现池塘四周出现大量的小虾和小鱼时或者在水草上面出现大量的龙虾时，可能水体里处于缺氧状况，需要及时开启增氧机来增加水中溶解氧，以免意外的发生。

二是加强施肥管理，经常施追肥，一般每周可施追肥1次，具体的使用量要根据水温、天气情况和水色的变化来确定。

三是水面种植适量的漂浮性水草，要有固定的位置，营造龙虾隐蔽、捕食的环境。

四是在塘埂上要安装防逃设施，可用尼龙网网围然后在网上加缝一条宽约20厘米的硬质塑料薄膜，防止龙虾爬出养殖池而逃跑。

七、捕捞

龙虾可从5月开始，根据市场需求，用地笼进行捕大留小。而罗非鱼也可以根据市场需求和价格来确定捕捞时间，但要注意的是，在温度下降到12℃前，必须全部捕捞出池，以免在低温条件下冻伤或冻死。由于罗非鱼在捕捞时可能先会跳跃，然后潜入底泥中一动不动，这就给捕捞带来一定的困难，因此先用网拖捕几次，最后干塘捕获罗非鱼。在捕获罗非鱼后要立即放上水，让龙虾继续吃食和生长。

第九节　龙虾与河蟹混养

由于龙虾会与河蟹争食、争氧、争水草，且两者都具有自残和互残的习性，传统养殖一直把龙虾作为蟹池的敌害生物，认为在蟹池中套养龙虾是有一定风险的，认为龙虾会残食正在蜕壳的软壳蟹。但是从我们地区养殖实践来看，养蟹池塘套养龙虾是可行的，并不影响河蟹的成活率和生长发育。

一、池塘选择

池塘选择以养殖河蟹为主，要求水源充足，水质条件良好，池底平坦，底质以沙石或硬质土底为好，无渗漏，进排水方便。蟹池的进、排水总渠应分开，进水口、排水口应用双层密网防逃，同时也能有效地防止蛙卵、野杂鱼卵及幼体进入池塘危害蜕壳虾蟹。为了防止夏天雨季冲毁堤埂，可以开设一个溢水口，溢水口也用双层密网过滤，防止幼虾幼蟹乘机顶水逃走。

对于面积10亩以下的河蟹池，应改平底形为环沟形或井字形，池塘中间要多做几条塘中埂，埂与埂间的位置交错开，埂宽30厘米，只要略微露出水面即可。对于面积10亩以上的河蟹池，应改平底形为交错沟形。这些池塘改造工作应结合年底清塘清淤时一起进行。

二、防逃设施

无论是养殖龙虾还是河蟹，防逃设施是必不可少的一环。防逃设施常用的有两种：第一种是安插高45厘米的硬质钙塑板作为防逃板，注意四角应做成弧形，防止龙虾沿夹角攀爬外逃；第二种是采用网片和硬质塑料薄膜共同防逃，既可防止龙虾逃逸，又可防止敌害生物进入伤害幼虾。

三、隐蔽设施

池塘中要有足够的隐蔽物，可以设置竹筒、瓦片、网片、砖块、石块、竹排、塑料筒、人工洞穴等隐蔽物体供其栖息穴居，一般每亩要设置3 000个以上的人工巢穴。

四、池塘清整、消毒

池塘要做好平整塘底，清整塘埂的工作，使池底和池壁有良好的保水性能，尽可能减少池水的渗漏。对旧塘进行清除淤泥、晒塘和消毒工作，可有效杀灭池中的敌害生物，如鲶鱼、泥鳅、乌鳢、蛇、鼠等，争食的野杂鱼类及一些致病菌。

五、种植水草

“蟹大小，看水草”“虾多少，看水草”，在水草多的池塘养殖河蟹和龙虾的成活率就非常高。水草是龙虾和河蟹隐蔽、栖息、蜕皮生长的理想场所，水草也能净化水质，减低水体的肥度，对提高水体透明度，促使水环境清新有重要作用。同时，在养殖过程中，有可能发生投喂饲料不足的情况，由于河蟹和龙虾都会摄食部分水草，因此水草也可作为河蟹和龙虾的补充饲料。要保证蟹池中水草的种植量，水草覆盖面积要占整个池塘面积的50%以上，这样可将河蟹和龙虾相互之间的影响降到最低。龙虾和河蟹最好在蟹池中水草长起来后再放入。

六、投放螺蛳

螺蛳是河蟹和龙虾很重要的动物性饵料，在放养前必须放足鲜活的螺蛳，每亩放养 200 ~ 400 千克。投放螺蛳一方面可以净化底质，另一方面可以补充动物性饵料，还有一点是螺蛳肉被吃完后留下的壳可以为水体提供一定量的钙质，能促进河蟹和龙虾的蜕壳，所以池塘中投放螺蛳的这几点用处是至关重要，千万不能忽视。

投放螺蛳

七、蟹、虾放养

石灰水消毒待 7 ~ 10 天水质正常后即可放苗。

蟹、虾的质量要求：一是体表光洁亮丽、肢体完整健全、无伤无病、体质健壮、生命力强。二是规格整齐，稚虾规格在 1 厘米以上，扣蟹规格在 80 只/千克左右。同一池塘放养的虾苗蟹种规格要一致，一次放足。

一般蟹池套养龙虾每亩放虾苗 2 000尾，在 3 月左右投放；扣蟹 600 只，在 5 月左右投放，放养量不宜过多，否则会造成养殖失败。要注意的是，蟹、虾放养前用 3% ~ 5% 食盐水浴洗 10 分钟，杀灭寄生虫和致病菌。同时可适当混养一些鲢鳙鱼等中上层滤食性鱼类，以改善水质，充分利用饵料资源，而且可作塘内缺氧的指示鱼类。

八、合理投饵

河蟹和龙虾一样，都是食性杂，且比较贪食，喜食小杂鱼、螺蛳、黄豆，也食配合饲料、豆饼、花生饼、剁碎的空心菜及低值贝类等饲料。让河蟹和龙虾吃饱是避免河蟹和龙虾自相残杀和互相残杀的重要措施，因此要准确掌握池塘中河蟹和龙虾的数量，投足饲料。饲料投喂要掌握“两头精、中间粗”的原则。在大量投喂饲料的同时要注意调控好水质，避免大量投喂饲料造成水质恶化，引起虾、蟹死亡。

九、管理

一是水质管理，强化水质管理，保证溶氧充足，保持“肥、爽、活、嫩”，在龙虾放养前期要注重培肥水质，适量施用一些基肥，培育小型浮游动物供龙虾摄食。每 15~20 天换 1 次水，每次换水 1/3。水质过肥时用生石灰消杀浮游生物，一般每 20 天泼洒 1 次生石灰水，每次每亩用生石灰 10 千克。

二是养殖期间要适时用地笼等将龙虾捕大留小，以降低后期池塘中龙虾的密度，保证河蟹生长。

三是加强蜕壳虾蟹的管理，通过投饲、换水等技术措施，促进河蟹和龙虾群体集中蜕壳。在大批虾蟹蜕壳时严禁干扰，蜕壳后及时添加优质饲料，严防因饲料不足而引发虾蟹之间的相互残杀。

第十节　鳖池生态轮养龙虾

现在许多鳖养殖场由于养殖周期或资金周转的原因，一些养殖池子一直处于空闲状态，如果将这些池塘进行充分利用，可以有效地提高养殖效益。鳖池在建设之初设计得比较科学，原来的一整套设施性能良好，既有防逃设施，又在池中设置了各种平台供鳖栖息、晒背。这种平台对于龙虾而言是非常好的设施，所以利用鳖上市后的养殖空闲期，在这些池塘进行龙虾的轮养，可以使这些池子得到充分利用，而且这些池子无需改造，可直接用来养虾。

一、清池消毒

在鳖上市后，对鳖的养殖池要进行清理消毒后方可使用，每亩需用100千克左右的生石灰化水后趁热彻底清池消毒，以杀灭各种残留的病原体。也可用漂白粉或漂白精进行消毒。

二、培肥

在预定投放虾苗前10天，将池子里的水先全部换掉，然后每亩用250千克腐熟的人粪尿或猪粪泼洒，再在池子的四角堆沤500千克的青草或其他菊科植物，以培育浮游生物，供虾苗下塘时食用。

三、防逃设施的检查

养鳖的池子，一般在当初建设时条件就比较好，就有一套完善的防逃设施，在养殖龙虾前要对这些防逃设施进行全面检查，如果有破损处要及时修补或更换新的防逃设施。特别是进出水口的检查，进出口处需用纱网拦好，一是可防止敌害生物进入池内危害幼虾和蜕壳虾，二是也能防止龙虾通过出口管道逃跑。

四、隐蔽场所的增设

当初养殖鳖的池塘，池底都会设置大量的隐蔽场所，在养殖龙虾时最好再放些石块、瓦片或旧轮胎、树枝、破旧网片等作为隐蔽物，这些隐蔽物对于龙虾的躲藏、蜕壳大有好处。

五、水草栽培

水草既可供龙虾摄食，又为虾提供了隐蔽、栖息的理想场所，也是龙虾蜕壳的良好地方，可以减少残杀，增加成活率，所以在养殖龙虾时是不可忽视的一项工作。对于利用养殖鳖的空闲池塘而言，种植水草可能是最大的池塘改造工程。

由于当初养殖鳖的池塘大部分都是水泥池，要想在池中直接栽种水草是比较困难的，因此可以采取放草把的方法来满足龙虾对水草的需要。方法是把水草扎成团，大小为1米^{2}左右，用绳子和石块固定在水底或浮在水面，每亩可放30处左右，每处10千克水草，用绳子系住，绳子另一端漂浮或固定于水面。也可用草框把水花生、空心菜、水浮莲等固定在水中央。要注意的是，这种吊放的水草不易成活，所以过一段时间发现水草死亡糜烂时，就要及时换新。也可以把水花生捆成条状用石块固定在池子的周边，水花生的成活率较高，可以减少经常更换水草的麻烦。如果是土池底，可以按常规方法进行水草的栽培或移植。

水草总面积要控制池子总面积的1/4~1/3为宜，不能过多，否则会覆盖住池子，使池水内部缺氧而影响龙虾的生长。

六、放养密度

利用鳖池养殖龙虾，每亩可投放3厘米左右的幼虾1万尾，如果条件许可，1年可放苗2~3茬。只要管理到位、投喂得到保证，都可以获得很好的产量和产值。

七、饲料投喂

在投喂饲料时严格按“定质、定量、定点、定时”的技术要求进行，要保证有足够的营养全面的饲料。晚上投饲量应占全日的70%~80%，每次投饲以吃完为度。一般仔虾投喂为池中虾体总重量为15%~25%，成虾投喂量为5%~10%。过多会造成池水恶化，饲料不足，易造成自相残杀。

八、水位、水质的调控

养鳖的池子水位一般都设计得不太深，在1.2米左右，足够用于养殖龙虾，只要平时将虾池的水位保持在1米以上就行。

池水应保持一定的肥度，太清澈的水不利于龙虾的生长。养鳖池的进排水系统比较完备，要充分利用这种设施，在高温季节尽可能做到每天都适当换水。换水时间掌握在白天13:00—15:00或晚上后半夜，既可以使池水保持恒定的温度，又可以增加水中溶氧，对于龙虾的生长和蜕壳具有非常重要的作用。另外池水中定期施用生石灰，使池水 pH 值保持在 7～8，中性偏碱的水质有利于龙虾的生长与蜕壳。

九、做好防暑降温工作

对于一些水位较浅的水泥池，夏季高温期可以在池面拉几条遮阴网，或水面多增放一些水浮莲，池底多铺设一些隐蔽物。

十、捕捞

利用鳖池养殖龙虾，在起捕时是非常方便的。由于池里遍布各种隐蔽物，所以不可能用网捕，一般可用笼捕，最后直接放水干塘捕捞。

第四章　稻田养龙虾

第一节　稻田养龙虾的基础

稻田养殖龙虾是指将稻田这种潜在水域加以改造、利用，用来养殖龙虾的一种模式，进行稻田养殖龙虾不仅具有投资省、见效快的优点，而且还有节肥、增产、省工的好处。

一、稻田养龙虾的现状

稻田养殖龙虾并不新鲜，在国外早就开始运用这种技术，尤其是龙虾的故乡——美国已经运用各种模式开发龙虾的养殖，稻田养殖是比较成功的一种模式。根据上海水产大学渔业学院成永旭教授的介绍，美国路易斯安那州养殖龙虾，主要采用的养殖模式是，首先在田里种植水稻，等水稻成熟后放水淹没水稻，然后往稻田里投放龙虾苗，龙虾以被淹的水稻为生长的养料。

在我国，近年来对龙虾的养殖进行了各种模式的尝试与探索，其中利用稻田养殖龙虾已经成为最主要的养殖模式之一，养殖技术已经日益成熟。

由于龙虾对水质和饲养场地的条件要求不高，加之我国许多地区都有稻田养鱼的传统，在养鱼效益下降的情况下，推广稻田养殖龙虾可为稻田除草、除害虫、小施化肥、少喷农药。有些地区还可在稻田采取中稻和龙虾轮作的模式，特别是那些只能种植一季的低洼田、冷浸田，采取中稻和龙虾轮作的模式，经济效益很可观。在不影响中稻产量的情况下，每亩可出产龙虾 100~130 千克。

稻田养殖龙虾

二、稻田养龙虾的原理

在稻田里养殖龙虾，是利用稻田的浅水环境，辅以人为措施，发挥稻、虾互补互利，既种稻又养虾，以提高稻田单位面积效益的一种生产形式，也是目前龙虾养殖中最具推广价值的一种生态养殖模式。

稻田养殖龙虾共生原理的内涵就是以废补缺、互利助生、化害为利，在稻田养虾实践中，人们称为“稻田养虾，虾养稻”。稻田是人为控制的生态系统，稻田养了鱼，促进稻田生态系统中能量和物质的良性循环，使其生态系统又有了新的变化。稻田中的杂草、虫子、稻脚叶、有机碎屑、腐殖质、底栖生物和浮游生物对水稻来说不但是废物，而且都是争肥的。如果在稻田里放养鱼类，特别是像龙虾这一类杂食性的虾类，不仅可以利用这些生物作为饵料，促进虾的生长，消除了争肥对象，而且虾的粪便和残饵还可以增加土壤有机质，为水稻提供了优质肥料，有利于水稻的生长。

另外，龙虾在田间栖息、游动、觅食，疏松了土壤，破碎了土表“着生藻类”和氮化层的封固，有效地改善了土壤通气条件，增加了稻田水中的溶解氧，又加速肥料的分解，促进了稻谷生长，从而达到虾稻双丰收的目的。同时龙虾在水稻田中还有除草保肥作用和灭虫增肥作用。而种植的水稻又为龙虾的活动、栖息、隐蔽提供了非常好的条件，有利于龙虾的蜕壳生长。

稻田是一个综合生态体系，在水稻种植过程中，人们要进行稻田施肥、灌水等生产管理，但是稻田许多营养却被与水稻共生的动、植物等所猎取，造成水肥的浪费；在稻田生态体系中放进虾后，整个体系就发生了变化，因为虾几乎可以食掉在稻田中消耗养分的所有生物群落，起到生态体系的“截流”作用。这样便减少了稻田肥分的损失和敌害的侵蚀，促进水稻生长，又将废物转换成有经济价值的食用虾。稻田养虾是综合利用水稻、龙虾的生态特点达到稻虾共生、相互利用，从而是稻虾双丰收的一种高效立体生态农业，是动植物生产有机结合的典范，是农村种养殖立体开发的有效途径，其经济效益是单作水稻的 1.5~3 倍。

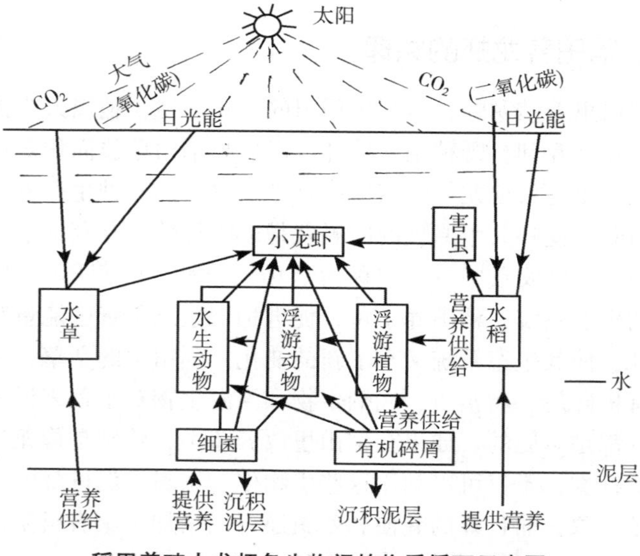

稻田养殖小龙虾各生物间的物质循环示意图

三、稻田养龙虾的特点

1. 立体种养殖的模范

在同一块稻田中，既能种稻又能养虾，把植物和动物、种植业和养殖业有机结合起来，更好地保持农田生态系统物质和能量的良性循环，实现稻虾双丰收，是目前在全国农村广为推广的一种立体种养殖的典范模式。

发展水稻、龙虾养殖模式，具有养殖周期短、投资少、劳动强度低、养殖技术易掌握、生产上易管理等优点，不仅有助于充分利用稻田的时空资源，挖掘农田的增产增效潜力，提高土地的利用率、产出率，而且也进一步拓展了水产养殖业的发展空间，节约了土地资源和承租虾塘及开挖虾塘的成本，对当前农村、农业产业结构的调整起到了很好的推动作用。

2. 环境特殊

稻田属于浅水环境，浅水期水深仅 8 厘米左右，深水期在 25 厘米左右，因而水温变化较大，因此为了保持水温的相对稳定，虾沟、虾溜等田间设施是必须要做的工程之一。另一个特点就是水中溶解氧充足，经常保持在 4.5~5.5 毫克/升，且水经常流动交换，放养密度又低，所以虾病较少。

3. 开辟了龙虾养殖的新途径和新的养殖水域

稻田养殖龙虾的模式为淡水养殖增加了新的水域，不需要占用现有养殖水面就可以充分利用稻田的空间和时间来达到增产增效的目的，开辟了养虾生产的新途径和新的养殖水域。

4. 保护生态环境

水稻、龙虾养殖是一种增产增效、发展潜力巨大的新型农田种养结合的生态种养模式，不仅能有效地提高稻田的利用率和产出率、降低生产成本，还能起到除虫灭害作用，减少稻田农药和化肥的施用，降低稻田生产成本和减轻劳动强度，同时还能生产出无公害大米和龙虾，对稳粮增产和改善环境起到了积极的作用。

在稻田养殖龙虾的生产实践中发现，利用稻田养殖龙虾后，稻田里及附近的摇蚊幼虫密度明显地降低，最多可下降 50%左右，成蚊密度也会下降 15%左右，有利于提高人们的健康水平。

5. 增加收入

根据稻田养殖龙虾与单种水稻的试验结果表明，利用稻田养殖龙虾后，经济效益十分显著，稻田的平均产量不但没有下降，还会提高 10%~20%。同时每亩地还能收获相当数量的成虾，相对地降低了农业成本，增加了农民的实际收入。特别是从养殖的第二年开始，养殖者可以不用再次投放龙虾的虾苗和种虾，依然能收获与上一年同样的产量，因此生产成本较低、收入较高。

四、养虾稻田的生态条件

养虾稻田为了夺取高产，获得稻虾双丰收，需要一定的生态条件做保证。根据稻田养虾的原理，我们认为养鱼的稻田的生态条件应具备以下几点。

1. 水温要适宜

稻田水浅，一般水温受气温影响很大，有昼夜和季节变化，因此稻田里的水温比池塘的水温更易受环境的影响。另外龙虾是变温动物，其新陈代谢强度直接受到水温的影响，所以稻田水温将直接影响稻禾和龙虾的生长。为了获取稻虾双丰收，必须为它们提供合适的水温条件。

2. 光照要充足

光照不但是水稻和稻田中一些植物进行光合作用的能量来源，也是龙虾生长发育所必需的，因此，光照条件直接影响稻谷产量和龙虾的产量。每年 6—7 月，秧苗很小，因此阳光可直接照射到田面上，促使稻田水温升高，浮游生物迅速繁殖，为龙虾生长提供了饵料。水稻生长至中后期时，也是温度最高的季节，此时稻禾茂密，正好可以用来为龙虾遮阴、蜕壳、躲藏，有利于龙虾的生长发育。

3. 水源要充足

水稻在生长期间离不开水，而龙虾的生长更离不开水。为了保持新鲜的水质，水源的供应一定要及时充足，一是将养虾稻田选择在不能断流的小河小溪旁；二是可以在稻田旁边人工挖掘机井，可随时充水；三是将稻田选择在池塘边，利用池塘水来保证水源。

如果水源不充足或得不到保障，万万不可养虾。

4. 溶氧要充分

稻田水中溶解氧的来源主要是大气中的氧气溶入和水稻及一些浮游植物的光合作用，因而氧气是非常充分的。科研表明，水体中的溶氧越高，龙虾摄食量就越多，生长也越快。因此长时间地维持稻田养虾水体较高的溶氧量，可以增加龙虾的产量。

要使养殖龙虾的稻田能长时间保持较高的溶氧量，一种方法是适当加大养虾水体，主要技术措施是通过挖虾沟、虾溜和环沟来实现；二是尽可能地创造条件，保持微流水环境；三是经常换冲水；四是及时清除田中龙虾未吃完的剩饵和其他生物尸体等有机物质，减少它们因腐败而导致水质的恶化。

5. 天然饵料要丰富

一般稻田由于水浅，温度高，光照充足，溶氧量高，适宜水生植物生长。植物的有机碎屑又为底栖生物、水生昆虫和昆虫幼虫繁殖生长创造了条件，从而为稻田中的龙虾提供较为丰富的天然饵料，有利于龙虾的生长。

五、稻田养殖龙虾的模式

稻田养殖龙虾的模式目前在全球各地都应用广泛，在我国也是最主要的养殖方式。主要技术要点是稻田的选择、虾沟的开挖、虾沟内水草的栽种与护理、防逃设施的准备、水稻栽培技术、龙虾科学放养、不同季节的水位调节、科学的投饵管理、正确的施肥和施药方法等方面。根据稻田与虾的养殖季节、养殖方式、混养鱼类、种稻季节等不同而细分为不同的、具体的养殖方式。

1. 美国的稻田养殖模式

1978 年美国国家研究委员会强调发展龙虾的养殖，认为养殖龙虾有成本低，技术易于普及，龙虾摄食池塘中的有机碎屑和水生植物，无需投喂特殊的饵料，而且龙虾具有生长快、产量高等诸多优点。因此可以说龙虾是美国非常重要的水产资源，美国农业专家对它的利用也做了不少的研究，先后探索了“水稻—龙虾”“水稻—龙虾—大豆”“水稻—龙虾—鱼”“水稻—龙虾—牛”等混养轮作，当初的养殖方式是粗放养殖、混养，后来发展到各种形式的强化养殖。

2. 欧洲的稻田养殖模式

在稻田养殖龙虾的试验上，欧洲则在美国等地的基础上，进一步探索了“稻—龙虾—沼虾—龙虾”的轮作模式。欧洲早期利用龙虾主要是以捕捞的方式进行，110 年前就开始大规模捕捞利用龙虾，当时捕捞产量非常大，后来由于过度捕捞和病害的毁灭性打击，导致龙虾的自然产量急剧下降，不能满足市场的需求。因此从20世纪60年代末到70年代初，欧洲各国开始从美国引进龙虾，以便充分利用优越的自然条件来增殖并恢复龙虾资源。例如瑞典从1969—1986年连续18年向湖泊、河流、池塘中投放幼虾和成虾，可见该国恢复龙虾资源的决心和力度，效果非常明显。他们在稻田养殖龙虾的应用上，则利用稻田种水稻，然后投放龙虾，再利用龙虾进洞抱卵繁殖之机开展沼虾的养殖，最后在秧苗定植前再放养一批龙虾，这样就可以充分利用稻田的空间和时间，经济效益非常显著。

3. 澳大利亚的稻田养殖模式

澳大利亚也是盛产龙虾的国家，他们在借鉴世界各地尤其是欧美国家的稻田养殖模式后，对这些模式进行充分吸收并加以提升，着重探索了利用稻田的生态环境进行强化龙虾的人工养殖。

4. 我国稻田养殖龙虾的模式

我国科研工作者和生产实践相结合，根据生产的需要和各地的条件，先后开发并推广了一些卓有成效的养殖模式，主要是“稻—虾”的兼作、轮作和间作等多种模式。

（1）稻虾兼作型。

即边种稻边养鱼，稻鱼两不误，力争双丰收。在兼作中有单季稻养虾和双季稻田中养虾的区别，单季稻养虾，顾名思义就是在一季稻田中养龙虾。这种养殖模式主要在江苏、四川、贵州、浙江和安徽等地利用，单季稻主要是中稻田，也有用早稻田养殖龙虾的。在这些地方，有许多低洼田或冷浸田1年只种植一季中稻，9月稻谷收割后，田地一直要空闲到第二年的6月初再栽种中稻。在冬闲季节和早春季节利用这些田养殖龙虾或进行龙虾的保种育种，经济效益是非常可观的。

双季稻养虾，顾名思义就是在同一稻田连种两季水稻，虾也在这两季稻田中连养，不需转养。双季稻就是用早稻和晚稻连种，这样可以有效利用一早一晚的光合作用，促进稻谷成熟。广东、广西、湖南、湖北等地利用双季稻田养龙虾的较多。无论是一季稻还是两季稻，在稻子收割后稻草最好还田，可以为龙虾提供隐蔽的场所，同时稻草本身可以作为龙虾的饵料，在腐烂的过程中还可以培育出大量天然饵料。这种模式是利用稻田的浅水环境，同时种稻和养虾，也不给虾投喂饲料，让虾摄食稻田中的天然食物，它不影响水稻的产量，每亩可增产 50 千克左右的龙虾。

（2）稻虾轮作型。

即种一季水稻，然后接着养一茬龙虾，第二年再种一季水稻，待稻谷收割后接着养龙虾的模式，做到动植物双方轮流种养，稻田种早稻时不养龙虾，在早稻收割后立即加高田埂养龙虾而不种稻。这种模式在广东、广西等地推广较快，它的优点是利用本地光照时间长的优点，当早稻收割后，可以加深水位，人为形成深浅适宜的"稻田型池塘"，有利于保持稻田养虾的生态环境。另外稻子收割后稻草最好还田，稻草本身可以作为龙虾的饵料，使虾有较充足的养料，当然稻草还可以为龙虾提供隐蔽的场所，这样养虾时间较长，龙虾产量较高，经济效益非常好。

（3）稻虾间作型。

这种方式利用较少，也主要是在华南地区采用，利用稻田栽秧前的间隙培育龙虾，然后将龙虾起捕出售，稻田单独用来栽晚稻或中稻。

六、稻田养虾零风险模式的含义

在进行技术推广和试验示范过程中，许多养殖户都津津乐道地说稻虾连作共作模式是一种零风险的种养模式，为什么这样说呢？

一是稻田养殖龙虾是一年投入多年受益的好项目，在稻田里进行龙虾养殖的最大投入有两点：一是田间工程建设，主要是田间沟的开挖和防逃设施及防鸟设施的投入；二是苗种的投入，田间工程一旦按标准建好后，至少可以保证七八年的养殖，而龙虾亲虾入田后，常年捕捞也会源源不断地有龙虾供应，以后不再需要田间工程建设和苗种的投入，因此养殖户没有继续投入的风险。

二是龙虾的市场前景广阔，受欢迎度非常大，人们爱吃，老少皆宜，市场长期处于供不应求的状态，因此养殖户没有销售的风险。

三是龙虾的食性杂，饲料来源多样化，既可以投喂配合饲料，也可以投喂农村常见的各种农产品，而且它的食量也很小，因此养殖户没有饲料投入的风险。

四是利用稻田养殖龙虾，主要是采用生态养殖的方式，龙虾吃食稻田里的昆虫和杂物，水稻吸收龙虾的排泄物，整个生态系统没有污染物的排放，从生态环保的角度上看，是没有污染的风险。

五是利用稻田养殖龙虾，即使龙虾价格较低，由于水稻的产量确保在 550 千克左右，也不至于亏本，而龙虾的收入全部是额外的，因此养殖户没有收入降低的风险。

六是在稻田里养殖龙虾，技术已经成熟，在高温疾病到来之际，龙虾基本上已经打洞繁殖，很少进行投喂以及其他管理，因此养殖户没有技术的风险。

综上所述，老百姓自发地认为稻虾种养是零风险的养殖模式。

七、稻田养虾需要关注的九大配套技术

1. 配套水稻栽培新技术

在稻田养虾过程中，各地的种养户们发挥了聪明才智，创造性地配套了许多水稻栽培新技术。比如，在稻虾共作中，有的采用了双行靠、边行密的插秧方式；有的地方采用了大垄双行、沟边密植的插秧方式；有的地方采用了合理密植、环沟加密的插秧方式；有的地方采用了稻田免耕直播技术等。

2. 配套水产健康养殖关键技术

在稻田养殖龙虾，配套了健康养殖的关键技术，比如防逃设施、田间栽种水草的技术措施、生物活饵料的培育技术措施等。

3. 配套种养茬口衔接关键技术

为了实现种养两不误，茬口的衔接很关键，各地都根据具体情况作了很好的安排。例如安徽省滁州地区的稻田养龙虾，在茬口的衔接上是这样安排的，每年的阳历 6 月 15 号前将稻田里的龙虾达到上市规格的全部出售，然后迅速降水，采用免耕的方式插秧，秧苗全部在 6 月 25 号前栽插完毕，然后按水稻的正常管理。要求水稻的生长期控制在 140 天左右，不能超过 150 天（含秧龄 30 天）。到 10 月 20 号左右收割稻谷，然后留桩并灌水用于养虾，直到第二年的 6 月。

4. 配套施肥技术

在稻田养虾前，水稻生产的施肥主要依赖于化肥，大量化肥的使用引发生态环境问题。在稻田养虾的实施过程中，各地根据本地实际并通过科研单位的参与，按“基肥为主，追肥为辅”的思路，对稻田施肥技术进行了改造。例如安徽采用基追结合分段施肥技术，将施肥分为基肥和追肥两个阶段，主要采用“以基肥为主、以追肥为辅、追肥少量多次”的技术；有的地方采取“底肥重、蘖肥控、穗肥巧”的施肥原则，施足基肥，减少追肥，以基肥为主，追肥为辅；还有一些地方除了稻茬沤制肥水外，基肥还要在稻田四角浅水处堆放经过发酵的有机粪肥每亩150~200千克，用来培育虾苗喜食的轮虫、枝角类及桡足类等浮游动物，使龙虾苗种一下塘就可以捕食到充足的、营养价值全面的天然饵料生物，增强体质和对新环境的适应能力，提高放养成活率等。

5. 配套病虫草害防控技术

在稻田养虾前，对稻田害虫和杂草的控制主要依靠化学药物控制，造成了农药残留、污染环境问题。在稻田养虾的实施过程中，提出了“生态防控为主、降低农药使用量”防控技术思路。主要技术方案包括敌群落重建技术、稻田共作生物控虫技术和稻田工程生物控草技术等。

6. 配套水质调控关键技术

在稻田养虾前，虽然有形成并应用了部分水质调控的技术，但没有形成系统性水质调控思路，调控不精准，效果也不稳定。为此，各地专门研究了综合种养水质的各方面以及各阶段的要求，提出了系统性的水质调控技术方案。这些方案包括物理调控技术、化学调控技术、水位调控技术、底质调控技术、水色调控技术、种植水草调控技术、密度调控技术等。

7. 配套田间工程技术

针对稻田种养田间工程改造出现的问题，稻田养虾也规定了田间工作设计的基本原则：一是不能破坏稻田的耕作层；二是稻田开沟开展不得超过面积10%。通过合理优化田沟、虾溜的大小、深度，利用宽窄行、边际加密的插秧技术，保证水稻产量不减。同时，工程设计上，充分考虑了机械化操作的要求，总结集成了一批适合不同地区稻田种养的田间工程改造技术。

8. 配套捕捞关键技术

在20世纪80年代推广的稻田养鱼，对在稻田里养殖的水产品捕捞往往采用水产养殖传统的捕捞技术，但由于稻田水深较浅，环境也较池塘复杂，生搬池塘捕捞方法难以满足稻田种养的需要。因此，在现阶段，各地针对稻田水深浅，充分利用虾沟、虾溜，根据龙虾的生物习性，采用地笼诱捕、堆草、排水干田、流水迫聚等辅助手段提高了起捕率、成活率。

9. 配套质量控制关键技术

在发展稻田养虾过程中，水产技术推广部门对与稻田产品质量安全相关的稻田环境、水稻种植、水产养殖、捕捞、加工、流通等各个环节的生产过程及过程中投入品的质量控制要求进行了总结，提出了各环节质量控制应执行的标准和采用的技术手段。

第二节　稻田的田间工程建设

稻田养殖龙虾的田间工程建设至关重要，田间工程主要包括稻田各养殖或种植区域的合理布局、虾沟（包括环形沟和田间沟）的开挖、田埂加高、加宽与加固、有效的防逃设施要到位等。

一、稻田的选择

养虾稻田要有一定的环境条件才行，不是所有的稻田都能养虾，一般适宜的环境条件主要有以下几种。

1. 水源

水源要充足，水质良好，周围没有污染源的田块养殖龙虾。要求田埂比较厚实，一般比稻田平面高出0.5~1米，埂面宽2米左右，并敲打结实，堵塞漏洞，以防止逃虾和提高蓄水能力。雨季水多不漫田、旱季水少不干涸、排灌方便、无有毒污水和低温冷浸水流入，农田水利工程设施要配套，有一定的灌排条件，低洼稻田更佳。

2. 土质

土质要肥沃，由于黏性土壤的保肥力强，保水力也强，渗漏力小，因此这种稻田可以用来养虾。而矿质土壤、盐碱土以及渗水漏水、土质瘠薄的稻田均不宜养龙虾。

3. 面积

面积少则十几亩，多则几十亩，上百亩都可，面积大比面积小更好，但要方便看管和投喂。

4. 其他条件

田面平整，稻田周围没有高大树木，桥涵闸站配套，通水、通电、通路。

二、稻田的布局

根据养殖稻田面积的大小进行合理布局，养殖面积略小的稻田，只需在稻田四周开挖环形沟，水草要参差不齐、错落有致，以沉水植物为主，兼顾漂浮植物。

如果养殖面积较大的田块，要设立不同的功能区，通常在稻田四个角落设立漂浮植物暂养区，环形沟部分种植沉水植物和部分挺水植物，田间沟部分则全部种植沉水植物。

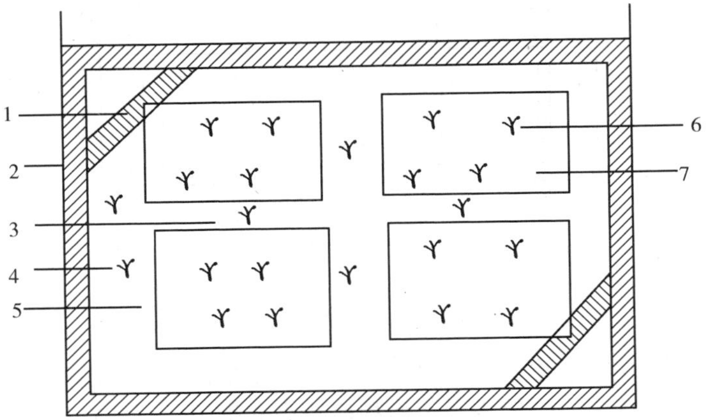

1. 田块对角的漂浮植物　2. 田埂及防逃设施　3. 田间沟
4. 沟内的水草　5. 环形沟　6. 水稻　7. 田块

稻田养殖小龙虾的田间工程

三、开挖虾沟

这是科学养虾的重要技术措施，稻田因水位较浅，夏季高温对龙虾的影响较大，因此必须在稻田田埂内侧四周开挖环形沟和虾溜。在保证水稻不减产的前提下，应尽可能地扩大虾沟和虾溜面积，最大限度地满足龙虾的生长需求。虾沟、虾溜的开挖面积一般不超过稻田的10%，面积较大的稻田，还应开挖“田”字形或“川”字形或“井”字形的田间沟，但面积宜控制在12%左右。环形沟距田埂1.5米左右，上口宽3米，下口宽0.8米；田间沟沟宽1.5米，深0.5~0.8米，坡比1∶2.5。虾沟既可防止水田干涸和作为烤稻田、施追肥、喷农药时龙虾的退避处，也是夏季高温时龙虾栖息隐蔽遮阴的场所。

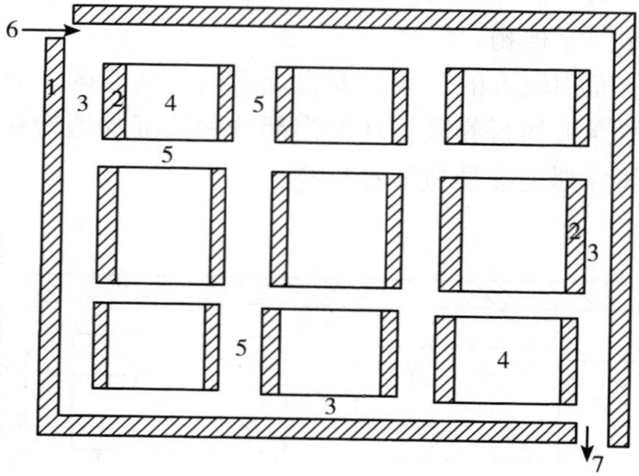

1. 田埂　2. 田中小埂　3. 虾沟（周边沟）　4. 田块
5. 虾沟（田中沟）　6. 进水口　7. 排水口

虾沟示意图

虾沟的位置、形状、数量、大小应根据稻田的自然地形和稻田面积的大小来确定。一般来说，面积比较小的稻田，只需在田头四周开挖一条虾沟即可；面积比较大的稻田，可每间隔50米左右在稻田中央多开挖几条虾沟，当然周边沟较宽些，田中沟可以窄些。

根据生产实践，目前使用比较广泛的田沟有以下几种。

配套田间工程改造

1. 沟溜式田间沟

沟溜式的开挖形式有多样，先在田块四周内外挖一套围沟，其宽5米，深1米，位置离田埂1米左右，以免田埂塌方堵塞鱼沟，沟上口宽3米，下口宽1.5米。然后在田内开挖多条“田”“十”“日”“弓”“井”或“川”字形水沟，鱼沟宽60~80厘米，深20~30厘米。在鱼沟交叉处挖1~2个鱼溜，鱼溜开挖成方形、圆形均可，面

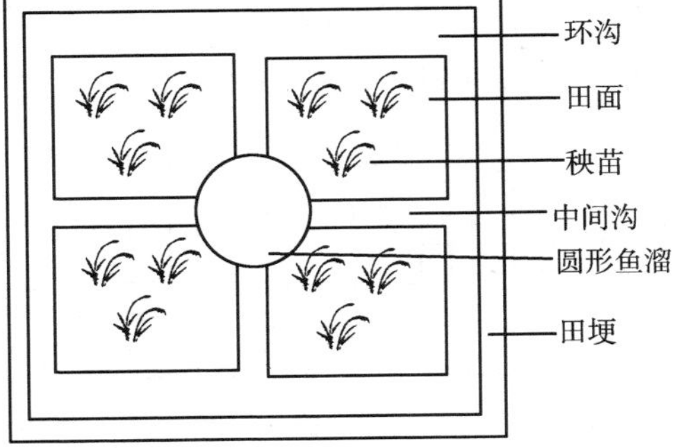

沟溜式

积 1~4 米^2，深 40~50 厘米。鱼溜形状有长方形、正方形和圆形等，总面积占稻田总面积的 5%~10%。鱼溜的作用是，当水温太高或偏低时，是避暑防寒的场所；在水稻晒田和喷农药、施肥时及水稻晒田时和夏季高温时龙虾的隐蔽、遮阴、栖息场所，同时鱼溜在起捕时便于集中捕捉，也可作为暂养池。

2. 宽沟式田间沟

这种稻田工程类似于沟溜式，就是在稻田进水口的一侧田埂的内侧方向，开挖一条深 1.2 米、宽 2.5 米的宽沟，这条宽沟的总面积为稻田总面积的 7%左右。宽沟的内埂要高出水面 25 厘米左右，每间隔 5 米开挖一个宽 40 厘米的缺口与稻田相连通，这样的目的是保证龙虾能在宽沟和稻田之间顺利且自由地进出。当然了，在春耕前或插秧期间，可以让龙虾在宽沟内暂养，待秧苗返青后再让龙虾进入稻田里活动、觅食。

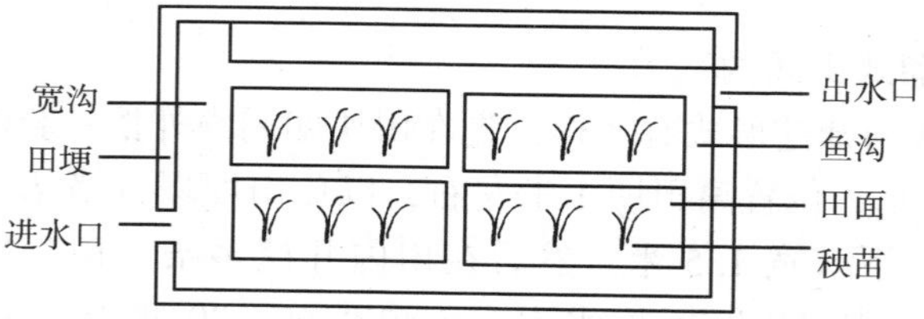

宽沟式

3. 田塘式田间沟

也叫鱼凼式田间沟。田塘式有两种，一种是将养鱼塘与稻田接壤相通，龙虾可在塘、田之间自由活动和吃食。

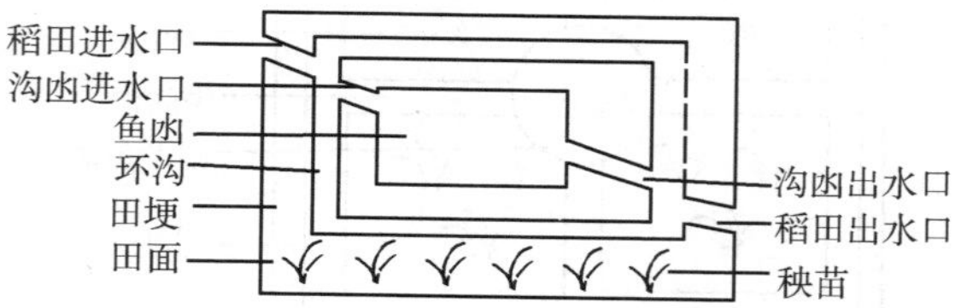

鱼凼式

另一种就是在稻田内或外部低洼处挖一个鱼塘，鱼塘与稻田相通，如果是在稻田里挖塘时，鱼塘的面积占稻田面积的10%~15%，深度为1米。鱼塘与稻田以沟相通，沟宽、深均为0.5米。

4. 垄稻沟鱼式田间沟

垄稻沟鱼式是把稻田的周围沟挖宽挖深，田中间也隔一定距离挖宽的深沟，所有宽的深沟都通鱼溜，养的龙虾可在田中四处活动觅食。在插秧后，可把秧苗移栽到沟边。沟四周栽上占地面积约1/4的水花生作为龙虾栖息场所。

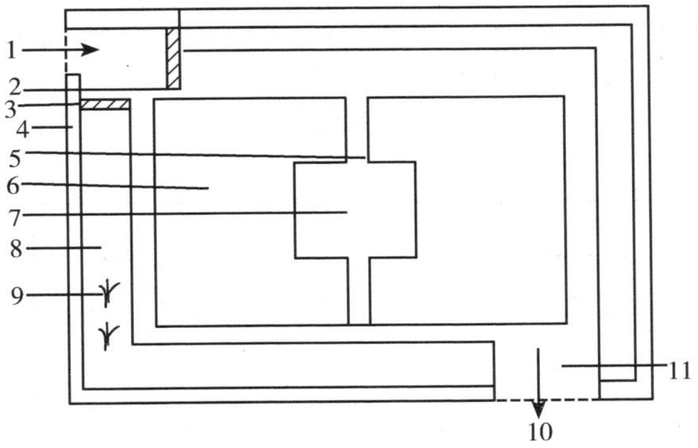

1. 进水口及拦鱼栅　2. 围沟（田间沟）　3. 凼埂　4. 田埂　5. 垄沟　6. 垄面　7. 田中鱼凼　8. 垄面　9. 秧苗　10. 出水口及拦鱼栅　11. 田角鱼凼

垄稻沟鱼式

5. 流水沟式田间沟

流水沟式稻田是在田的一侧开挖占总面积3%~5%的鱼溜。接连溜顺着田开挖水沟，围绕田一周，在鱼溜另一端沟与鱼溜接壤，田中间隔一定距离开挖数条水沟，均与围沟相通，形成一活的循环水体，对田中的稻和龙虾的生长都有很大的促进作用。

6. 回形沟式田间沟

就是把稻田的田间沟或鱼沟开挖成回字形，这种方式的优点是在水稻生长期实现了稻虾共生，确保既种稻又养龙虾的目的；当稻谷成熟收割后，可以灌溉水位，甚至完全淹没稻田的内部，提高了水体的空间，是非常有利于龙虾的养殖。其他的和沟溜式相似。

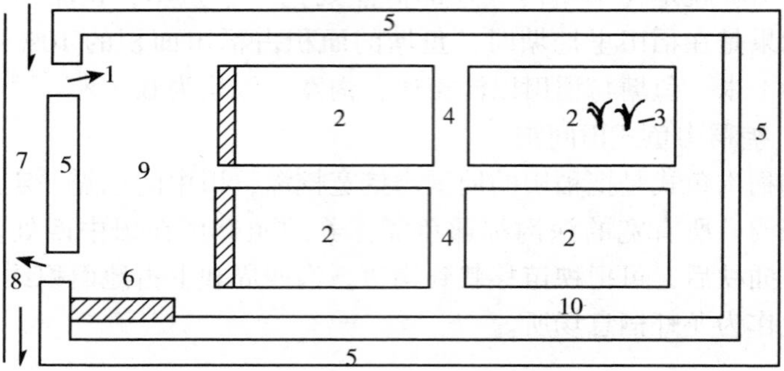

1. 进水口及拦鱼栅　2. 垄面　3. 秧苗　4. 鱼沟　5. 田埂　6. 小田埂
7. 农田灌溉渠　8. 出水口及拦鱼栅　9. 流水坑沟　10. 田间沟（围沟）

流水沟式

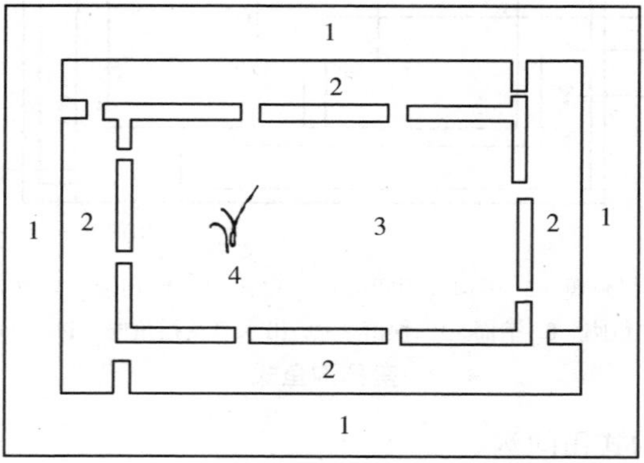

1. 田埂　2. 围沟　3. 分块的稻田田面　4. 秧苗

回形沟式

在生产实践过程中，我们发现田间沟的开挖是个不断改进的过程，最初是直接沿田埂开挖的田边沟，后来发现这种开挖的方式有它的弊端，就是田埂上的土容易坍塌，塌下来的泥土进入沟中，既填塞了田间沟，同时也可能会覆盖龙虾打的洞，对来年的龙虾养殖造成损失。因此我们建议在开挖时一定要留一个平台，这个平台也不要太大，宽 1 米左右就可以，可以有效地防止泥土堵塞田间沟。

四、加高加固田埂

为了保证养虾稻田达到一定的水位，防止田埂渗漏，增加龙虾活动的立体空间，有利于龙虾的养殖，提高产量，就必须加高、加宽、加固田埂，可将开挖环形沟的泥土垒在田埂上并夯实。田埂加固时每加一层泥土都要进行夯实，确保田埂高达 1.0~1.2 米，宽 2 米，并打紧夯实，要求做到不裂、不漏、不垮，以防雷阵雨、暴风雨时田埂坍塌，也要防止在满水时崩塌跑鱼。如果条件许可，可以在防逃网的内侧种植一些黑麦草、南瓜、黄豆等植物，既可以为周边沟遮阳，又可以利用其根系达到护坡的目的。

稻田中的田间埂

五、修建田中小埂

为了给龙虾的生长提供更多的空间，经过我们的实践认为，在田中央开挖虾沟的同时，要多修建几条田间小埂，这是为了给龙虾提供更多的挖洞场所。

六、防逃设施要到位

从一些地方的经验来看，有许多自发性农户在稻田养殖龙虾时并没有在田埂上建设专门的防逃设施，但产量并没有降低，所以有人认为在稻田中可以不要防逃设施，这种观点是有失偏颇的。经过我们和相关专家分析：第一方面是因为在稻田中采取了稻草还田或稻桩较高的技术，为龙虾提供了非常好的隐蔽场所和丰富的饵料；第二方面与放养数量有很大的关系，在密度和产量不高的情况下，龙虾互相之间的竞争压力不大，没有必要逃跑；第三方面就是大家都没有做防逃设施，龙虾的逃跑呈放射性，最后是谁逮着算谁的产量，由于龙虾跑进跑出的机会是相等的，所以大家没有感觉到产量降低。所以我们认为，如果要进行高密度的养殖，要取得高产量和高效益，还是很有必要在田埂上建设防逃设施。

防逃设施有多种，常用的有两种，一是安插高 55 厘米的硬质钙塑板作为防逃板，埋入田埂泥土中约 15 厘米，每隔 75~100 厘米处用一木桩固定。注意四角应做成弧形，防止龙虾沿夹角攀爬外逃；第二种防逃设施是采用麻布网片或尼龙网片或有机纱窗和硬质塑料薄膜共同防逃，在易涝的低洼稻田主要以这种方式防逃。方法是选取长度为 1.5~1.8 米的木桩或毛竹，削掉毛刺，打入泥土中的一端削成锥形，或锯成斜口，沿田埂将桩打入土中 50~60 厘米，桩间距 3 米左右，并使桩与桩之间呈直线排列，田块拐角处呈圆弧形。然后用高 1.2~1.5 米的密网靠牢在桩上，围在稻田四周，在网上内面距顶端 10 厘米处再缝上一条宽 25~30 厘米的硬质塑料薄膜即可。防逃膜不应有褶，接头处光滑且不留缝隙。

另一种防逃也不可忽视，就是龙虾喜欢戏水，要防止它们从进出水口处逃逸，因此在修筑进出水口时，也有一定的讲究。进水渠道建在田埂上，排水口建在虾沟的最低处，按照高灌低排的格局，保证灌得进，排得出，定期对进、排水总渠进行整修。稻田开设的进排水口应用铁丝网或双层密网防逃，也可用栅栏围住，既可防止龙虾在进水或者下大雨的时候顶水外逃，同时也能有效地防止蛙卵、野杂鱼卵及幼体进入稻田危害蜕壳虾。为了防止夏天雨季冲毁堤埂，稻田应开施

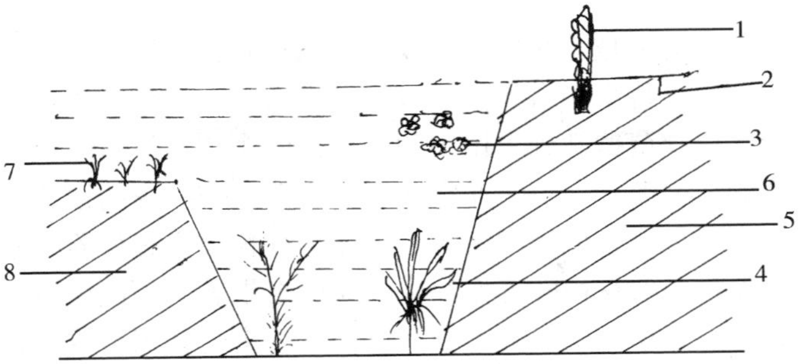

1. 防逃设施　2. 田埂　3. 虾沟内的漂浮水草　4. 虾沟内的沉水水草和挺水水草
5. 稻根深度　6. 环形沟　7. 水稻　8. 栽水稻的稻田土

稻田养殖小龙虾防逃示意图

一个溢水口，溢水口也用双层密网过滤，防止龙虾乘机逃走。

为了检验防逃的可靠性，我们还建议在规模化养殖的连片养虾田的外侧修建一条田头沟或者防逃沟，可以在沟内长年用地笼捕捞龙虾，因此它既是进水渠，又是检验防逃效果的一道屏障。

第三节　水稻栽培

一、水稻的适宜种植方式

在稻田养殖龙虾时，水稻的适宜栽种方式有四种：第一种是手工栽插；第二种就是采用抛秧技术。综合多年的经验和实际用工以及栽秧时对龙虾的影响因素，我们建议采用免耕抛秧技术是比较适合的；第三种就是直播水稻，虽然直播水稻的用工少，花费也少，但是由于水稻在田里的生长时间太长而影响了龙虾的生长，降低了养殖效益，因此我们还是建议不要采用直播水稻的方式；最后一种就是采用新的技术，钵盘苗大秧机插，这种方式由于秧苗期在育苗钵盘中的生长时间长，在稻田里的时间相对就短，从而人为地延长了龙虾的生长时间，更重要的是钵苗的秧苗大，根系发达，既可以浅水栽也可以深水栽，因此对龙虾的影响较小，现在在龙虾的养殖区正在慢慢地推广这种技术。

稻田免耕抛秧技术是指不改变稻田的形状，在抛秧前未经任何翻耕犁耙的稻田，待水层自然落干或排浅水后，将钵体软盘或纸筒秧培育出的带土块秧苗抛栽到大田中的一项新的水稻耕作栽培技术。这是免耕抛秧的普遍形式，也是非常适用于稻虾连作共生的模式，是将稻田养虾与水稻免耕抛秧技术结合起来的一种稻田生态种养技术。

水稻免耕抛秧在稻虾连作共生的应用结果表明，该项技术具有省工节本、减少栽秧对龙虾的影响和耕作对环沟的淤积影响、提高劳动生产率、缓和季节矛盾、保护土壤和增加经济效益等优点，深受农民欢迎，因而应用范围和面积不断扩大。

另外，对于种养面积不同的经营者来说，采取的水稻种植方式也有一定区别，小户可以自己育秧移栽，可以使用插秧机。而对于一些土地流转的大户来说，有些稻田面积虽大但土地不平坦，严重制约稻谷的移植，应该以直播为主，插秧机为辅。

二、选择水稻品种的要求

由于免耕抛秧具有秧苗扎根较慢、根系分布较浅、分蘖发生稍迟、分蘖速度略慢、分蘖数量较少等生长特点，加上养虾稻田一般只种一季稻，选择适宜的高产优质杂交稻品种是非常重要的。水稻品种要选择经国家审定适合本区域种植的分蘖及抗倒伏能力较强、叶片开张角度小，叶片修长、挺直，根系发达、茎秆粗壮、抗病虫害、抗倒伏且耐肥性强的紧穗型且穗型偏大的高产优质杂交稻组合品种，生育期一般以135~140天的品种为宜。

由于稻虾连作龙虾适宜的投放时间在当年的8月中旬至9月25日，起捕时间集中在3月20日至6月10日，也就是说，中稻要栽得迟、收得早，所以稻虾连作稻田应选择生育期短的早中熟中稻品种，如杂交粳稻9优418（天协1号）、杂交籼稻徽两优6号、丰两优6号、皖稻181、中浙优608、Q优108、培两优288、Ⅱ优63、D优527、两优培九、川香优2号、深优862等。

为了确保水稻的生长收成和龙虾的养殖两不误，一定要注意两点，一是水稻的生长期不能超过140天，在稻田里生长期控制在100

天以内；二是栽秧最迟不要超过6月15日，收割最好能在9月25日前结束；三是如果采用抛秧或直播法，一定要将秧龄期算在内，龙虾收获时间也要提前20天左右。

三、水稻育苗前的准备工作

1. 苗床地的选择

免耕抛秧育苗床地比一般育苗要求略高一些，在苗床地的选择上要求选择没有被污染且无盐碱、无杂草的地方。由于水稻的苗期生长离不开水，因此要求苗床地的进排水良好且土壤肥沃，在地势上要平坦高燥、背风向阳、四周要有防风设施的环境条件。

2. 育苗面积及材料

根据以后需要抛秧的稻田面积来计算育苗的面积，一般按1：（80~100）的比例进行，即育1亩地的苗可以满足80~100亩的稻田栽秧需求。

育苗用的材料有塑料棚布、架棚木杆、竹皮子、每公顷400~500个的秧盘（钵盘），另外还需要浸种灵、食盐等。

3. 苗床土的配制

苗床土的配制原则是要求床土疏松、肥沃，营养丰富、养分全面，手握时有团粒感，无草籽和石块。更重要的是要求配制好的土壤渗透性良好、保水保肥能力强、偏酸性等。

四、水稻种子的处理

1. 晒种

选择晴天，在干燥平坦地上平铺席子或在水泥场摊开，将种子放在上面，厚度一寸（1寸≈0.033米），晒2~3天。为了是提高种子活性，可以采用白天晒种，晚上再将种子装起来的方法，另外在晒的时候经常翻动种子。

2. 选种

这是保证种子纯度的最后一关，主要是去除稻种中的瘪粒和秕谷，种植户自己可以做好处理工作。先将种子下水浸6小时，多搓洗几遍，捞除瘪粒；去除秕谷的方法也很简单，最好用盐水来选种。制备方法是先将盐水配制 1 : 13 比重待用，根据计算，一般可用约 501 千克水加 12 千克盐，用鲜鸡蛋进行盐度测试，鸡蛋在盐水液中露出水面 5 分硬币大小即可。把种子放进盐水液中，就可以去掉秕谷，捞出稻谷洗 2~3 遍。

3. 浸种消毒

浸种的目的是使种子充分吸水以利于发芽；消毒的目的是通过对种子发芽前的消毒，来防治恶苗病的发生。目前在农业生产上用于稻种消毒的药剂很多，平时使用较为普遍的是恶苗净（又称多效灵）。这种药物对预防发芽后的秧苗恶苗病效果极好，使用方法也很简单，取本品一袋（每袋 100 克），加水 50 千克，搅拌均匀，然后浸泡稻种 40 千克，在常温下可以浸种 5~7 天（气温高浸短些，气温低浸长些），浸后不用清水洗可直接催芽播种。

五、水稻种子的催芽

催芽是稻虾连作共作的一个重要环节，就是通过一定的技术手段，人为地催促稻种发芽，这是确保稻谷发芽的关键步骤之一。生产实践表明，在 28~32℃温度条件下进行催芽时，能确保发出来的苗芽整齐一致。一些大型种养户现在都有了催芽器，这时用催芽器进行催芽效果最好。对于一般的种养户来说，没有催芽器，也可以通过一些技术手段来达到催芽的目的，常见的可在室内地上、火炕上或育苗大棚内催芽，效果也不错，经济实用。

这里以一般的种养户来说明催芽的具体操作：第一步是先把浸种好的种子捞出，自然沥干；第二步是把种子放到 40~50℃的温水中预热，待种子达到温热（约 28℃）时，立即捞出；第三步是把预热处理好的种子装到袋子中（最好是麻袋），放置到室内垫好的地上（地上垫 30 厘米稻草，铺上席子）或者火炕上，炕也要垫好，种子袋上盖上塑料布或麻袋；第四步是加强观察，在种子袋内插上温度计，随时看温度，确保温度维持在 28~32℃，同时保持种子的湿度；第五步是每隔 6 小时左右将装种子的袋子上下翻倒一次，使种子温度与湿度尽量上下、左右保持一致；第六步是晾种，种子在发芽的过程中产生大量的二氧化碳，使口袋内部的温度自然升高，稍不注意就会因高温烤坏种子，所以要特别注意。一般2天时间就能发芽，当破胸露白80%以上时开始降温，适当凉一凉，芽长1毫米左右时就可以用来播种。

六、水稻种子播种前的工作

1. 架棚、做苗床

一般用于水稻育苗棚的规格是宽5~6米，长20米，每棚可育秧苗100米^{2}左右。为了更好地吸收太阳的光照，促进秧苗的生长发育，架设大棚时以南北向较好。

可以在棚内做两个大的苗床，中间为步道，30厘米宽，方便人进去操作和查看苗情，四周为排水沟，便于及时排出过多的雨水，防止发生涝渍。每平方米施腐熟农肥10~15千克，浅翻8~10厘米，然后搂平，浇透底水。

2. 播种时期的确定

稻种播种时期的确定，应根据当地当年的气温和品种熟期确定适宜的播种日期。这是因为气温决定了稻谷的发芽，而水稻发芽最低温为10~12℃，因此只有当气温稳定超过5~6℃时方可播种，时间一般在4月上中旬。

3. 播种量的确定

播种量多少直接影响到秧苗素质，一般来说，稀播能促进培育壮秧，旱育苗每平方米播量干籽150克（3两），芽籽200克（4两），机械插秧盘育苗的每盘100克（2两）芽籽。钵盘育的每盘50克（1两）芽籽。超稀植栽培每盘播35~40克（0.7~0.8两）催芽种子。总之播种量一定严格掌握，不能过大，对育壮苗和防止立枯病极为有利。

七、水稻的播种方法

稻谷播种的方法通常有3种。

隔离层旱育苗播种：在浇透水置床上铺打孔（孔距4厘米，孔径4毫米）塑料地膜，接着铺2.5~3厘米厚的营养土，每平方米浇1 500倍敌克松液，5~6千克，盐碱地区可浇少量酸水（水的pH值

4）。然后用手工播种，播种要均匀，播后轻轻压一下，使种子和床土紧贴在一起，再均匀覆土 1 厘米，最后用苗床除草剂封闭。播后在上边再平铺地膜，以保持水分和温度，以利于整齐出苗。

秧盘育苗播种：秧盘（长 60 厘米，宽 30 厘米）育苗每盘装营养土 3 千克，浇水 0.75～1 千克，播种后每盘覆土 1 千克。置床要平，摆盘时要盘盘挨紧，然后用苗床除草剂封闭。上面平铺地膜。

采用孔径较大的钵盘育苗播种，钵盘规格目前有两种，一是每盘有 561 个孔，另一种是每盘有 434 个孔。目前常规耕作抛秧育苗所用的塑料软盘或纸筒的孔径都较小，育出的秧苗带土少，抛到免耕大田中秧苗扎根迟、立苗慢、分蘖迟且少，不利于秧苗的前期生长和龙虾的及时进入大田生长。因此我们在进行稻虾连作共生精准种养时，宜改用孔径较大的钵体育苗，可提高秧苗素质，有利于促进秧苗的扎根、立苗及叶面积发展、干物质积累、有效穗数增多、粒数增加及产量的提高。由于后一种育苗钵盘的规格能育大苗，因此提倡用 434 个孔的钵盘，每亩大田需用塑盘 42～44 个；育苗纸筒的孔径为 2.5 厘米，每亩大田需用纸筒 4 册（每册 4 400个孔）。播种的方法是先将营养床土装入钵盘，浇透底水，用小型播种器播种，每孔播 2～3 粒（也可用定量精量播种器），播后覆土刮平。

八、秧田的管理

俗话说："秧好一半稻"。育秧的管理技巧是：要稀播，前期干，中期湿，后期上水，培育带蘖秧苗，秧龄 30～40 天，可根据品种生育期长短，秧苗长势而定。因此秧苗管理要细致，一般分四个阶段进行。

第一阶段是从播种至出苗时期。这段时间主要是做好大棚内的密封保温、保湿工作，保证出苗所需的水分和温度，要求大棚内的温度控制在 30℃左右。如果温度超过 35℃时就要及时打开大棚的塑料薄膜，达到通风降温的目的。这一阶段的水分控制是重点，如果发现苗床缺水时就要及时补水，确保棚内的湿度达到要求。在这一阶段，如果发现苗床的底水未浇透，或苗床有渗水现象时，就会经常出现出苗前芽有干枯现象。一旦发现苗床里的秧苗出齐后就要立即撤去地膜，以免发生烧苗现象。

第二阶段是从出苗开始到出现1.5叶期。在这个阶段，秧苗对低温的抵抗能力比较强，管理的重心是注意床土不能过湿，因为过湿的土壤会影响秧苗根的生长，因此在管理中要尽量少浇水；另外就是温度一定要控制好，适宜控制在20~25℃。在高温晴天时要及时打开大棚的塑料薄膜，通风降温。

当秧苗长到一叶一心时，要注意防治立枯病，可用立枯一次净或特效抗枯灵药剂，使用方法为每袋40克对水100~120千克，浇施40米^{2}秧苗面积。如果播种后未进行药剂封闭除草，一叶一心期是使用敌稗草的最佳时期。用20%敌稗乳油对水40倍于晴天无露水时喷雾，用药量每亩1千克。施药后棚内温度控制在25℃左右，半天内不要浇水，以提高药效。另外，这一阶段的管理工作还要防止苗枯现象或烧苗现象的发生。

第三阶段是从1.5叶到3叶期。这一阶段是秧苗的离乳期前后，也是立枯病和青枯病的易发期，更是培育壮秧的关键时期，所以这一时期的管理工作千万不可放松。由于这一阶段秧苗的特点是对水分最不敏感，但是对低温抗性强。因此在管理时，将床土水分控制在一般旱田状态，平时保持床面干燥，只有当床土有干裂现象时才能浇水，这样做的目的是促进根系发达，生长健壮。棚内的温度可控制在20~25℃，在遇到高温晴天时，要及时通风炼苗，防止秧苗徒长。

在这一阶段有一个最重要的管理工作不可忘记，就是要追一次离乳肥，每平方米苗床追施硫酸铵30克对水100倍喷浇，施后用清水冲洗一次，以免化肥烧叶。

第四个阶段是从3叶期开始直到插秧或抛秧。水稻采用免耕抛秧栽培时，要求培育带蘖壮秧，秧龄要短，适宜的抛植叶龄为3~4片叶，一般不要超过4.5片叶。抛后大部分秧苗倒卧在田中，适当的小苗抛植，有利于秧苗早扎根，较快恢复直生状态，促进早分蘖，延长有效分蘖时间，增加有效穗数。这一时期的重点是做好水分管理工作，因为这一时期不仅秧苗本身的生长发育需要大量水分，而且随着气温的升高，蒸发量也大，培育床土也容易干燥，因此浇水要及时、充分，否则秧苗会干枯甚至死亡。由于临近插秧期，这时外部气温已经很高，基本上达到秧苗正常生长发育所需的温度条件，所以大棚内的温度宜控制在25℃以内，中午时全部掀开大棚的塑料薄膜，保持大通风。棚裙白天可以放下来，晚上外部在10℃以上时可不盖棚裙。为了保证秧苗进入大田后的快速返青和生长，一定要在插秧前3~4天追一次“送嫁肥”，每平方米苗床施硫铵50~60克，对水100倍，然后用清水洗一次。还有一点需要注意的是，为了预防潜叶蝇在插秧前用40%乐果乳液对水800倍在无露水时进行喷雾。插前用人工拔一遍大草。

九、抛秧移植操作

1. 施足基肥

科学配方施肥，增施有机肥。亩产600千克，一般亩施纯氮15千克，磷、钾素6~10千克，氮肥中基蘖肥、穗肥比例，籼稻为7∶3，粳稻为6∶4。养虾稻田基肥要增施有机肥，如亩施腐熟菜籽饼50千克等；化肥亩施25%三元复合肥50千克、碳铵25千克或尿素7.5千克。栽后7天结合化除亩施分蘖肥尿素10千克。抽穗前18天左右亩施保花穗肥尿素6千克加钾肥5千克。

施用有机肥料，可以改良土壤，培肥地力，因为有机肥料的主要成分是有机质，秸秆含有机质达50%以上，猪、马、牛、羊、禽类粪便等有机质含量30%~70%。有机质是农作物养分的主要资源，还有改善土壤的物理性质和化学性质的功能。

2. 抛植期的确定

抛植期要根据当地温度和秧龄确定，免耕抛秧适宜的抛植叶龄为3~4片叶，各地要根据当地的实际情况选择适宜的抛植期。在适宜的温度范围内，提早抛植是取得免耕增产的主要措施之一。抛秧应选在晴天或阴天进行，避免在北风天或雨天中抛秧。抛秧时大田保持泥皮水，水位不要过深。

3. 抛植密度

抛植密度要根据品种特性、秧苗秧质、土壤肥力、施肥水平、抛秧期及产量水平等因素综合确定。在正常情况下，免耕抛秧的抛植密度要比常耕抛秧有所增加，一般增加10%左右，但是在稻虾连作共生精准种养时，为了给龙虾提供充足的生长活动空间，我们还是建议和常规抛秧的密度相当。每亩的抛植稞数，以 1.8 万~1.9 万稞为宜，采取 8 寸×4 寸、9 寸×4 寸或 9 寸×4.5 寸等宽行窄株栽插，一般每亩栽足 1.7 万穴，每穴 4~5 个茎蘖苗，每亩 6 万~8 万基本茎蘖苗。

十、人工移植

在稻虾连作共生精准种养时，我们重点提倡免耕抛秧，当然还可以实行人工秧苗移植，即我们常说的人工栽插。

1. 插秧时期确定

在进行稻虾连作共生精准种养时，人工插秧的时间还是有讲究的。我们建议在 5 月上旬插秧（5 月 10 日左右），最迟一定要在 5 月底全部插完秧，不插 6 月秧。具体的插秧时间还受到以下几点因素影响：一是根据水稻的安全出穗期来确定插秧时间，水稻安全出穗期间的温度 25~30℃较为适宜，只有保证出穗有适合的有效积温，才能保证安全成熟，根据资料表明，江淮一带每年以 8 月上旬出穗为宜；二是根据插秧时的温度来决定插秧时间，一般情况下水稻生长最低温度 14℃，泥温 13.7℃，叶片生长温度是 13℃；三是要根据主栽品种生育期及所需的积温量安排插秧期，要保证有足够的营养生长期，中期的生殖期和后期有一定灌浆结实期。

2. 秧苗的要求

一是秧苗类型以长龄壮秧，多蘖大苗栽培为主。这样做的目的是在秧苗移栽后，可减少无效分蘖，提高分蘖成穗率，并可减少和缩短烤田次数和时间，改善田间小气候，减轻病虫害，从而达到稻、鱼、虾双丰收；二是秧苗采用壮个体、小群体的栽培方法，即在整个水稻生长发育的全过程中，个体要壮，以提高分蘖成穗率，群体要适中。这样可避免水稻总茎蘖数过多，叶面系数过大，封行过早，光照不足，田中温度过高，病害过多，易倒伏等不利因素。

3. 人工栽插密度

插秧质量要求，垄正行直，浅播，不缺穴。合理的株行距不仅能使个体（单株）健壮生长，而且能促进群体的最大发展，最终获得高产。栽插方式以宽行窄距长方形东西行密植为宜，浅水栽插的方法，确保龙虾生活环境通风透气性能好。这种栽插方式，稻丛行间透光好，光照强，日照时数多，湿度低，病虫害轻，能有效改善田间小气候。既为鱼类创造了良好的栖息与活动场所，也为水稻提供了优良的生长环境，有利于提高成穗率和千粒重。

插秧密度与水稻品种、苗情、分蘖力强弱、地力、茬口、秧苗素质，以及水源等密切相关。早稻株行间距以 23.3 厘米×8.3 厘米或 23.3 厘米×10 厘米为佳；晚稻如常规稻株行间距为 20 厘米×13.3 厘米，如杂交稻株行间距为 20 厘米×16.5 厘米为佳。分蘖力强的品种插秧时期早，土壤肥沃或施肥水平较高的稻田，秧苗健壮，移植密度为 30 厘米×35 厘米为宜，每穴 4~5 棵秧苗，确保龙虾生活环境通风透气性能好；对于肥力较低的稻田，移栽密度为 25 厘米×25 厘米；对于肥力中等的稻田，移栽密度以 30 厘米×30 厘米左右为宜；杂交稻中苗栽插，通常为 2.0 万穴左右，8 万~10 万基本苗；杂交稻大苗栽插，密度为 2.5 万~3 万穴，15 万~17 万基本苗；常规稻采用多蘖大苗栽插，密度为 3 万穴左右，18 万基本苗。

稻田养虾开挖的虾溜、虾沟要占一定的栽插面积，为保证基本苗数，可采用行距不变，以适当缩小株距，增加穴数的方法来解决；并可在虾沟靠外侧的田埂四周增穴、增株，栽插成篱笆状，以充分发挥和利用边际优势，增加稻谷产量。

4. 改革移栽方式

为了适应稻虾连作共生、精准种养的需要，我们在插秧时，可以改革移栽方式，目前效果不错的主要有两种改良方式：一种是三角形种植，以（30 厘米×30 厘米）~（50 厘米×50 厘米）的移栽密度、单窝 3 苗呈三角形栽培（苗距 6~10 厘米），做到稀中有密，密中有稀，促进分蘖，提高有效穗数；另一种是用正方形种植，即行距、窝距相等，呈正方形栽培，这样做的目的是可以改善田间通风透光条件，促进单株生长，同时有利于龙虾的运动和蜕壳生长。

十一、水稻钵体毯状秧苗机插秧技术

水稻钵体毯状苗机插秧技术，针对传统毯状苗机插秧存在的问题，通过钵体毯状秧苗，利用专用插秧机按钵精确取秧，实现钵苗机插，秧苗根系带土多，伤秧和伤根率低，栽后秧苗返青快，发根和分蘖早。能充分利用低位节分蘖，有效分蘖多，从而有利于实现高产，同时按钵苗定量取秧，取秧更准确，机插漏秧率低，机插苗丛间均匀一致，从而有利于高产群体的形成，实现机插高产高效。

1. 育苗技术

秧块的标准：宽度为27.5~28厘米，厚度2~2.2厘米，长58厘米，其中有14×31穴，18×36穴。

床土准备：适合的床土通常是经过秋耕、冬翻、春耖的稻田土。严禁在荒草地或当季喷施过除草剂的麦田取土，不提倡使用沙土、白土。每亩大田需备足合格床土的用量有一定标准，杂交稻为50千克（约0.06米^3），粳稻为100千克（约0.12米^3），另备未培肥的素土15~20千克作盖籽土。

床土培肥：床土的营养影响到秧苗的素质，后期施肥不当会造成肥害烧苗现象。床土建议冬前培肥，亩施N、P、K各45%的复合肥75千克，机械旋耕后过筛堆闷备用。如果选用机插秧育秧专用肥，600克可拌细土100千克，现拌现用。一般情况下，可以选用基质与营养土混用，可以1∶1或1∶2拌匀，完全使用基质，盖籽土最好是素土。

床土调酸与pH值：大量的研究表明，床土偏酸对水稻的幼苗生长有利，一般认为床土pH值5秧苗生长最健壮，较床土pH值7时苗干重明显重，抗逆性也强，并能有效防止黄萎、青枯死苗，特别是在温度较低的情况下育秧，其作用更加明显。

2. 做好秧床

根据养虾稻田模式栽种的面积，按比例留足秧板田（1∶80），按时做好秧板（播前10天），按标准做好秧板（墒宽、沟深）。先上水泡后平整，秧板做好后进行排水晾板，保证床面充分沉实。在播种前2~3天铲高补低，填平裂缝，并充分拍实，达到“实、平、光、直”。

3. 播种量的选择

播种量的大小影响到秧块的盘根，影响到秧块的形成，也影响秧苗的素质。如果播种量25克/盘，苗期管理需要35~40天；播种量35克/盘，苗期管理30~35天；播种量40克/盘，苗期管理25~30天；播种量50克/盘，苗期管理20~25天，因此要根据具体的情况确定播种量。

4. 苗期管理

一是要注意苗期的疾病：立枯病是小苗管理期的主要病害，前期叶梢先卷，茎部较软，后期叶枯烂根，速度快，主要是床土没有消毒和气温偏低等引起的。立枯病、青枯病的预防可以通过早晨观察秧苗情况来确定，叶片吐不吐露水是发病的前兆，用65%的敌克松或恶霉灵对水喷施。

二是要科学管水：苗期水分管理要干、湿交替，促进长根、盘根。秧苗在三叶期前正常情况下要保持盘土湿润不发白，含水又透气。若晴天中午秧苗出现卷叶要灌水护苗，雨天放干秧沟水，移栽前3~5天控水炼苗。

三是要控水炼苗：移栽前3~5天一定要控水炼苗，下雨要加盖农膜，防止床土太湿影响起秧，机插时取秧量加大，造成穴株数过多，无法调整，做到宁干勿潮。

5. 机插秧

这种钵苗毯状秧栽插起来与普通的机插秧相比，一是无普通机插伤秧、伤根现象；二是生根快，插后2~3天即长出新根；三是秧苗的根系在钵体中盘结，可以有效地利用钵盘的空间和营养；四是插秧机按钵取秧，根系带土移栽，不破坏钵体结构。

对于这种机插秧来说，需要做一些调整，主要是钵苗插秧机的调整，包括三个方面：一是株距的调整，根据种植品种和农艺要求进行调整，建议杂交中籼稻调整为19厘米、21厘米，粳糯稻、常规稻调整为14厘米；二是穴株数的调整，建议杂交籼稻2~3株/穴，常规稻5~8株/穴；三是插秧深度的调整，可以通过调节手柄和浮板来控制，建议提倡浅栽，一般在1厘米左右，以秧苗不漂不倒，越浅越好。

第四节　龙虾放养

一、放养前的准备工作

1. 及时杀灭敌害

放虾前10~15天，清理环形虾沟和田间沟，除去浮土，修正垮塌的沟壁，每亩稻田环形虾沟和田间沟用生石灰20~50千克进行彻底清沟消毒，或选用鱼藤酮、茶粕、漂白粉等药物杀灭蛙卵、鳝、鳅及其他水生敌害、寄生虫和致病菌等。

2. 施足基肥

在放养虾苗前，就要施足基肥，目的是培肥水体，同时有调节水质的作用。为了保证龙虾有充足的活饵供取食，可在放种苗前1周，往田间虾沟中注水50~80厘米，然后施有机肥，常用的有干鸡粪、猪粪来培养饵料生物。每亩施农家肥500千克，一次施足，并及时调节水质，确保养虾水质保持肥、活、嫩、爽、清的要求。

3. 移栽水草

“虾多少，看水草”。水草是龙虾隐蔽、栖息、蜕皮生长的理想场所，水草也能净化水质，减低水体的肥度，对提高水体透明度，促使水环境清新有重要作用。同时，在养殖过程中，有时可能会发生投喂饲料不足的情况，这时水草也可作为龙虾的重要补充饲料来维持其生长。在实际养殖中，我们发现在虾沟内种植水草能有效提高龙虾的成活率、养殖产量和产出优质商品虾。因此种植水草对于稻田养殖龙虾是非常重要的，也是不可缺少的环节之一，所以我们建议在养殖龙虾前一定要种植好水草。

在稻田中移栽水草，一般可以分为两种情况下进行，一种情况是在秧苗成活后移栽；另一种情况是稻谷收获后，人工移栽水草，供来年龙虾使用。

移植水草是个技术活，有一定的讲究，马虎不得。一是要移植龙虾喜欢的水草，这包括两种概念，一个概念是龙虾喜食，把水草作为丰富的植物性食料来源之一，另一个概念是龙虾喜欢这种水草所营造的环境，对于龙虾不喜食的水草最好不要移栽。二是种植水草要有差异性，在环形虾沟及田间沟内栽植聚草、苦草、水芋、慈姑、水花生、轮叶黑藻、金鱼藻、眼子菜等沉水性水生植物，在沟边种植空心菜，在水面上移养漂浮水生植物如芜萍、紫背浮萍、凤眼莲、水葫芦等。但要控制水草的面积，一般水草占环形虾沟面积的20%~30%，从而为放养的龙虾创造一个良好的生态条件。要提醒养殖户的是，虾沟或环形沟内的水草以零星分布为好，不要过多地聚集在一起，这样有利于虾沟内水流畅通无阻塞。还可在离田埂1米处，每隔3米打一处1.5米高的桩，用毛竹架设，在田埂边种瓜、豆、葫芦等，等到藤蔓上架后，在炎夏可以起到遮阴避暑的作用。

4. 投放螺蛳

螺蛳是龙虾很重要的动物性饵料，在放养前必须放好螺蛳，放养数量有一定区别，一般保证虾沟内每亩放养200~300千克，其他稻田部分每亩放养100千克即可，以后根据需要逐步添加。投放螺蛳一方面可以净化底质，另一方面可以补充动物性饵料，所以这两点对养殖龙虾来说是至关重要的。

二、放养时间和模式

不论是当年虾种，还是抱卵的亲虾，应力争一个“早”字。早放既可延长虾在稻田中的生长期，又能充分利用稻田施肥后所培养的大量天然饵料资源。常规放养时间一般在每年10月或来年的3月底。也可以采取随时捕捞，及时补充的放养方式。

养龙虾的水稻田

龙虾的放养方法根据不同的市场行情，可选择不同的放养方式，一般可以分为以下几种情况。

1. 放养种虾

每年的7月，在中稻收割之前1个月左右，将经挑选的龙虾亲虾直接入养在稻田的虾沟内，让其自行繁殖。亲虾可以自行摄食稻田中的有机碎屑、浮游动物、水生昆虫、周丛生物及水草等作为食物。稻田的排水、晒田、收割照常进行。收割后立即灌水，并施入腐熟的有机肥，培肥水质。待发现有幼虾活动时，就可以用地笼捕走大虾。

2. 投放抱卵亲虾

每年的8月至9月中旬当早稻和中稻收割后，收割时稻桩要多留一点，然后立即灌水，同时往稻田投入抱卵虾，规格为20~30尾/千克。孵出幼虾后，起捕种虾。这是在本地幼虾供应不足或成虾市场行情低迷，而短期内回升可能性不大的情况下最好的模式。

3. 投放幼虾

以放养当年人工繁殖的稚虾为主，投放规格100~120尾/千克。这是在本地幼虾资源丰富的情况下采取的模式，也可以采取随时捕捞、及时补充的放养方式。

4. 投放大规格的虾种

在科技推广中我们发现，许多地方在8月后也可以收到大量的小虾，规格在45尾/斤左右，这种虾作为成虾，规格又小了一点，所以市场价格也非常便宜，如果没有受到挤压、药害等损伤时，可以收购后投放在稻田中，第二年3月就可以有大虾收获，此时的规格可达20尾/千克左右，价格在2009年时达到了惊人的75~90元/千克，这种囤养的模式效益也是非常好的，值得在稻田养虾中大力推广。

三、放养密度

虾苗密度是虾农最重视的问题之一，究竟多大的密度才能既兼顾产量，又能有效防止疾病，减少养殖风险呢？放养虾苗本身是比较复杂的问题，涉及诸多因素，除了养殖者的技术水平、资金投入外，还与养虾稻田的面积、稻田的合理改造、换冲水的条件、虾苗的规格、混养的品种、饵料的准备等息息相关，过高或过低的密度都是不适宜的。

放苗时一定要根据稻田实际情况确定好合理的放苗密度，具体放养密度依据养虾稻田的条件、技术管理水平、计划产量和预期规格而定。如果稻田中的龙虾苗种放养密度过高，除了会提高苗种的投入外，还会带来饵料成本的增加，更重要的是生产出来的商品虾，由于密度过高，摄食不均，加上水质受到影响，成虾规格普遍偏低；另外，如果放养的虾苗密度太低，稻田的使用率就会降低，不能充分发挥稻田的生产潜力，导致产量达不到预期的要求，经济效益也会降低。

根据稻田养殖的实际情况，一般每亩放养40克以上的抱卵亲虾20~25千克，雌雄比3∶1。也可待来年3月份放养幼虾种，幼虾每亩稻田虾沟按1万~1.2万尾投放；大规格虾种投放数量在50千克/亩。注意抱卵亲虾要直接放入外围大沟内饲养越冬，秧苗返青时再引诱虾入稻田生长。在5月以后随时补放，以放养当年人工繁殖的稚虾为主。

四、虾苗或种的要求

投放的虾苗或种的质量要求：一是体表光洁亮丽、肢体完整健全、无伤无病、体质健壮、生命力强。二是规格整齐，稚虾规格在1厘米以上，虾种规格在3厘米左右。同一池塘放养的虾苗虾种规格要一致，一次放足。三是虾苗虾种都是人工培育的。如果是野生虾种，应经过一段时间驯养后再放养，以免相互争斗残杀。

五、放苗操作

一是一定要掌握适度肥水下苗，也就是要先肥水再放苗，此时水色呈黄绿色或红褐色，透明度35~40厘米。实践证明，入田后的龙虾幼苗主要以摄食水中的浮游生物为主。因此，虾苗下池前，一定要先肥水，使虾苗下池后有充足的饵料。

二是在放苗前必须先对稻田的水质进行试水，确认安全后才能大量放苗。

三是稻田放养虾苗时，一般选择晴天早晨和傍晚或阴雨天进行，这时天气凉快，水温稳定，有利于放养的龙虾适应新的环境。在放养前要进行缓苗处理，确保放苗时水温温差不宜超过3℃。方法是将苗种在池水内浸泡 1 分钟，提起搁置 2~3 分钟，再浸泡 1 分钟，如此反复 2~3 次，让苗种体表和鳃腔吸足水分后再放养，以提高成活率。

四是放养时，沿沟四周多点投放，使龙虾苗种在沟内均匀分布，避免因过分集中，引起缺氧窒息虾死亡。

五是在放养时，要注意每块稻田中放养的龙虾幼苗最好是同一规格、同一批次的苗种，放养的虾苗应体质健壮、无病伤、规格整齐。放养虾种时用 3%~4%的食盐水浴洗 10 分钟消毒。

六、亲虾的放养时间探讨

从理论上来说，只要稻田内有水，就可以放养亲虾，但从实际的生产情况对比来看，放养时间在每年的 8 月上旬到 9 月中旬的产量最高。经过认真分析和实践，我们认为原因一方面是因为这个时间的温度比较高，稻田内的饵料生物比较丰富，为亲虾的繁殖和生长创造了非常好的条件；另一方面是亲虾刚完成交配，还没有抱卵，投放到稻田后刚好可以繁殖出大量的小虾，到第二年 5 月就可以长成成虾。如果推迟到 9 月下旬以后放养，有一部分亲虾已经繁殖，在稻田中繁殖出来的虾苗数量相对就要少一些。另外一个很重要的方面是龙虾的亲虾一般都是采用地笼捕捞的虾，9 月下旬以后龙虾的运动量下降，用地笼捕捞的效果不是很好，购买亲虾的数量就难以保证。因此我们建议要乘早购买亲虾，时间定在每年的 8 月初，最迟不能晚于 9 月 25 日，那么每亩放养规格为 25~30 尾/千克的虾种 15~20 千克，雌雄比例为 3∶1。投放后可少量投喂，龙虾除了可以自行摄食稻田中的有机碎屑、浮游动物、水生昆虫、周丛生物及水草等作为食物外，还要及时投喂少部分饲料。

由于亲虾放养与水稻移植有一定的时间差，因此暂养亲虾是必要的。目前常用的暂养方法有网箱暂养或田头土池暂养，由于网箱暂养时间不宜过长，否则会折断附肢且互相残杀现象严重，因此建议在田头开辟土池暂养。具体方法是亲虾放养前半个月，在稻田田头开挖一条面积占稻田面积 2%~5%的土池，用于暂养亲虾。待秧苗移植 1 周且禾苗成活返青后，可将暂养池与土池挖通，并用微流水刺激，促进亲虾进入大田生长，通常称为稻田二级养虾法。利用此种方法可以有效地提高龙虾成活率，也能促进龙虾适应新的生态环境。

第五节 稻田养龙虾的管理

一、水位调节和底质调控

水位调节，是稻田养虾过程中的重要一环，应以水稻为主，兼顾龙虾的生长要求。龙虾放养初期，田水宜浅，保持在15厘米左右，但因虾的不断长大和水稻的抽穗、扬花、灌浆均需大量水，所以可将田水逐渐加深到30~35厘米，以确保两者（虾和稻）需水量。在水稻有效分蘖期采取浅灌，保证水稻的正常生长；进入水稻无效分蘖期，水深可调节到30厘米，既增加龙虾的活动空间，又促进水稻的增产，同时，还要注意观察田沟水质变化，一般每3~5天加注新水一次；盛夏季节有条件都要经常适当换水，每1~2天加注一次新水，以保持田水清新，时间掌握在13:00—15:00或下半夜这两个时间内比较适宜，有条件的地方应提供微流水养殖。

在稻田中养殖龙虾

为了保证水源的质量，同时为了保证成片稻田养虾时不相互交叉感染，要求进水渠道最好是单独专用的。

为了保持虾田溶氧量在 5 克/升以上，pH 值 7～8.5，要求每 20 天泼洒一次生石灰水，每次每亩用生石灰 10 千克。

底质调控也是非常重要的，主要措施有以下几条：适量投饵，减少剩余残饵沉底；定期使用底质改良剂（如投放过氧化钙、沸石等，投放光合细菌、活菌制剂）。

二、投饵管理

首先通过施足基肥、适时追肥的方法来培育大批枝角类、桡足类以及底栖生物供龙虾摄食，同时在 3 月还应放养一部分螺蛳，每亩稻田 150～250 千克，并移栽足够的水草，为龙虾生长发育提供丰富的天然饲料。在人工饲料的投喂上，一般情况下，按动物性饲料 40%、植物性饲料 60%配比。投喂时也要实行定时、定位、定量、定质投饵技巧。早期每天分上、下午各投喂一次；后期在傍晚 6 点多投喂。投喂饵料品种多为小杂鱼、螺蛳肉、河蚌肉、蚯蚓、动物内脏、蚕蛹，配喂玉米、小麦、大麦粉。还可投喂适量植物性饲料，如水葫芦、水芜萍、水浮萍等。日投喂饲料量为虾体重的 3%～5%。平时要坚持勤检查虾的吃食情况，当天投喂的饵料在 2～3 小时内被吃完，

切碎的鱼肉喂养龙虾

说明投饵量不足，应适当增加投饵量，如在第二天还有剩余，则投饵量要适当减少。

7月至9月上旬以投喂植物性饲料为主，9月上旬至11月上旬多投喂一些动物性饲料。冬季每3~5天在中午天气晴好时投喂1次。从翌年3月开始，逐步增加投喂量。

三、科学施肥

养虾稻田一般以施基肥和腐熟的农家肥为主，基肥要足，促进水稻稳定生长，保持中期不脱力，后期不早衰，群体易控制，达到肥力持久长效的目的，在插秧前2~3天施用，采用有机肥和化肥配合施用的增产效果最佳，且兼有提高肥料利用率、培肥地力、改善稻米品质等作用。每亩可施农家肥300千克，尿素20千克，过磷酸钙20~25千克，硫酸钾5千克，在插秧前一次施入耕作层内。如果是采用复合肥作基肥的每亩可施15~20千克。

放虾后一般不施追肥，以免降低田中水体溶解氧，影响龙虾的正常生长。如果发现脱肥，可少量追施尿素，采取勤施薄施方式，每亩不超过5千克，或用复合肥10千克/亩，或用人、畜粪堆制的有机肥，以达到促分蘖、多分蘖、早够苗的目的。追肥要对龙虾无不良影响，禁止使用对龙虾有害的化肥如氨水和碳酸氢铵等。

在稻田管理中有一项重要的施肥要求就是巧施促蘖肥，通常在栽秧后5天，每亩施尿素10千克。栽后35~40天，每亩施尿素5千克，促进分蘖。追肥施用的原则是“减前增后，增大穗、粒肥用量”，要求做到“前期轰得起（促进分蘖早生快发，及早够苗），中期控得住（减少无效分蘖数量，促进有效分蘖生长），后期稳得起（养根保叶促进灌浆）”。施肥的方法是：先排浅田水，让虾集中到环沟、田间沟中再施肥，有助于肥料迅速沉积于底泥中，并为禾苗吸收，随即加深田水到正常深度；也可采取少量多次、分片撒肥或根外施肥的方法。如果追肥用经发酵过的有机粪肥更好，施肥量为每亩15~20千克。在水稻抽穗期间，要尽量增施钾肥，可增强抗病，防止倒伏，提高结实，成熟时秆青籽黄。

四、科学施药

一方面龙虾对很多农药都很敏感，另一方面稻田养虾能有效地抑制杂草生长，龙虾可以摄食昆虫，能降低病虫害的影响，所以要尽量减少除草剂及农药的施用。总而言之，稻田养虾的原则是能不用药时坚决不用，需要用药时则选用高效低毒的农药及生物制剂。龙虾入田后，若再发生草荒，可人工拔除。

如果确因稻田病害或虾病严重需要用药时，应掌握以下几个关键：①科学诊断，对症下药；②选择高效低毒低残留农药；③由于龙虾是甲壳类动物，也是无血动物，对含膦药物、菊酯类、拟菊酯类药物特别敏感，因此慎用敌百虫、甲胺膦等药物，禁用敌杀死等药，以免对龙虾造成危害；④喷洒农药时，一般应加深田水，降低药物浓度，减少药害，也可放干田水再用药，待 8 小时后立即上水至正常水位；⑤施农药时要注意严格把握农药安全使用浓度，确保虾的安全，粉剂药物应在早晨露水未干时喷施，水剂和乳剂药应在下午喷洒，因稻叶下午干燥，能保证大部分药液吸附在水稻上，尽量不喷入水中；⑥降水速度要缓，等虾爬进鱼沟后再施药；⑦可采取分片分批的用药方法，即先施稻田一半，过两天再施另一半，同时尽量要避免农药直接落入水中，保证龙虾的安全。

对于水稻的虫害，基本上是不用防治的，龙虾可以有效地吞食作为饵料来源，但是对于水稻特有的一些疾病，还是要积极预防和治疗的。在分蘖至拨穗期，每亩用 25 克 20%井冈霉素可湿性粉剂 2 000倍液喷雾，预防纹枯病。同期每亩用 100 克 20%三环唑可湿性粉剂 500 倍液或用 50%消菌灵 40 克加水喷雾，防治稻瘟病。水稻拔节后，每亩用 20%粉锈宁乳油 100 毫升 1 500倍液或用增效井冈霉素 250 克加水喷雾，防治水稻叶尖枯病、稻曲病、云形病等后期叶类病害。

在养殖龙虾的稻田里建议采用对水稻有效但对龙虾危害较小的药物，使用氯虫苯甲酰胺，可有效地防治螟虫（包括二化螟、大螟、稻纵卷叶螟等）；使用噻虫嗪，可有效地防治飞虱和蓟马；使用井冈霉素，可有效地防治纹枯病和稻曲病；使用春雷霉素，可有效地防治稻瘟病。

五、科学晒田

水稻在生长发育过程中的需水情况是在变化的，养虾的水稻田，养虾需水与水稻需水是主要矛盾。田间水量多，水层保持时间长，对虾的生长是有利的，但对水稻生长却不利。农谚对水稻用水进行了科学的总结，那就是“浅水栽秧、深水活棵、薄水分蘖、脱水晒田、复水长粗、厚水抽穗、湿润灌浆、干干湿湿。”因此有经验的老农常常会采用晒田的方法来抑制无效分蘖，促进根系的生长，健壮茎秆，防后期倒伏。一般是当茎蘖数达计划穗数 80%～90%开始自然落干晒田，这时的水位很浅，这对养殖龙虾是非常不利的。因此做好稻田的水位调控工作是非常有必要的，生产实践中我们总结一条经验，即“平时水沿堤，晒田水位低，沟溜起作用，晒田不伤虾”。晒田前，要清理鱼沟鱼溜，严防鱼沟里阻隔与淤塞。晒田总的要求是轻晒轻烤或短期晒，晒田时，不能完全将田水排干，沟内水深保持在 20 厘米，使田块中间不陷脚，田边表土不裂缝和发白，以见水稻浮根泛白为适度。晒田时间要尽量短，晒好田后，及时恢复原水位。尽可能不要晒得太久，以免虾缺食太久影响生长，而且发现龙虾有异常反应时，则要立即注水。

六、病害预防

稻田饲养龙虾，其敌害较多，常见的敌害有水蛇、青蛙、蟾蜍、水蜈蚣、老鼠、黄鳝、泥鳅、鸟等，除放养前彻底用药物清除外，进水口进水时要用 40～80 目纱网过滤，发现田里有这些敌害存在时，应及时采取有效措施驱逐或诱灭之，平时及时做好灭鼠工作，春夏季需经常清除田内蛙卵、蝌蚪等。水鸟和麻雀都喜欢啄食刚蜕壳后的软壳虾，因此一定要注意及时驱除。在放虾初期，稻株茎叶不茂，田间水面空隙较大，此时虾个体也较小，活动能力较弱，逃避敌害的能力较差，容易被敌害侵袭。同时，龙虾每隔一段时间需要蜕壳生长，在蜕壳或刚蜕壳时，最容易成为敌害的适口饵料。到了收获时期，由于田水排浅，虾有可能到处爬行，目标会更大，也易被鸟、兽捕食。对此，要加强田间管理，并及时驱捕敌害，有条件的可在田边设置一些彩条或稻草人，恐吓、驱赶水鸟。另外，当虾放养后，还要禁止家养鸭子下田沟，避免损失。

对病害防治，在整个养殖过程中，始终坚持预防为主，治疗为辅的原则。在放苗前，稻田要进行严格的消毒处理，放养虾种时用5%食盐水浴洗5分钟，严防病原体带入田内，采用生态防治方法，严格落实“以防为主、防重于治”的原则。每隔15天用生石灰10~15千克/亩溶水全虾沟泼洒，不但起到防病治病的目的，还有利于龙虾的蜕壳。在夏季高温季节，每隔15天，在饵料中添加多维素、钙片等药物以增强龙虾的免疫力。

七、创造第一年的生态环境

在进行技术推广过程中，我们发现一个有趣的现象，即第一年稻田养虾出虾大，往后虾会越来越小。我们分析原因是第一年有利于小龙虾生长发育的稻田生态环境最好，这些环境最主要的是水生动植物丰富、水质优良、病虫害少等，因此我们在以后的养殖管理过程中一定要努力创造这种生态环境。

第一年稻田养虾，水生动植物丰富。在稻田养虾前，水草比较丰富，除插秧后使用除草剂外，水稻生长旺盛期间杂草少，一般植物比较丰富；水生小动物，除了天敌消耗外，基本上自生自灭，没有破坏，而种类繁多；每年自生自灭的水生动植物残留体，变成丰富的腐殖质。这些自然水生动物资源是第一年养殖小龙虾的优良营养物质基础。所以第一年养殖的小龙虾个体大，往后水生动植物资源逐年减少，小龙虾形体也就越来越小。往后要注意水草的养殖，增补水生小动物的种源，提升水生物的存在量，保持小龙虾有充足的自然饵食。

第一年稻田养虾，水质优良。在养殖小龙虾前，稻田各类水生动植物自生自灭产生的有机质，包括水稻茎秆在内，养好了优质的水体体系。虾农常说，小龙虾生长得好，关键是“七分水，三分养”。水质不肥，越来越瘦，小龙虾朝夕生活在这样的环境里，肯定生长状况越来越差。所以，养殖小龙虾一定要先养好水，水肥才会出好虾。

第一年稻田养虾，病虫害少。在未养小龙虾之前，稻田处于一种原生态环境，小龙虾病虫害非常少。小龙虾生活在没有病虫害的环境中，生长得非常健壮，体形大。为了解决往后的小龙虾生长状况，必须坚持病虫害的防治，优化小龙虾生长环境，才能养出形体大的小龙虾。

总之，第一年养殖小龙虾体形大，是各种有利于小龙虾生长的因素占最大的优势。为了延续这种势态，加强水草的种植，培育繁殖水中小动物，培育优良的水质，注重病虫害防治。

八、加强其他管理

其他的日常管理工作必须做到勤巡田、勤检查、勤研究、勤记录等。

1. 看管工作要做好

做好人工看守工作，这主要是为了防盗防逃。

2. 加强蜕壳虾管理

一是放养密度合理，放养规格尽量一致，以免因密度过大而造成相互残杀。

二是每次蜕壳来临前，要投含有钙质和蜕壳素的配合饲料，促进龙虾群体集中同步蜕壳。

三是蜕壳期间，需保持水位稳定，一般不需换水，虾田中始终保持有较多水生植物（如水花生、水浮莲等）作为蜕壳场所，并保持安静。

3. 建立巡田检查制度

日常管理工作必须做到“四勤”，即勤巡田、勤检查、勤研究、勤记录。

坚持早晚巡田，检查虾沟、虾溜内水色变化和虾的活动、摄食、生长情况，决定投饵、施肥数量，发现异常及时采取对策。早晨主要检查有无残饵，以便调整当天的投饵量，中午测定水温、pH、氨氮、亚硝酸氮等有害物，观察田水变化，傍晚或夜间主要是观察了解龙虾活动及吃食情况。经常检查维修加固防逃设施，台风暴雨时应特别注意做好防逃工作，检查田埂是否塌漏，平水缺、拦虾设施是否牢固，防止逃虾和敌害进入。检查虾沟、虾窝，及时清理，防止堵塞；汛期防止漫田而发生逃虾的事故；检查水源水质情况，防止有害污水进入稻田；维持虾沟内有较多的水生植物，数量不足要及时补放；大批虾蜕壳时不要冲水，不要干扰，蜕壳后增喂优质动物性饲料；高温季节，每10天换1次水，每次换水1/3，每20天泼洒1次生石灰水调节水质；如果发现龙虾抱住稻秧，侧卧于水面，则表示水体已呈缺氧状态，如果龙虾大批上岸，表示缺氧严重，应立即加注新水。因此在日常管理时要及时分析存在的问题，做好田块档案记录。

第六节 收获上市

一、稻谷收获和稻桩处理

稻谷收获一般采取收谷留桩的办法，然后将水位提高至40~50厘米，并适当施肥，促进稻桩返青，为龙虾提供避荫场所及天然饵料来源；有的由于收割时稻桩留得低了一些，水淹的时间长了一点，导致稻桩会腐烂，这就相当于人工施了农家肥，可以提高培育天然饵料的效果，但要注意不能长期让水质处于过肥状态，可适当通过换水来调节。

二、龙虾收获

龙虾生长速度较快，经1~2个月的人工饲养成虾规格达30克以上时，即可捕捞上市。在生产上，龙虾从4月就可以捕大留小，收获以夜间昏暗时为好。对上规格的虾要及时捕捞，可以降低稻田内虾的密度，有利于加速生长。

最有效的捕捞方式是用地笼张捕，地笼网是最常用的捕捞工具。每只地笼长10~20米，分成10~20个方形格子，每只格子间隔的地方两面带倒刺，笼子上方织有遮挡网，地笼的两头分别圈成圆形，方便起获，地笼网以有结网为好。

前一天下午或傍晚把地笼放入田边浅水有水草的地方，里面放进腥味较浓的鱼块、鸡肠等作诱饵效果更好，网衣尾部漏出水面。傍晚时分，龙虾出来寻食时，闻到腥味，寻味而至，碰到笼子后，笼子上方有网挡着，爬不上去，便四处找入口，就钻进了笼子。进了笼子的虾滑向笼子深处，成为笼中之虾。第二天早晨就可以从笼中倒出龙虾，然后进行分级处理，大的按级别出售，小的继续饲养。这样一直可以持续上市到 10 月底，如果每次的捕捞量非常少时，可停止捕捞。为了提高捕捞效果，每张笼子在连续张捕 5 天后，就要取出放在太阳下暴晒 1~2 天，然后换个地方重新下笼，这样的效果更好。

地笼在稻田里收获的龙虾

收捕地笼里的龙虾

第五章　龙虾的立体生态混养

我国华东、华南、西南莲藕田、茭白田、慈姑田星罗棋布，这些田块大多靠近湖泊、河道、沟渠，有的就是鱼塘改造而来的，水源充足，土质大多为黏壤土，有机质丰富、水质肥沃，水生植物、饵料生物丰盛，水较一般稻田深，溶氧高，适合龙虾的生长。根据试验表明，龙虾与莲藕、芡实、竹叶菜、马蹄、慈姑、水芹、茭白、菱角等水生经济植物进行科学混养，可以充分利用池塘中的水体、空间、肥力、溶氧、光照、热能和生物资源等自然条件。将种植业与养殖业结合在一起，可达到经济植物与龙虾双丰收的目的，是将种植业与养殖业相结合、立体开发利用的又一种好形式，但要注意防范龙虾对莲藕、芡实苗芽的损害。

第一节　龙虾与莲藕混养

一、混养优点

莲藕性喜向阳温暖环境，喜肥、喜水，适当温度亦能促进生长，在池塘中种植莲藕可以改良池塘底质和水质，为龙虾提供良好的生态环境，有利于龙虾健康生长。另外莲藕本身需肥量大，增施有机肥可减轻藕身附着的红褐色锈斑，同时可使水产生大量浮游生物。

龙虾是杂食性的，一方面它能够捕食水中的浮游生物和害虫，也需要人工喂食大量饵料，排泄出的粪便大大提高了池塘的肥力，在虾藕之间形成了互利关系，因而可以提高莲藕产量25%以上。

二、藕塘的准备

莲藕池养龙虾，池塘要求选择通风向阳，光照好，池底平坦，水深适宜，水源充足，水质良好，排灌方便，水的 pH 值 6.5~8.5，溶氧不低于 4 毫克/升，没有工业废水污染，注排水方便，土层较厚，保水保肥性强，洪水不淹没，干旱时不缺水。面积 3~5 亩，平均水深 1.2 米，东西方向为好。

三、田间工程建设

养殖龙虾的藕田也有一定的讲究，就是要先做一下基本改造，就是加高加宽加固池埂，埂一般比藕塘平面高出 0.5~1 米，埂面宽 1~2 米，敲打结实，堵塞漏洞，以防止逃虾和提高蓄水能力。

在藕塘两边的对角设置进出水口，进水口比塘面略高，出水口比虾沟略低。进出水口要安装密眼铁丝网，以防逃虾和野杂鱼等敌害生物进入。

藕田也要开挖围沟、虾坑，藕池在施肥后要整平，淤泥 10 天以后泥质变硬时就可以开挖，目的是在高温、藕池浅灌、追肥时为龙虾提供藏身之地及投喂和观察其吃食、活动情况。可按“田”或“十”或“目”字形开挖虾沟，虾沟距田埂内侧 1.5 米左右。沟宽 1.5 米，深 0.8 米。在围沟交叉处或藕田四周适当挖几个虾坑，坑深 0.8~1 米，开挖沟、坑所取出的泥土用来加高夯实池埂。

在藕田的一端或一角可设置一小块暂养池，水深为 0.5 米，主要用于培育、暂养虾苗和收集成虾。

四、防逃设施

防逃设施简单，用钙塑板或硬质塑料薄膜等光滑耐用材料埋入土中 20 厘米，土上露出 50 厘米即可。外侧用木桩或竹竿等每隔 50~70 厘米支撑固定，顶部用细铁丝或结实绳子将防逃膜固定。防逃膜不应有褶，接头处光滑且不留缝隙，拐角处呈弧形。

五、施肥

种藕前15~20天，田间工程完成后先翻耕晒田，每亩撒施发酵鸡粪等有机肥800~1 000千克，耕翻耙平，然后每亩用80~100千克生石灰消毒。排藕后分两次追肥，第一次在藕莲生出6~7片荷叶正进入旺盛生长期时，第二次于结藕开始时，称为施催藕肥。一般第一次追肥多在排藕后25天左右，有1~2片立叶时亩施人粪尿1 000~1 500克。第二次追肥多在栽藕后40~50天，芒种前后有2~3片立叶，并开始分枝时亩施人粪尿1 500~2 000千克。如二次追肥后生长仍不旺盛，半月后即在夏至前再追肥一次，夏至后停止追肥。应选晴朗无风的天气，不可在烈日的中午进行，每次施肥前应放浅田水，让肥料吸入土中，然后再灌至原来的程度。追肥后泼浇清水冲洗荷叶，如肥不足，可追硫酸铵每亩15千克。

六、选择优良种藕

种藕应选择少花无蓬、性状优良的品种，如慢藕、湖藕、鄂莲二号、鄂莲四号、海南洲、武莲二号、莲香一号、白莲藕等。种藕一般是临近栽植才挖起，需要选择具有本品种的特性，最好是有3~4节以上，子藕、孙藕齐全的全藕。要求顶芽完整、种藕粗壮、芽旺，无病虫害，无损伤，2节以上或整节藕均可。若使用前两节作藕种，后把节必须保留完整，以防进水腐烂。

七、种藕时间

种藕时间一般在清明至谷雨前后栽种为宜，一定要在种藕顶芽萌发前栽种完毕。

八、排藕技术

莲藕下塘时宜采取随挖、随选、随栽的方法，也可实行催芽后栽植，如当天栽植不完，应洒水覆盖保湿，防止叶芽干枯。排藕时，行距2~3米，穴距1.5~2米，每穴排藕或子藕2枝，每亩需种藕60~150千克。

栽植时分平栽和斜栽。深度以种藕不浮漂和不动摇为度。先按一定距离挖一斜行浅沟，将种藕藕头向下，倾斜埋入泥中或直接将种藕斜插入泥中，藕头入土的深度10~12厘米，后把入泥5厘米。斜插时，把藕节翘起20°~30°，以利吸收阳光，提高地温，提早发芽，要确保荷叶覆盖面积约占全池50%，不可过密。

另外在栽植时，原则上藕田四周边行，藕头一律朝向田内，目的是防止藕鞭生长时伸出田外。相临两行的种藕位置应相互错开，藕头相互对应，以便在生长过程中藕鞭和叶片在田间均匀分布，以利高产。

在种藕的挖取、运输、种植时要仔细，防止损伤，特别要注意保护顶芽和须根。

九、藕池水位调节

莲藕适宜的生长温度是21~25℃。因此，藕池的管理，主要通过放水深浅来调节温度。排藕10余天到萌芽期，水深保持在8~10厘米，以后随着分枝和立叶的旺盛生长，水深逐渐加深到25厘米，采收前1个月，水深再次降低到8~10厘米，水过深要及时排出。

十、龙虾放养

1. 放养前的一些准备工作

藕田养殖龙虾，在龙虾苗入田前必须做好一些准备工作，主要包括放养前10天用25毫克/升石灰水全池泼洒消毒藕池；在虾沟和虾坑内投放轮叶黑藻、苦草、水花生、空心菜、菹草等沉水性植物，供虾苗栖息、隐蔽；清明节前，每亩投放活螺蛳250千克，产出的小螺蛳供龙虾作为适口的饵料生物。

2. 虾种选择

选购色泽光亮，活力强，附肢齐全，离水时间短，无病无伤的虾苗，体长3~5厘米，规格大小以300~400尾/千克为宜。也可以随时放养一些抱卵亲虾。

3. 放养时间

在莲藕池中放养龙虾，放养时间及放养技巧和常规养殖是有讲究的，一般在藕成活且长出第一片叶后放虾种，时间在5月10日前后，此时水温基本上稳定在16℃。

4. 放养密度

为了提高饲养商品率，建议投放体长2厘米左右的虾苗，每亩水面投放2 000尾。虾种下塘前用3%食盐水或每升5~10毫克的高锰酸钾溶液浸泡5~10分钟，可以有效地防止虾体带入细菌和寄生虫。同时每亩搭配投放鲫鱼种10尾、鳙鱼种20尾，规格为每尾20克左右。不宜混养草食性鱼类如草鱼、鲂鱼，以防吃掉藕芽嫩叶等。

5. 放养时的处理技巧

如果是本地就近收购的虾苗虾种，要做到随购随放，但是如果是从外地购进的虾苗，在放养时应采取缓苗处理，处理技巧是将虾苗在藕田的水内浸泡3分钟，提起搁置5分钟，再浸泡3分钟，如此反复3次，让虾苗体表和鳃腔吸足水分后再放养，可有效提高虾苗成活率。

十一、龙虾投饵

虾种下塘后第3天开始投喂。选择鱼坑作投饵点，每天投喂2次，分别为上午7: 00—8: 00、16: 00—17: 00。日投喂量为虾总体重3%左右，具体投喂数量根据天气、水质、鱼吃食和活动情况灵活掌握。饲料为自制配合饲料，主要成分是豆粕、麦麸、玉米、血粉、鱼粉、饲料添加剂等，粗蛋白含量34%左右，饲料为浮性，粒径2~5毫米，饲料定点投在饲料台上。

十二、巡视藕池

对藕池进行巡视是藕虾生产过程中的基本工作之一，巡池能及时发现问题，并根据具体情况及时采取相应措施，故每天必须坚持早、中、晚3次巡池。

巡池的主要内容：检查田埂有无洞穴或塌陷，一旦发现应及时堵塞或修整；检查水位，始终保持适当的水位；在投喂时注意观察虾的吃食情况，相应增加或减少投量；防治疾病，经常检查藕的叶片、叶柄是否正常，结合投喂、施肥观察虾的活动情况，及早发现疾病，对症下药。同时要加强防毒、防盗的管理，也要保证环境安静。

十三、适时追肥

莲藕的生长是需要肥力的，因此适时追肥是必不可少的，第 1 次追肥可在藕下种后 30~40 天第 2、3 片立叶出现、正进入旺盛生长期时进行，每亩施发酵的鸡粪或猪粪肥 150 千克。第 2 次追肥在小暑前后，这时田藕基本封行，如长势不旺，隔 7~10 天可酌情再追肥 1 次。如果长势挺好，不需要再追肥，施肥应选晴朗无风的天气进行，不可在烈日的中午进行。每次施肥前应放浅田水，让肥料吸入土中，然后再灌至原来的程度。施肥时可采取半边先施、半边后施的方法进行，且要避开龙虾大量蜕壳期。

十四、水位调控

在藕虾混作中，应以藕为主，以龙虾为辅。因此，水位的调节应服从于藕的生长需要。最好是虾藕兼顾，栽培初期藕处于萌芽阶段，为提高地温，保持 10 厘米水位。随着气温不断升高，及时加注新水，水位增至 20 厘米，合理调节水深以利于藕的正常光合作用和生长。6 月初水位升至最高，达到 1.2~1.5 米。7—9 月，每 15 天换水 10 厘米，换水可采用边排边灌的方法，切忌急水冲灌，每月每立方米水体用生石灰 15 克化水后沿虾沟均匀泼洒一次，以调节水体 pH，增加水体中钙离子的浓度，供给龙虾吸收。秋分后气温下降，叶逐渐枯死，这时应放浅水位，水位控制在 25 厘米左右，以提高地温，促进地下茎充实长圆。

十五、防病

龙虾养殖的关键在于营造和维护良好水环境，保持水质肥、爽、活、嫩和充足的溶解氧含量，以保证其旺盛的食欲和快速生长，疾病非常少，因此可不作重点预防和治疗。莲藕的虫害主要是蚜虫，可用 40%乐果乳油 1 000~1 500倍液或抗蚜威 200 倍液喷雾防治。病害主要是腐败病，应实行 2~3 年的轮作换茬，在发病初期可用 50%多菌灵可湿性粉剂 600 倍液加 75%百菌清可湿性粉剂 600 倍液喷洒防治。

第二节 龙虾与茭白混养

一、池塘选择

水源充足、无污染、排污方便、保水力强、耕层深厚、肥力中上等、面积在 1 亩以上的池塘均可用于种植茭白养龙虾。

二、虾坑修建

沿埂内四周开挖宽 1.5~2.0 米、深 0.5~0.8 米的环形虾坑，池塘较大的中间还要适当地开挖中间沟，中间沟宽 0.5~1 米，深 0.5 米，环形虾坑和中间沟内投放用轮叶黑藻、眼子菜、苦草、菹草等沉水性植物制作的草堆，塘边角还用竹子固定浮植少量漂浮性植物，如水葫芦、浮萍等。虾坑开挖在为冬春茭白移栽结束后进行，总面积占池塘总面积的 8%，每个虾坑面积最大不超过 200 米^2，可均匀地多开挖几个虾坑，开挖深度为 1.2~1.5 米，开挖位置选择在池塘中部或进水口处，虾坑的其中一边靠近池埂，以便于投喂和管理。开挖虾坑的目的是在施用化肥、农药时，让龙虾集中在鱼坑避害，在夏季水温较高时，龙虾可在鱼坑中避暑；方便定点在虾坑中投喂饲料，饲料投入虾坑中，也便于检查龙虾的摄食、活动及虾病情况；虾坑亦可作防旱蓄水等。在放养龙虾前，要将池塘进排水口安装网栏设施。

三、防逃设施

防逃设施简单，用硬质塑料薄膜埋入土中 20 厘米，土上露出 50 厘米即可。

四、施肥

每年的 2—3 月种茭白前施底肥，可用腐熟的猪、牛粪和绿肥 1 500千克/亩，钙镁磷肥 20 千克/亩，复合肥 30 千克/亩。翻入土层内，耙平耙细，肥泥整合，即可移栽茭白苗。

五、选好茭白种苗

在9月中旬至10月初，于秋茭采收时进行选种，以浙茭2号、浙茭911、浙茭991、大苗茭、软尾茭、中介壳、一点红、象牙茭、寒头茭、梭子茭、小腊茭、中腊台、两头早为主。选择植株健壮，高度中等，茎秆扁平，纯度高的优质茭株作为留种株。

六、适时移栽茭白

茭白用无性繁殖法种植，长江流域于4—5月间选择那些生长整齐，茭白粗壮、洁白，分蘖多的植株作种株。用根茎分蘖苗切墩移栽，母墩萌芽高33~40厘米时，茭白有3~4片真叶。将茭墩挖起，用利刃顺分蘖处劈开成数小墩，每墩带匍匐茎和健壮分蘖芽4~6个，剪去叶片，保留叶鞘长16~26厘米，减少蒸发，以利提早成活，随挖、随分、随栽。株行距按栽植时期、分墩苗数和采收次数而定，双季茭采用大小行种植，大行行距1米，小行80厘米，穴距50~65厘米，每亩1 000~1 200穴，每穴6~7苗。栽植方式以45°斜插为好，深度以根茎和分蘖基部入土，而分蘖苗芽稍露水面为度，定植3~4天后检查一次。栽植过深的苗，稍提高使之浅些，栽植过浅的苗宜再压下使之深些，并做好补苗工作，确保全苗。

七、放养龙虾

在茭白苗移栽前10天，对虾坑进行消毒处理。新建的虾坑，一定要先用清水浸泡7~10天后，再换新鲜的水继续浸泡7天后才能放虾，每亩可放养2~3厘米的龙虾幼虾0.5万~1万尾，应将幼虾投放在浅水及水葫芦浮植区；在虾种投放时，用3%~5%的食盐水浸浴鱼种5分钟，以防鱼病的发生。同时每亩放鲢、鳙鱼各50尾，每天喂精料1次，每亩投料1.0~2.5千克。

八、科学管理

1. 水质管理

茭白池塘的水位根据茭白生长发育特性灵活掌握，以“浅—

深—浅”为原则。萌芽前灌浅水 30 厘米，以提高土温，促进萌发；栽后促进成活，保持水深 50~80 厘米；分蘖前仍宜浅水 80 厘米，促进分蘖和发根；至分蘖后期，加深至 100~120 厘米，控制无效分蘖。7—8 月高温期宜保持水深 130~150 厘米，并做到经常换水降温，以减少病虫危害。雨季宜注意排水，在每次追肥前后几天，需放干或保持浅水，待肥吸收入土后再恢复到原来水位。每半个月投放 1 次水草，沿田边环形沟和田间沟多点堆放。

2. 科学投喂

根据季节辅喂精料，如菜饼、豆渣、麦麸皮、米糠、蚯蚓、蝇蛆、鱼用颗粒料和其他水生动物等。可投喂自制混合饲料或者购买鱼类专用饲料，也可投喂一些动物性饲料，如螺蚌肉、鱼肉、蚯蚓或捞取的枝角类、桡足类、动物屠宰厂的下脚料等，沿田边四周浅水区定点多点投喂。投喂量一般为鱼虾体重的 5%~10%，采取“四定”投喂法，傍晚投料要占全日量的 70%。每天投喂两次饲料，早 8: 00—9: 00 投喂 1 次，18: 00—19: 00 投喂 1 次。

3. 科学施肥

茭白植株高大，需肥量大，应重施有机肥作基肥。基肥常用人畜粪、绿肥，追肥多用化肥，宜少量多次，可选用尿素、复合肥、钾肥等，禁用碳酸氢铵。有机肥应占总肥量的 70%；基肥在茭白移植前深施。追肥应采用“重、轻、重”的原则，具体施肥可分四个步骤。在栽植后 10 天左右，茭株已长出新根成活，施第一次追肥，每亩施人粪尿肥 500 千克，称为提苗肥。第二次在分蘖初期每亩施人粪尿肥 1 000千克，以促进生长和分蘖，称为分蘖肥。第三次追肥在分蘖盛期，如植株长势较弱，适当追施尿素每亩 5~10 千克，称为调节肥；如植株长势旺盛，可免施追肥。第四次追肥在孕茭始期，每亩施腐熟粪肥 1 500~2 000千克，称为催茭肥。

4. 茭白用药

应对症选用高效低毒、低残留、对混养的龙虾没有影响的农药。如杀虫双、叶蝉散、乐果、敌百虫、井冈霉素、多菌灵等。禁用除草剂及毒性较大的呋喃丹、杀螟松、三唑磷、毒杀酚、波尔多液、五氯酚钠等，慎用稻瘟净、马拉硫磷。粉剂农药在露水未干前使用，水剂农药在露水干后喷洒。施药后及时换注新水，严禁在中午高温时喷药。

孕茭期有大螟、二化螟、长绿飞虱，应在害虫幼龄期，每亩用50%杀螟松乳油100克加水75~100千克泼浇或用90%敌百虫和40%乐果1 000倍液在剥除老叶后，逐棵用药灌心。立秋后发生蚜虫、叶蝉和蓟马，可用40%乐果乳剂1 000倍、10%叶蝉散可湿性粉剂200~300克加水50~75千克喷洒，茭白锈病可用1：800倍敌锈钠喷洒效果良好。

九、茭白采收

茭白按采收季节可分为一熟茭和两熟茭。一熟茭，又称单季茭，在秋季日照变短后才能孕茭，每年只在秋季采收一次。春种的一熟茭栽培早，每墩苗数多，采收期也早，一般在8月下旬至9月下旬采收。夏种的一熟茭一般在9月下旬开始采收，11月下旬采收结束。茭白成熟采收标准是，随着基部老叶逐渐枯黄，心叶逐渐缩短，叶色转淡，假茎中部逐渐膨大和变扁，叶鞘被挤向左右，当假茎露出1~2厘米的洁白茭肉时，称为“露白”，为采收最适宜时期。夏茭孕茭时，气温较高，假茎膨大速度较快，从开始孕茭至可采收，一般需7~10天。秋茭孕茭时，气温较低，假茎膨大速度较慢，从开始孕茭至可采收，一般需要14~18天。但是不同品种孕茭至采收期所经历的时间有差异。茭白一般采取分批采收，每隔3~4天采收一次。每次采收都要将老叶剥掉。采收茭白后，应该用手把墩内的烂泥培上植株茎部，既可促进分蘖和生长，又可使茭白幼嫩且洁白。

十、龙虾收获

5月开始可用地笼、虾笼开始对龙虾捕捞收获，将地笼固定放置在茭白塘中，每天早晨将进入地笼的龙虾收取上市。直至6月底可放干茭白塘的水，彻底收获。有条件的可实行龙虾的两季饲养。

第三节　龙虾与水芹混养

一、轮作原理

水芹菜既是一种蔬菜，也是一种水生动物的好饲料。它的种植时间和龙虾的养殖时间明显错开，双方能起到互相利用空间和时间的优势，在生态效益上也是互惠互利。在许多水芹种植地区已经开始把它们作为主要的轮作方式之一，取得了明显的效果。

水芹菜是冷水性植物，它的种植时间是在每年的 8 月开始育苗，9 月开始定植，也可以一步到位，直接放在池塘中种植即可。11 月底开始向市场供应水芹菜，直到翌年的 3 月初结束。3—8 月这段时间基本上是处于空闲状态，而这时正是龙虾养殖和上市的高峰期，两者结合可将池塘全年综合利用，经济效益明显，是一种很有推广前途的种养相结合的生产模式。

二、田地改造

水芹田的大小以 5 亩为宜，最好是长方形，以确保供龙虾打洞的田埂更多，在田块周围按稻田养殖的方式开挖环沟和中央沟，沟宽 1.5 米，深 75 厘米，开挖的泥土除了用于加固池埂外，主要是放在离沟 5 米左右的田地中，做成一条条的小埂。小埂宽 30 厘米即可，长度不限。

水源要充足，排灌要方便，进排水要分开，进排水口可用 60 目的网布扎好，以防龙虾从水口逃逸以及外源性敌害生物侵入。田内除了小埂外，其他部位要平整，方便水芹菜的种植，溶氧要保持在 5 毫克/升。

为了防止龙虾在下雨天或因其他原因逃逸，防逃设施是必不可少的。根据经验，我们认为只要在放虾前 2 天做好即可，材料多样，可以就地取材，不过最经济实用的还是用 60 厘米的纱窗埋在埂上，入土 15 厘米，在纱窗上端缝一宽 30 厘米的硬质塑料薄膜。

三、放养前的准备工作

1. 清池消毒

清池前将田间沟内的水排至仅剩 10~20 厘米。可用生石灰、茶籽饼、鱼滕精或漂白粉进行消毒，将其化水后均匀洒于池面、洞穴中。

2. 水草种植

配备良好的水域生态环境，是确保生态养殖取得成效的保证。在有水芹的区域不需要种植水草，但是在环沟里还是需要种植水草的，这些水草对于龙虾度过盛夏高温季节非常有帮助。水草品种优选轮叶黑藻、马来眼子菜和光叶眼子菜，其次可选择苦草和伊乐藻，也可用水花生和空心菜，水草种植面积宜占整个环沟面积的 40%左右。另外进入夏季后，如果池塘中心的水芹还存在或有较明显的根茎存在时，就不需要补充草源；如果水芹已经全部取完，必须在 4 月前及时移栽水草，确保龙虾的成功养殖。

3. 放肥培水

为解决龙虾的部分生物饵料，促其快速生长，清池后进水 50 厘米，施肥繁殖饵料生物。无机肥在 1 个月内每隔 5 天施 1 次，具体视水色情况而定，有机肥每亩施鸡粪 200 千克。使池水呈黄绿色或浅褐色，透明度 30~50 厘米为宜。

四、虾苗放养

在水芹菜里轮作龙虾、放养龙虾是有讲究的，由于 8 月底至 9 月初是水芹的生长季节，而此时也正是龙虾亲虾放养的极好时机。经过试验发现，此时放入龙虾亲虾，它们会在一夜间快速打洞，并钻入洞穴中抱卵孵幼，并不出来危害水芹的幼苗，偶尔出洞的也只是极少数龙虾，而这些抱卵龙虾是保证来年产量的基础，因此我们建议虾农可以在 9 月中旬放养抱卵龙虾。

如果有的虾农不放心，害怕龙虾会出来夹断水芹菜的根部，导致水芹菜减产，那么可以选择另一种放养模式，即在第二年的 3 月底，每亩放养规格为 500 尾/千克的幼虾 35 千克。放养时选择晴天的上午

10:00左右为宜，放养前经过试水和调温后，确保温差在2℃以内。

另外，每亩可套养800~1 200只/千克青虾苗3~4千克，5—6月份陆续起捕上市，可亩产青虾10千克。每亩搭配投放鲫鱼种8尾、鳙鱼种10尾，规格为每尾20克左右。

鱼种、龙虾苗种下塘前用3%食盐水浸泡5~10分钟，或在20毫克/升的漂白粉中洗浴20分钟后再入池饲养，

五、水质调控

1. 池水调节

放养抱卵亲虾的池塘，在入池后，任其打洞穴居，不要轻易改变水位，一切按水芹菜的管理方式进行调节。放养幼虾的池塘，在4—5月水位控制在50厘米左右，透明度在20厘米即可，6月以后要经常换水或冲水，防止水质老化或恶化，保持透明度在35厘米左右，pH值在6.8~8.4。

2. 注冲新水

为了促进龙虾蜕壳生长和保持水质清新，定期注冲新水是一个非常好的举措，也是必不可少的技术方法。从9月至翌年3月基本上不用单独为龙虾换冲水，只要进行正常的水芹菜管理即可。从4月开始直到5月底，每10天注冲水一次，每次10~20厘米，6月至8月中旬每7天注冲水1次，每次10厘米。

3. 生石灰泼洒

从3月底直到7月中旬，每半月可用生石灰化水泼洒一次，每次用量为15千克/亩，可以有效地增加水中钙离子，满足龙虾蜕壳需要，使水质保持“肥、活、爽”。

六、饵料投喂

在水芹田里，套养龙虾时，饵料的投喂要区别对待。对于那些春季留下未售的水芹菜叶、菜茎、菜根和部分水草，龙虾还是比较爱吃的，这时可投喂少量的饵料即可；如果没有菜叶、菜茎时，就必须人为投喂饵料。一般是以投喂龙虾的饵料为主，采用“四看、四定”，确定投饵量，生长旺季投饵量可占龙虾体重的5%~8%，其他季节投

饵量为3%~5%。每天投饵量要根据当天水温和上一天摄食情况酌情增减，定点投喂在岸边和浅水区，投喂时间定在每天傍晚时分。

七、日常管理

1. 加强巡池

在龙虾生长期间，每天坚持早晚各巡塘1次，主要是观察龙虾的生长情况以及检查防逃设施的完备性，检查池埂有无被龙虾打洞造成漏水情况。

2. 做好疾病防治工作

主要是预防敌害，包括水蛇、水老鼠、水鸟等。其次是发现疾病或水质恶化时，要及时处理。再次就是在养殖期间从6月份开始每月用0.3毫克/升强氯精全池泼洒一次。

八、龙虾捕捞

龙虾的捕捞采取捕大留小、天天张捕的措施，从4月开始坚持每天用地笼在环形沟内张捕，8月份在栽水芹菜前排干池水，用手捉捕。对于那些已经入洞穴居的龙虾，不要挖洞，任其在洞穴内生活。

九、水芹菜种植

1. 适时整地

在8月中旬，龙虾基本起捕完毕，可用旋耕机在池塘中央进行旋耕，周边不动，保持底部平整即可。

2. 适量施肥

亩施入腐熟的粪肥1 000千克，为水芹菜的生长提供充足的肥源。

3. 水芹菜的催芽

一般在7月底就可以进行，为了不影响龙虾最后阶段的生产，可以放在另外的地方催芽，催芽温度要在27~28℃开始。

4. 排种

经过15天左右的催芽处理，芽已经长到2厘米时就可以排种了，排种时间在8月下旬为宜。为了防止刚入水的小嫩芽被太阳晒死，建议排种的具体时间应选择在阴天或晴天的16:00以后进行。排种时将母茎基部朝外，芽头朝上，间隔 5 厘米排一束，然后轻轻地用泥巴压住茎部。

5. 水位管理

在排种初期的水位管理尤为重要，这是因为一方面此时气温和水温较高，可能对小嫩芽造成灼伤；另一方面，为了促进嫩芽尽快生根，池底基本上不需要水，所以此时一定要加强管理，在可能的情况下保证水位在 5~10 厘米，待生根后，可慢慢加水至 50~60 厘米。到初冬后，要及时将水位加至 1.2 米。

6. 肥料管理

在水位渐渐上升到 40 厘米后，可以适时追肥，一般亩施腐熟粪肥 200 千克，也可以施农用复合肥 10 千克，以后做到看苗情施肥，每次施尿素 3~5 千克/亩。

7. 定苗除草

当水芹菜长到株高 10 厘米时，根据实际情况要及时定苗、匀苗、补苗或间苗，定苗密度为株距 5 厘米比较合适。

8. 病害防治

水芹菜的病害要比龙虾的病害严重得多，主要有斑枯病、飞虱、蚜虫及各种飞蛾等，可根据不同的情况采用不同的措施来防治病虫害。例如对于蚜虫，可以在短时间内将池塘的水位提升，使植株顶部全部淹没在水中，然后用长长的竹竿将漂浮在水面的蚜虫及杂草驱出排水口。

9. 及时采收

水芹菜的采收很简单，就是通过人工在水中将水芹菜连根拔起，然后清除污泥，剔除根须和黄叶及老叶，整理好后，捆扎上市。要强调的是，在离环形沟 50 厘米处的水芹菜带不要收割，作为养殖淡水龙虾的防护草墙，也可作为来年龙虾的栖息场所和食料补充。如果有可能，在塘中间的水芹菜也可以适当留一些，不要全部收光，那些水芹菜的根须最好留在池内。

第六章　龙虾的其他养殖方式

我国各地的虾农在龙虾养殖生产中，根据各地的具体情况，因地制宜地发展了一些颇具特色而且效益显著的养殖方式。

第一节　沟渠养殖龙虾

一、沟渠养殖龙虾的意义

各地的河沟、渠道都比较多，动辄上万亩，由于这些水域都是过水性的，而且水位也比较浅，加上管理不方便等特点，许多地方都闲置不用，如果加以科学规划和管理，用这些闲置的沟渠来养殖龙虾，也是一条增收增效的好路子。

二、沟渠条件

要求沟渠水源充足，水质良好，注排方便，水深 0.7～1.5 米，不宜过深。最好是常年流水养殖，龙虾产品比池塘养殖的质量更佳，色泽更亮丽，价格也更高，潜力巨大。

如果沟渠的地势呈略带倾斜则更好，这样可以创造深浅结合、水温各异的水环境，充分利用光能升温，增加有效生长水温的时数与日数，同时也便于虾栖息与觅食。

三、放养前准备

1. 做好拦截和防逃工作

龙虾逃逸能力较强，尤其是在沟渠这样的活水中更要注意，必须搞好防逃设施建设。在两个桥涵之间用铁丝网拦截，丝网最上端再缝上一层宽约 25 厘米的硬质塑料薄膜做防逃设施。防逃设施可用塑料薄膜、钙塑板或者网片，沿沟埂两边用竹桩或木桩支撑围起防逃，露出埂上的部分高 50 厘米左右。如果使用网片，需在上部装上 20 厘米的塑料防逃沿。

2. 做好清理消毒工作

沟渠不可能像池塘那样方便抽干水后再行消毒，一般是尽可能地先将水位降低后，再用电捕工具将沟渠内的野杂鱼、生物敌害电死并捞走，最后用漂白粉按每亩 10 千克（以水深 1 米计算）的量进行消毒。

3. 施肥

在龙虾入沟渠前 10 天进水 30 厘米，每亩施腐熟畜禽粪肥 300 千克，培育轮虫和枝角类、桡足类等浮游生物。第一次施肥后，可根据水色、pH、透明度的变化，适时追施一次肥料，使池水 pH 保持在 7.5~8.5，培育水色为茶褐色或淡绿色。

4. 栽种水草

沿沟渠坡底滩角及沟底种植一定数量的水草，最好选用苦草、伊乐藻、空心菜、水花生、水葫芦、菱角、茭白等，种草面积掌握在 2/3 左右。水草既可作为龙虾的天然食物，又能为其提供栖息和蜕壳环境，防止逃逸，减少相互残杀的概率，还具有净化水质，增加溶氧，消浪护坡，防止沟埂坍塌的作用。

5. 投放螺蛳

在沟渠里按每亩投放 300 千克左右的量来投放螺蛳，既可改善池塘水质，又可作为龙虾的天然饵料。

6. 安装过滤网

进水口须安装过滤网，一般采用 60~80 目筛绢，防止敌害生物混入。

四、虾种放养

通常初春上市的龙虾都是上年秋天繁育的幼虾，而春天繁育的幼虾只需养殖 60 多天即可上市。龙虾养殖户第一年只要把大的龙虾留

田螺是很好的动物性饵料

住作种虾，第二年则不用购买虾苗。

在沟渠中养殖龙虾时，一是直接投放抱卵虾，二是投放幼虾。其来源是直接到附近的河流、沟渠、池塘、稻田等水体直接捕捞，或从市场上收购。一般每亩放抱卵虾 40 千克左右，或放幼虾 100 千克左右。抱卵亲虾一般在 9 月份之前投放，幼虾一般在 3 月份投放。放养时，以塑料盆盛运虾，先往盆里慢慢添加少量沟水至盆内水温与沟水接近，然后加入适量的食盐，使浓度达 5%，5 分钟后再沿沟边缓缓放入沟中。

五、饲料投喂

在利用沟渠养殖时，一定要想法降低养殖成本，提高养殖效益，饲料投喂以植物性饲料为主，如新鲜的水草、水花生、空心菜、麸皮、米糠、泡胀的大麦、小麦、蚕豆、水稻等作物。有条件的投放一些动物性饲料（如砸碎的螺蛳、小杂鱼和动物内脏等）。饵料充足、营养丰富的前提下，幼虾 40 天左右就可达到上市规格。

六、日常管理

1. 建立巡池检查制度

定期检查饲料消耗、龙虾活动、防逃设施等情况。

2. 调控水质

沟渠最好是常年流水，对于那些静水沟渠来说，水质要求保持清新。每 15~20 天换 1 次水，每次换水 1/3。每半月泼洒 1 次生石灰水，每次每亩用生石灰 10 千克，调节水质，有利于龙虾蜕壳。

第二节　草荡生态养龙虾

在渔业生产上，把利用芦荡、草滩、低洼地养龙虾的做法统称为草荡养虾。草荡养虾类型多种多样，有的专门养殖龙虾，有的进行鱼、虾混养，虾、蚌混养，有的进行鱼、虾、鳖、蚌综合养殖。

一、草荡生态养殖龙虾的优势

草荡的生态条件虽较为复杂，但具有养殖龙虾的一些优点：一是草荡多分布在江河中下游和湖泊水库，附近水源充足的旷野里，面积较大，可采用自然增殖和人工养殖相结合，减少人为投入；二是草荡中多生长着芦苇等杂草，这些杂草一方面可以为龙虾的生长、蜕壳提供很好的场所，同时也可以为龙虾诱集丰富的天然活饵料；三是水温较高，水较浅，水体易交换，溶氧足；四是底栖生物较多，有利于螺、蚬、贝等龙虾喜爱的饵料生长。

二、草荡的选择

并不是所有的草荡都适宜养殖龙虾，在生产实践中，我们认为一定要选择交通方便、水源充沛、水质无污染、便于排灌、沉水植物较多、底栖生物及小鱼虾饵料资源丰富、有堤或便于筑堤、能避洪涝和干旱之害的地方。

三、草荡的改造

1. 选好适宜养殖龙虾的地址

选好养虾的草荡，在四周挖沟围堤，沟宽 3～5 米，深 0.5～0.8 米。

2. 做好养殖前的基础建设

在荡区开挖“井”“田”形鱼道，宽1.5~2.5米，深0.4~0.6米。

3. 多设供龙虾打洞的地方

可以在草荡中央挖些小塘坑与鱼道连通，每坑面积200米^2。用鱼道、塘坑挖出的土顺手筑成小埂，埂宽50厘米即可，长度不限。

4. 栽种水草

对草荡区内无草地带还要栽些伊乐藻等沉水植物，保持原有的和新栽的草覆盖荡面45%左右。

有水草的地方适合龙虾的生长

5. 建设进排水系统

要建好进排水系统，对大的草荡还要建控制闸和排水涵洞，以控制水位。

6. 建好防逃设施

采用麻布网片或尼龙网片或有机纱窗和硬质塑料薄膜共同防逃，用高50厘米的有机纱窗围在池埂四周，用质量好的直径为4~5毫米的聚乙烯绳作为上纲，缝在网布的上缘，缝制时钢绳必须拉紧，针线从钢绳中穿过。然后选取长度为1.5~1.8米的木桩或毛竹，削掉毛刺，打入泥土中的一端削成锥形，或锯成斜口，沿池埂将桩打入土中

50~60 厘米，桩间距 3 米左右，并使桩与桩之间呈直线排列，池塘拐角处呈圆弧形。将网的上纲固定在木桩上，使网高保持不低于 40 厘米，然后在网上部距顶端 10 厘米处再缝上一条宽 25 厘米的硬质塑料薄膜即可，针距以小虾逃不出为准，针线拉紧，防止龙虾逃跑和老鼠、蛇等敌害生物入侵。

四、清除敌害

草荡中敌害较多，如凶猛鱼类、青蛙、蟾蜍、水老鼠、水蛇等。在虾种刚放入和蜕壳时，抵抗力很弱，极易受害，要及时清除敌害。进、排水管口要用金属或聚乙烯密眼网包扎，防止敌害生物的卵、幼体、成体进入草荡。在虾种放养前 15 天，选择风平浪静的天气，采用电捕、地笼和网捕除野。用几台功率较大电捕鱼器并排前行，来回几次，清捕野杂鱼及肉食性鱼类。药物清塘一般采用漂白粉，每亩用量 7.5 千克，沿荡区中心泼洒。

要经常捕捉敌害鱼类、青蛙、蟾蜍。对鼠类可在专门的粘贴板上放诱饵，诱粘住它们，继而捕获。

五、虾种放养

龙虾一是放养 3 厘米的幼虾，亩放 0.5 万尾，时间在春季 4 月；二是在秋季 8—9 月放养抱卵虾，亩放 25 千克左右，可放养 3~4 厘米规格鲢鳙鱼夏花 500~1 000尾。

六、饲养管理

1. 饵料投喂

草荡面积较大的以粗养或鱼虾混养为主，它的饵料也以天然饵料为主，适当投喂些精料和山芋丝；草荡面积较小的则以人工投喂饵料为主，要求做到“四定”，即：定时，每天投饵两次；大约在上午 9 时和下午 4 时。定质，投喂的饵料新鲜无霉变投喂的品种主要有豆饼、配合饲料、浮萍、野杂鱼、螺蚬等。定位，在鱼道沟边每隔 20 米搭食台 1 个。每日投饵量根据天气、水温和上一次的吃食情况而定。

2. 水质管理

草荡养虾要注意草多腐烂造成的水质恶化，每年秋季较为严重，应及时除掉烂草，并注新水，水体溶氧要在5毫克/升以上，透明度要达到35~50厘米。注新水应在早晨进行，不能选择晚上，以防龙虾逃逸。注水次数和注水量依草荡面积、龙虾的活动情况和季节、气候、水质变化情况而定。为有利于龙虾蜕壳和保持蜕壳的坚硬和色泽，在龙虾大批蜕壳前用生石灰全荡泼洒，用量为每亩20千克。

3. 防逃虾

虾种刚放入荡时不适应新的环境、夏季汛期发水时均易逃逸。要经常检查防逃设施有无损破，如有应及时维修加固。

4. 蜕壳期管理

在龙虾蜕壳期保持环境稳定，增投动物性饲料。水草不足时适时增设水草草把，以利龙虾附着蜕壳。

七、成虾捕捞

草荡捕虾工具一般有虾簖、单层刺网、地笼等。进入5—9月，可用地笼等渔具长期捕捞上市，实施轮捕轮放。也可在灌水沟内注水形成水流起捕，最后是排干草荡里的水捕获。

第三节 沼泽地养殖龙虾

一、沼泽地养虾优势

沼泽地的面积较大，水位虽然高低不一，但一般较低，不适宜养鱼，尤其重要的是里面的各种水草和旱草比较多，非常适宜发展龙虾的养殖。

二、虾种放养

在沼泽地里养龙虾，不适宜放养龙虾幼苗，宜放养抱卵虾，方法是在7—9月间投放亲虾，每亩投放25千克，平均规格在35克/尾左右，雌雄性比（2~3）：1。

水草开始老化并下沉

三、水草供应

在沼泽地中养殖龙虾，一般不需要投喂饲料，沼泽地中的野生水草和野杂鱼类等足以满足它们的生长需要。值得注意的是，这种模式虽然不需要投饵，但一定要注意培植沼泽地中的水生植物，保证龙虾有充足的饲料，培植方法也很简单，就是定期在水体中投放一些带根的沉水植物或挺水植物。

四、捕捞

每年的 4 月开始用地笼或虾笼进行捕捞，捕大留小，以后每年只是收获，无需放种。一旦发现捕捞强度太大，影响到第二年的生产力时，就要及时补充虾种。

第七章　龙虾的饲料与投喂

第一节　龙虾的饲料

根据研究表明，龙虾可食用饵料的种类包括以下几大类：一是植物性饵料，有青糠、麦麸、黄豆、豆饼、小麦、玉米及嫩的青绿饲料，南瓜、山芋、瓜皮等，需煮熟后投喂；二是动物性饵料，有小杂鱼、轧碎螺蛳、河蚌肉等；三是配合饲料，在饲料中必须添加蜕壳素、多种维生素、免疫多糖等，满足龙虾的蜕壳需要。

一、植物性饲料

根据魏青山教授和张世萍教授以及羊茜等的研究，龙虾是杂食性动物，对植物性饵料比较喜爱，常吃的饵料有以下几种。

藻类：浮游藻类生活在各种小水坑、池塘、沟渠、稻田、河流、湖泊、水库中，通常使水呈现黄绿色或深绿色。龙虾对硅藻、金藻和黄藻消化良好，对绿藻、甲藻也能够消化。

丝状藻类俗称青苔，主要指绿藻门中的一些多细胞个体，通常呈深绿色或黄绿色。龙虾在食物缺乏时，也吃着生的丝状藻类和漂浮的丝状藻类，如水绵、双星藻和转板藻等。

芜萍：芜萍为椭圆形粒状叶体，没有根和茎，是多年生漂浮植物，生长在小水塘、稻田、藕塘和静水沟渠等水体中。据测定，芜萍中蛋白质、脂肪含量较高，营养成分好，此外还含有维生素 C、B 族维生素以及微量元素钴等，龙虾喜食。

小浮萍：为卵圆形叶状体，生有一条很长的细丝状根，也是多年生的漂浮植物，生长在稻田、藕塘和沟渠等静水水体中，可用来喂养龙虾。

紫萍：通常生长在稻田、藕塘、池塘和沟渠等静水水体中。

四叶萍：又称田字萍，在稻田中生长良好，是龙虾的食物之一。

槐叶萍：在浅水中生活，尤其喜欢在富饶的稻田中生长，是龙虾的喜好饵料之一。

菜叶：饲养中不能把菜叶作为龙虾的主要饵料，只是适当地投喂菜叶作为补充食料，主要有小白菜叶、菠菜叶和莴苣叶。

水浮莲、水花生、水葫芦：它们都是龙虾非常喜欢的植物性饵料。

其他的水草：包括伊乐藻、菹草等各种沉水性水草和一些菱角等漂浮性植物，以及茭白、芦苇等挺水植物和黑麦草、莴笋、玉米、黄花草、苏丹草等多种旱草，都是龙虾爱吃的植物性饵料。

其他的植物性饲料还有一些瓜果梨桃及其副产品。

二、动物性饲料

龙虾常食用的动物性饵料有水蚤、剑水蚤、轮虫、原虫、水蚯蚓、孑孓以及鱼虾的碎肉、动物内脏、鱼粉、血粉、蛋黄和蚕蛹等。

水蚤、剑水蚤、轮虫等：是水体中天然饵料，龙虾在刚从母体上孵化出来后，喜欢摄食它们，人工繁殖龙虾时，也常常人工培育这些活饵料来养殖龙虾的幼虾。

水蚯蚓：通常群集生活在小水坑、稻田、池塘和水沟底层的污泥中，身体呈红色或青灰色，是龙虾适口的优良饵料。

孑孓：通常生活在稻田、池塘、水沟和水洼中，尤其春、夏季分布较多，是龙虾喜食的饵料之一。

蚯蚓：种类较多，都可作龙虾的饵料。

蝇蛆：苍蝇及其幼虫——蛆都是龙虾养殖的好饵料。

螺蚌肉：是龙虾养殖的上佳活饵料，除了人工投放部分螺蚌补充到稻田外，其他的螺蚌在投喂时最好敲碎，然后投喂。

血块、血粉：新鲜的猪血、牛血、鸡血和鸭血等都可以煮熟后晒干，或制成颗粒饲料喂养龙虾。

鱼、虾肉：野杂鱼肉和沼虾肉，龙虾可直接食用，有时为了提高稻田的水体空间利用率，可以在虾沟中投放一些小的鱼苗，一方面为龙虾提供活饵，另一方面可以提供一龄鱼种，增加收入。

红虫：红虫是摇蚊幼虫的别称，其营养十分丰富，龙虾特别爱吃。

屠宰下脚料：家禽内脏等屠宰下脚料是龙虾的好饵料，在我们投喂的过程中，发现龙虾对畜禽的肺和内脏特别爱吃，而对猪皮、油皮等不太爱吃。

三、人工饲料

发展龙虾养殖业，光靠天然饵料是不行的，必须发展人工配合饵料以满足要求。人工配合颗粒饵料，要求营养成分齐全，主要成分应包括蛋白质、糖类、脂肪、无机盐和维生素等五大类。

人工配合饲料是根据不同龙虾的不同生长发育阶段对各种营养物质的需求，将多种原料按一定的比例配合、科学加工而成。配合饲料又称为颗粒饲料，包括软颗粒饲料、硬颗粒饲料和膨化饲料等，具有动物蛋白和植物蛋白配比合理、能量饲料与蛋白饲料的比例适宜、具备营养物质较全面的优点。在养殖龙虾的过程中，使用配合饲料具有以下几个方面的优点。

(1) 营养价值高，适合于集约化生产。

龙虾的配合饲料是运用现代龙虾研究的生理学、生物化学和营养学最新成就，根据分析龙虾在不同生长阶段的营养需求后，经过科学配方与加工配制而成，因此有的放矢，大大提高了饲料中各种营养成分的利用率，使营养更加全面、平衡，生物学价值更高。它不仅能满足龙虾生长发育的需要，而且能提高各种单一饲料养分的实际效能和蛋白质的生理价值，起到取长补短的作用，是龙虾集约化生产的保障。

(2) 充分利用饲料资源。

通过配合饲料的制作，将一些原来龙虾并不能直接使用的原材料加工成龙虾的可口饲料，扩大了饲料的来源，它可以充分利用粮、油、酒、药、食品与石油化工等产品，符合可持续发展的原则。

（3）提高饲料的利用效率。

配合饲料是根据龙虾的不同生长阶段、不同规格大小而特制的营养成分不同的饲料，使它最适于龙虾生长发育的需要。另外，配合饲料通过加工制粒过程，由于加热作用使饲料熟化，也提高了饲料蛋白质和淀粉的消化率。

（4）减少水质污染。

配合饲料在加工制粒过程中，因为加热糊化效果或是添加了黏合剂的作用促使淀粉糊化，增强了饲料原料之间的相互黏结，加工成不同大小、硬度、密度、浮沉、色彩等完全符合龙虾需要的颗粒饲料。这种饲料具有动物蛋白和植物蛋白配比合理、能量饲料与蛋白饲料的比例适宜、具备营养物质较全面的优点，同时也大大减少了饲料在水中的溶失以及对水域的污染，降低了田间沟的有机物耗氧量，提高了稻田里龙虾的放养密度和单位面积的龙虾产量。

（5）减少和预防疾病。

各种饲料原料在加工处理过程中，尤其是在加热过程中能破坏某些原料中的抗代谢物质，提高了饲料的使用效率，同时在配制过程中，适当添加了龙虾特殊需要的维生素、矿物质以及预防或治疗特定时期的特定虾病，通过饵料作为药物的载体，使药物更好更快地被龙虾摄食，从而更方便有效地预防虾病。更重要的是，在饲料加工过程中，可以除去原料中的一些毒素、杀灭潜在的病菌和寄生虫及虫卵等，减少了由饲料所引起的多种疾病。

（6）有利于运输和贮存。

配合饲料的生产可以利用现代先进的加工技术进行大批量工业化生产，便于运输和贮存，节省劳动力，提高劳动生产率，降低了龙虾养殖的强度，获得最佳的饲养效果。

第二节 龙虾的摄食特点

一、龙虾的食性

龙虾只有通过从外界摄取食物，才能满足其生长发育、栖居活动、繁衍后代等生命活动所需要的营养和能量。龙虾在食性上具有广谱性、互残性、暴食性、耐饥性和阶段性。

龙虾为杂食性动物，但偏爱动物性饵料，如小鱼、小虾、螺蚬类、蚌、蚯蚓、蠕虫和水生昆虫等。植物性食物有浮萍、丝状藻类、苦草、金鱼藻、菹草、马来眼子菜、轮叶黑藻、凤眼莲（水葫芦）、喜旱莲子草（水花生）、南瓜等；精饲料有豆饼、菜饼、小麦、稻谷、玉米等。在饵料不足或养殖密度较大的情况下，龙虾会发生自相残杀、弱肉强食的现象，体弱或刚蜕壳的软壳虾往往成为同类攻击的对象。因此，在人工养殖时，除了投放适宜的养殖密度、投喂充足适口的饵料外，设置隐蔽场所和栽种水草往往成为养殖成败的关键。

在摄食方式上，龙虾不同于鱼类，常见的养殖鱼类多为吞食与滤食，而龙虾则为咀嚼式吃食，这种摄食方式是由龙虾独特的口器所决定的。

龙虾的食性是不断转化的，在溞状幼体早期，龙虾是以浮游植物为主要饵料，而后转变为以浮游动物为主，到了幼虾以后，才逐渐转为杂食性，然后再转入以杂食性偏动物性饵料为主。

二、龙虾的食量与抢食

龙虾食性杂，且比较贪食，喜食动物性饲料，也摄食植物性饲料。据观察，在夏季的夜晚，1 只龙虾一夜可捕捉 5~6 只螺蛙。当然它也十分耐饥饿，如果食物缺乏时，一般 7~10 天或更久不摄食也不至于饿死，龙虾的这种耐饥性为长途运输提供了方便。

龙虾不仅贪食，而且还有抢食和格斗的天性。通常在以下三种情况时更易发生，一是在人工养殖条件下，养殖密度大，龙虾为了争夺空间、饵料，而不断地发生争食和格斗，甚至自相残杀的现象；二是在投喂动物性饵料时，由于投喂量不足，导致龙虾为了争食美味可口的食物而互相格斗。

为降低养殖成本，饵料投喂时以植物性饲料为主，如新鲜的水草、水花生、空心菜、麸皮、米糠或半腐状的大麦、小麦、蚕豆、水稻等植物秸秆。当然有条件的投放一些动物性饲料，如砸碎的螺蛳、小杂鱼和动物内脏等，则龙虾的生长会更快。如果饵料充足、营养丰富，幼虾 30~40 天就可达到上市规格。

三、龙虾的摄食与水温的关系

龙虾的摄食强度与水温有很大关系，当水温在 10℃以上时，龙虾摄食旺盛；当水温低于 10℃时，摄食能力明显下降；当水温进一步下降到 5℃时，龙虾的新陈代谢水平较低，几乎不摄食，一般是潜入到洞穴中或水草丛中冬眠。

第三节　龙虾的投喂技巧

投喂量多质好的饵料，尤其是颗粒饲料是养虾高产、稳产、优质、高效的重要技术措施。

一、龙虾喂食需要了解的真相

第一，我们应该了解龙虾自身消化系统的消化能力不足，主要表现为龙虾消化道短，内源酶不足；另外气候和环境的变化尤其是水温的变化会导致龙虾产生应激反应，甚至拒食等，这些因素都会妨碍龙虾营养的消化吸收。

第二，不要盲目迷信龙虾的天然饵料，有的养殖户认为只要水草养好，螺蛳投喂足，再喂点小麦、玉米即可，而忽视了配合饲料的使用。在规模化养殖中，不可能有那么丰富的天然饵料，因此必须科学使用配合饲料，而且要根据不同的生长阶段使用不同粒径、不同配方的配合饲料。

第三，是饲料本身的营养平衡与生产厂家的生产设备和工艺配方相关联，例如有的生产厂家为了节省费用，会用部分植物蛋白（常用的是发酵豆粕）替代部分动物蛋白（如鱼粉、骨粉等），加上生产过程中的高温环节对饲料营养的破坏，如磷酸酯等会丧失，导致饲料营养的失衡，从而也影响龙虾对饲料营养的消化吸收及营养平衡的需求。所以，在选用饲料时要理智谨慎，最好选择用户口碑好的知名品牌。

第四，为了有效弥补龙虾消化能力不足的缺失，提高龙虾对饲料营养的消化吸收，满足其营养平衡的需求，增强其免疫抗病能力，在喂料前，很有必要定期在饲料中拌入产酶益生菌、酵母菌和乳酸菌等。这些有益微生物复合种群优势，既能补充龙虾的内源酶，增强消化功能，促进对饲料营养的消化吸收，还能有效抑制病原微生物在消化系统生长繁殖，维护消化道的菌群平衡，修复并促进体内微生态的健康循环，预防消化系统疾病，对龙虾养殖十分重要。另外如果在饲料中定期添加保肝促长类药物，既有利于保肝护肝，增强肝功能的排毒解毒功能，又能提高龙虾的免疫力和抗病能力，因此我们在投喂饲料时要定期使用一些必备的药物。

第五，我们在投喂饲料时，总会有一些饲料沉积在沟底，从而对底质和水质造成一些不好的影响。为了确保稻田的水质和底质都能得到良好的养护和及时的改善，从而减少龙虾的应激反应，我们在投喂时，会根据不同的养殖阶段和投喂情况，在饲料中适当添加一些营养保健品和微量元素，可增强龙虾的活力和免疫抗病能力，提高饲料营养的转化吸收，促进龙虾生长，降低养虾风险和养殖成本，提高养殖效益。

二、投喂量

投饲量是指在一定的时间（一般是24小时）内投放到某一养殖水体中的饲料量，与龙虾的食欲、数量、大小、水质、饲料质量等有关，实际工作中投饲量常用投饲率进行度量。投饲率亦称日投饲率，是指每天所投饲料量占稻田龙虾总体重的百分数。日投饲量是实际投饲率与水中承载龙虾数量的乘积。为了确定某一具体养殖水体中的投饲量，需首先确定投饲率和承载龙虾量。

1. 影响投饲率的因素

投饲率受许多因素的影响，主要包括养殖龙虾的规格（体重）、水温、水质（溶氧）和饲料质量等。

（1）水温。龙虾是变温动物，水温影响他们的新陈代谢和食欲。在适温范围内，龙虾的摄食随水温的升高而增加的。应根据不同的水温确定投饲率，具体体现在一年中不同的月份投饲量应该有所变化。

（2）水质。水质的好坏直接影响到龙虾的食欲、新陈代谢及健康。一般在缺氧的情况，龙虾会表现出极度不适和厌食。水中溶氧量充足时，食量加大。因此，应根据水中的溶氧量调节投饲量，如气压低时，水中溶氧量低，相应地应降低饲料喂料量，以避免未被摄食的饲料造成水质的进一步恶化。

（3）饲料的营养与品质。一般来说，质量优良的饲料龙虾喜食，而质量低劣的饲料，如霉变饲料，则会影响龙虾的摄食，甚至拒食。饲料的营养含量也会影响投饲量，特别是日粮的蛋白质含量，对投饲量的影响最大。

2. 投饲量的确定

虾苗刚下田时，日投喂量每亩为 0.5 千克。随着生长，要不断增加投喂量，具体的投喂量除了与天气、水温、水质等有关外，还要自己在生产实践中把握，这里介绍试差法的投喂方法。由于龙虾是捕大留小的，虾农不可能准确掌握稻田里虾的存田量，因此通过按生长量来计算投喂量是不准确的，在生产上建议虾农采用试差法来掌握投喂量。在第二天喂食前先检查前一天所喂的饵料情况，如果没有剩下，说明基本上够吃；如果剩下不少，说明投喂得过多，一定要将饵量减下来；如果看到饵料没有，且饵料投喂点旁边有龙虾爬动的痕迹，说明上次投饵少了一点，需要加一点，如此 3 天就可以确定投饵量。在没捕捞的情况下，隔 3 天增加 10%的投饵量，如果捕大留小，则要适当减少 10%～20%的投饵量。

三、投喂方法

一般每天两次，分上午、傍晚投放，投喂以傍晚为主，投喂量要占到全天投喂量的 60%～70%，饲料投喂要采取“四定”“四看”的方法。

由于龙虾喜欢在浅水处觅食，因此在投喂时，应在田埂边和浅水处多点均匀投喂，也可在稻田四周的环形沟边增设饵料台，以便观察虾吃食情况。

四、“四看”投饵

看季节：5 月中旬前动、植物性饵料比为 60：40；5 月至 8 月中旬，为45：55；8月下旬至10月中旬为65：35。

看实际情况：连续阴雨天气或水质过浓，可以少投喂，天气晴好时适当多投喂；大批虾蜕壳时少投喂，蜕壳后多投喂；虾发病季节少投喂，生长正常时多投喂。总的原则是既要让虾吃饱吃好，又要减少浪费，提高饲料利用率。

看水色：透明度大于50厘米时可多投，少于20厘米时应少投，并及时换水。

看摄食活动：发现过夜剩余饵料应减少投饵量。

五、"四定"投饵

定时：每天两次，最好定到准确时间，调整时间宜半月甚至更长时间才能进行。

定位：沿田边浅水区定点"一"字形摊放，每间隔20厘米设一投饵点，规模化养殖的稻田也可用投饵机来投喂。

定质：对饲料质量也有很高的要求，讲究青、粗、精结合，确保新鲜适口，建议投配合饵料或全价颗粒饵料，严禁投腐败变质饵料，其中动物性饵料占40%，粗料占25%，青料占35%。动物下脚料最好煮熟后投喂，在田中水草不足的情况下，一定要添加陆生草类的投喂，夏季要捞掉吃不完的草，以免腐烂影响水质。

定量：日投饵量的确定按前文叙述。

六、牢记"匀、好、足"

匀：表示一年中应连续不断地投以足够数量的饵料，在正常情况下，前后两次投饵量应相对均匀，相差不大。

好：表示饵料的质量要好，能满足龙虾生长发育的需求。

足：表示投饵量适当，在规定的时间内龙虾能将饲料吃完，不使龙虾过饥或过饱。

七、龙虾不同生长阶段的投喂方法

在人工养殖情况下，龙虾整个生长阶段的饲料投喂方法基本相同，只是在不同的生长阶段略有一定区别。

一是为了提供合适的活饵料供幼虾摄食，在稻田中养殖龙虾时，提前培育浮游生物很有必要，在放苗前 7 天向培育稻田内追施发酵过的有机草粪肥，培肥水质，培育枝角类和桡足类浮游动物，为幼虾提供充足的天然饵料，浮游动物也可从池塘或天然水域捞取。另外在幼虾刚能自主摄食时，可向稻田中投喂丰年虫无节幼体、螺旋藻粉等优质饵料。第 4 次蜕皮后的虾进入体重、体长快速增长期，这时要投足饵料，以浮萍、水花生、苦草、豆饼、麦麸、米糠、植物嫩叶等植物性饲料为主，同时要适当增加低价野杂鱼、水生昆虫、河蚌肉、蚯蚓、蚕蛹、鱼肉糜、鱼粉等动物性饲料的投喂量。而成虾养殖可直接投喂绞碎的米糠、豆饼、杂鱼、螺蚌肉、蚕蛹、蚯蚓、屠宰场和食品加工厂的下脚料或配合饲料等，保持饲料蛋白质含量在 25%左右。以投喂颗粒饲料效果最好，可避免争抢饲料、自相残杀。

二是投喂次数也略有区别，幼虾体的投喂次数要多一点，一般每天投 3~4 次，时间在上午 9: 00—10: 00 第一次、15: 00—16: 00 喂第二次、日落前后喂第三次、有时夜间也可再喂第四次，投喂量以每万尾幼虾 0. 15~0. 20 千克，沿稻田四周多点片状投喂。当幼虾经过多次蜕皮进入壮年虾后，要定时向稻田中投施腐熟的草粪肥，一般每半个月 1 次，每次每亩 100~150 千克。同时每天投喂 2~3 次人工糜状或软颗粒饲料，日投饲量按壮年虾体重的 4%~8%投饲，白天投喂占日投饵量的40%，晚上占日投饵量的60%。而成虾 1 天只要投喂 2 次左右就可以了，上午 1 次，傍晚 1 次，日投饲量为虾体重的 2%~4%。

三是在水草利用上有一定区别，幼虾完全是利用水草作为隐蔽物、栖息的理想场所，同时也是虾蜕壳的良好场所，而成虾除了以上功能外，还可以利用部分水草作为补充饲料，可以大大节约养殖成本。

第四节　解决龙虾饲料的方式

养殖龙虾投喂饵料时，既要满足龙虾营养需求，加快蜕壳生长，又要降低养殖成本，提高养殖效益。可因地制宜，多种渠道落实饵料来源。

一、积极寻找现成的饵料

1. 充分利用屠宰下脚料

利用肉类加工厂的猪、牛、羊、鸡、鸭等动物内脏以及罐头食品厂的废弃下脚料作为饲料，经淘洗干净后切碎或绞烂煮熟喂龙虾。沿海及内陆渔区可以利用水产加工企业的废鱼虾和鱼内脏，渔场还可以利用鱼病流行季节，需要处理没有食用价值的病鱼、死鱼、废鱼作饲料。如果数量过多时，还可以用淡干或盐干的方法加工储藏，以备待用。

2. 捕捞野生鱼虾

在方便的条件下，可以在池塘、河沟、水库、湖泊等水域丰富的地区进行人工捕捞小鱼虾、螺蚌贝蚬等作为龙虾的优质天然饵料。这类饲料来源广泛，饲喂效果好，但是劳动强度大。

3. 利用黑光灯诱虫

夏秋季节在稻田的水面上20~30厘米处吊挂40瓦的黑光灯一支，可引诱大量的飞蛾、蚱蜢、蝼蛄等敌害昆虫入水供龙虾食用，既可以为农作物消灭害虫，又能提供大量的活饵。根据试验，每夜可诱虫3~5千克。为了增加诱虫效果，可采用双层黑光灯管的放置方法，每层灯管间隔30~50厘米为宜。特别注意的是，利用这种饲料源，必须定期为龙虾服用抗生素，提高抗病力。

二、收购野杂鱼虾、螺蚌等

在靠近小溪小河、塘坝、水库、湖泊等地，可通过收购当地渔农捕捞的野杂鱼虾、螺蚬贝蚌等为龙虾提供天然饵料。在投喂前要加以清洗消毒处理，可用3%~5%的食盐水清洗10~15分钟或用其他药物如高锰酸钾杀菌消毒，螺、贝、蚬、蚌最好敲碎或剖割好再投饲。

三、人工培育活饵料

螺蛳、河蚌、福寿螺、河蚬、蚯蚓、蝇蛆、黄粉虫等是龙虾的优质鲜活饲料，可利用人工手段进行养殖、培育，以满足养殖之需。具体的培育方式请参考相关书籍。

四、种植瓜菜

由于龙虾是杂食性的，因此可利用零星土地或者就在田埂上种植蔬菜、南瓜、豆类等，作为龙虾的辅助饲料，是解决饲料的一条重要途径。

五、充分利用水体资源

1. 养护好水草

要充分利用水体里的水草资源，在稻田中移栽水草，覆盖率在40%以上，主要的水草品种有伊乐藻等。水草既是龙虾喜食的植物性饵料，又有利于小杂鱼、虾、螺、蚬等天然饵料生物的生长繁殖。田间沟里的水草以沉水植物为主，漂浮植物、挺水植物为辅，而田面上的水草则以沉水植物为主。

2. 投放螺蛳

要充分利用水体里的螺蛳资源，并尽可能引进外源性的螺蛳，让其自然繁殖，供田间沟里的水草以沉水植物为主自由摄食。

六、充分利用配合饲料

饲料是决定龙虾的生长速度和产量的物质基础，任何一种单一饲料都无法满足龙虾的营养需求。因此，在积极开辟和利用天然饲料的同时，也要投喂人工配合饲料，既能保证龙虾的生长速度，又能节约饲养成本。

根据龙虾的不同生长发育阶段对各种营养物质的需求，将多种原料按一定的比例配合、科学加工而成。配合饲料又称为颗粒饲料，包括软颗粒饲料、硬颗粒饲料和膨化饲料等，它具有动物蛋白和植物蛋白配比合理、能量饲料与蛋白饲料的比例适宜、具备营养物质较全面的优点，同时在配制过程中，适当添加了龙虾特殊需要的维生素和矿物质，以便各种营养成分发挥最大的经济效益，并获得最佳的饲养效果。

七、灯光诱虫

1. 诱虫优点

飞蛾等虫类是鱼虾类的高级活饵料，波长为 0.33～0.4 微米的紫外光，对虾类无害，但是对虫蛾而言，具有较强的趋向性。而黑光灯所发出的紫光和紫外光，一般波长为 0.36 微米，正是虫蛾最喜欢的光线波长。可利用这一特点，用黑光灯大量诱集蛾虫。根据试验和实践表明，在龙虾养殖田中装配黑光灯，利用黑光灯所发出的紫光和紫外光引诱飞蛾、昆虫，可以为龙虾增加一定数量廉价优质的鲜活动物性饵料，加快并促进它们的生长，可使虾产量增加 10%～15%，降低饲料成本 10%以上，另外还可诱杀附近农田的害虫，有助于农业丰收。

2. 灯管的选择

试验表明，效果最好的是 20 瓦和 40 瓦的黑光灯，其次是 40 瓦和 30 瓦的紫外灯，最差的是 40 瓦的日光灯和普通电灯。因此应选择 20 瓦的黑光灯管。

3. 灯管的安装

选购 20 瓦的黑光灯管，装配上 20 瓦普通日光灯镇流器，灯架为木质或金属三角形结构。在镇流器托板下面、黑光灯管的两侧，再装配宽为 20 厘米、长与灯管相同的普通玻璃 2～3 片，玻璃间夹角为 30°～40°。虫蛾扑向黑光灯碰撞在玻璃上，接触并被光热烧晕后掉落水中，有利于龙虾摄食。接好电源（220V）开关，开灯后可以看到龙虾在争食落入水中的飞虫。

4. 固定拉线

在田埂一端离田埂 5 米处的稻田内侧埋栽高 15 米的木桩或水泥柱，柱的左右分别拴两根铁丝，间隔 50～60 厘米，下面一根离水面 20～25 厘米，拉紧固定后，用来挂灯管。

5. 挂灯管

在两根铁丝的中心部位，固定安装好黑光灯，并使灯管直立仰空 12°～15°，以增加光照面。2～5 亩的稻田一般要挂一组，5～10 亩的稻田可分别在稻田的两对角安装两组，即可解决部分饵料。

6. 诱虫时间

黑光灯诱虫从每年的 5 月至 10 月初，共 5 个月时间。诱虫期内，除大风、雨天外，每天诱虫高峰期在 20:00—21:00，此时诱虫量可占当夜诱虫总量的 85%以上，24:00 以后诱虫数量明显减少，为了节约用电，延长灯管使用期，24:00 以后即可关灯。夏天白昼时间较长，以傍晚开灯最佳，根据测试，如果开灯第一个小时诱集的虫蛾数量总额定为 100%，那么第二个小时内诱集的蛾虫总量则为 38%，第三个小时内诱集的虫蛾总量则为 173%。因此每天适时开灯 1～2 个小时效果最佳。

太阳台杀虫灯灭虫

7. 诱虫种类及效果

据报道，黑光灯所诱集的飞蛾种类较多，在 7 月以前，多诱集到棉铃虫、地老虎、玉米螟、金龟子等，每组灯管每夜可诱集 1.5～2 千克，相当于 4～6 千克的精饲料；7 月以后，多诱集蟋蟀、蝼蛄、金龟子、蚊、蝇、蜢、蚋、蝗、蛾、蝉等，每夜可诱集 3～5 千克，相当于 15～20 千克的精料。

第八章　水草与栽培

第一节　种草技术

一、种草环境

养殖龙虾的水域包括池塘、低洼田以及大水面的湖汊，要求水草分布均匀，种类搭配适宜，沉水性、浮水性、挺水性水草要合理，水草种植最大面积不超过 2/3，其中沉水处种沉水植物及一部分浮叶植物，浅水区为挺水植物。

二、品种选择与搭配

（1）根据龙虾对水草利用的优越性，确定移植水草的种类和数量，一般以沉水植物和挺水植物为主，浮叶和漂浮植物为辅。

（2）根据龙虾的食性移植水草，可多栽培一些龙虾喜食的苦草、轮叶黑藻、金鱼藻，其他品种水草适当少移植，起到调节互补作用。这对改善池塘水质、增加水中溶氧、提高水体透明度有很好的作用。

（3）一般情况下，养殖龙虾不论采取哪种养殖类型，池塘中水草覆盖率都应该保持在 50%左右，水草品种在两种以上。

三、种植类型

1. 池塘或稻田型

可选择伊乐藻、苦草、轮叶黑藻。三者的栽种比例是伊乐藻早期覆盖率应控制在 20%左右，苦草覆盖率应控制在 20%～30%，轮叶黑藻的覆盖率控制在 40%~50%。三者的栽种时间次序为伊乐藻—苦草—轮叶黑藻。三者的作用是伊乐藻为早期过渡性和食用水草，苦草为食用和隐藏性水草，轮叶黑藻则作为池塘或稻田养殖类型的主打水草。注意事项是，伊乐藻要在冬春季播种，高温期到来时，将伊乐藻草头割去，仅留根部以上 10 厘米左右；苦草种子要分期分批播种，错开生长期，防止遭龙虾一次性破坏；轮叶黑藻可以长期供应。

伊乐藻

2. 河道或湖泊型

在这种类型中以金鱼藻或轮叶黑藻为主，苦草、伊乐藻为辅。金鱼藻或轮叶黑藻种植在浅水与深水交汇处，水草覆盖率控制在 40%~50%。苦草种植在浅水处，覆盖率控制在 10%左右。伊乐藻覆盖率控制在 20%左右。不论哪种水草，都以不出水面，不影响风浪为好。

四、栽培技术

1. 栽插法

适用于带茎水草，这种方法一般在龙虾放养之前进行，首先浅灌池水，将伊乐藻、轮叶黑藻、金鱼藻、苃苃草、水花生等带茎水草切成小段，长度20~25厘米，然后像插秧一样，均匀地插入池底。我们在生产中摸索到一个小技巧，即可以简化处理，先用刀将带茎水草切成需要的长度，然后均匀地撒在塘中，塘里保留5厘米左右的水位，用脚或用带叉形的棍子用力踩或插入泥中即可。

2. 抛入法

适用于浮叶植物，先将塘里的水位降至合适的位置，然后将莲、菱、荇菜、莼菜、芡实、苦草等的根部取出，露出叶芽，用软泥包紧根后直接抛入池中，使其根茎能生长在底泥中，叶能漂浮于水面即可。

3. 播种法

适用于种子发达的水草，目前最常用是苦草。播种时水位控制在15厘米，先将苦草籽用水浸泡一天，将细小的种子搓出来，然后加入10倍的细沙壤土，与种子拌匀后直接撒播。为了能将种子均匀地撒开，沙壤土要保持略干为好。每亩水面用苦草种籽30~50克。

4. 移栽法

适用于挺水植物，先将池塘降水至适宜水位，将蒲草、芦苇、茭白、慈姑等连根挖起，最好带上部分原池中的泥土。移栽前要去掉伤叶及纤细劣质的秧苗，移栽位置可在池边的浅滩处或者池中的小高地上，要求秧苗根部入水在10~20厘米。进水后，整个植株不能长期浸泡在水中，密度为每亩45棵左右。

5. 培育法

适用于浮叶植物，它们的根比较纤细，这类植物主要有瓢莎、青萍、浮萍、水葫芦等。在池中用竹竿、草绳等隔一角落，也可以用草框将浮叶植物围在一起，进行培育。

五、栽培小技巧

一是水草在虾池中的分布要均匀，不宜一片多一片少。

二是水草种类不能单一，最好使挺水性、漂浮性及沉水性水草合理分布，保持相应的比例，以适应龙虾多方位的需求。沉水植物为龙虾提供栖息场所，漂浮植物为龙虾提供饵料，挺水植物主要起护坡作用。

三是无论何种水草都要保证不能覆盖整个池面，至少留有池面1/2作为龙虾自由活动的空间。

四是栽种水草主要在虾种放养前进行，如果需要也可在养殖过程中随时补栽。在补栽中要注意的是判断池中是否需要栽种水草，应根据具体情况来确定。

第二节　水草的种类与种植技巧

水生植物的种类很多，分布较广，在龙虾养殖池中，适合龙虾需要的种类主要有苦草、轮叶黑藻、金鱼藻、水花生、浮萍、伊乐藻、眼子菜、青萍、槐叶萍、满江红、箦藻、水车前、空心菜等。以下简要介绍几种常用水草的特性和它们的栽培方式。

一、伊乐藻

1. 伊乐藻的优点

伊乐藻是从日本引进的一种水草，原产美洲，是一种优质，速生、高产的沉水植物。伊乐藻的优点是发芽早，长势快，它的叶片较小，不耐高温，只要水面无冰即可栽培，水温5℃以上即可萌发，10℃即开始生长，15℃时生长速度快。当水温达30℃以上时，生长明显减弱，藻叶发黄，部分植株顶端会发生枯萎。在寒冷的冬季能以营养体越冬，在早期其他水草还没有生长的时候，只有它能够为龙虾生长、栖息、蜕壳和避敌提供理想场所。伊乐藻植株鲜嫩，叶片柔软，适口性好，其营养价值明显高于苦草、轮叶黑藻，是龙虾喜食的优质饲料，非常适应龙虾的生长，龙虾在水草上部游动时，身体非常干净。伊乐藻具有鲜、嫩、脆的特点，是龙虾优良的天然饲料。在长江流域通常以4—5月和10—11月生物量达最高。

2. 伊乐藻的缺点

伊乐藻的缺点是不耐高温，而且生长旺盛。当水温达到30℃时，基本停止生长，也容易臭水，因此这种水草的覆盖率应控制在20%以内，养殖户可以将其作为过渡性水草进行种植。

3. 伊乐藻的种植

（1）栽前准备。

池塘清整：排水干池，每亩用生石灰 150～200 千克化水趁热全池泼洒，清野除杂，并让池底充分冻晒半个月，同时做好池塘的修复整理工作。

注水施肥：栽培前 5～7 天，注水 30 厘米左右深，进水口用 60 目筛绢进行过滤。每亩施腐熟粪肥 300～500 千克，既作为栽培伊乐藻的基肥，又可培肥水质。

（2）栽培时间。根据伊乐藻的生理特征以及生产实践的需要，我们建议栽培时间宜在 11 月至次年 1 月中旬，气温 5℃以上即可生长。如冬季栽插时先抽干池水，让池底充分冻晒一段时间，再用生石灰、茶籽饼等药物消毒后进行。如果是在春季栽插应先将龙虾用网圈养在池塘一角，等水草长至 15 厘米时再放开。否则栽插成活后的嫩芽能被龙虾吃掉，或被龙虾的巨螯掐断，甚至连根拔起。

（3）栽培方法。

沉栽法：每亩用 15～25 千克的伊乐藻种株，将种株切成 20～25 厘米长的段，每 4～5 段为一束。在每束种株的基部粘上有一定黏度的软泥团，撒播于池中，泥团可以带动种株下沉着底，并能很快扎根在泥中。

插栽法：一般在冬春季进行，每亩的用量与处理方法同上，把切段后的草茎放在生根剂的稀释液中浸泡一下，然后像插秧一样插栽，一束束地插入有淤泥的池中。栽培时栽得宜少，但距离要拉大，株行距为 1 米×1.5 米。插入泥中 3～5 厘米，泥上留 15～20 厘米。栽插初期保持水位以插入伊乐藻刚好没头为宜，待水草长满后逐步提高水位。种植时要留 2～3 米的空白带，使龙虾池形成“十”字形或“井”字形无草区，作为日后龙虾的活动空间，便于鱼、虾活动，避免水草布满全池，影响水流。如果伊乐藻一把把地种在水里，会导致植株成团生长，由于龙虾爱吃伊乐藻的根茎，龙虾一夹就会断根漂浮而死亡，这一点很重要，在栽培时要注意防止这种现象的发生。栽插初期池塘保持 30 厘米深的水位，待水草长满全池后逐步加深池水。

踩栽法：伊乐藻生命力较强，在池塘中种株着泥即可成活。每亩的用量与处理方法同上，把它们均匀撒在塘中，水位保持在 5 厘米左右，然后用脚轻轻踩一踩，使其粘着泥即可，10 天后加水。

4. 管理

水位调节：伊乐藻宜栽种在水位较浅处，栽种后 10 天就能生出新根和嫩芽，3 月底就能形成优势种群。平时可按照逐渐增加水位的方法加深池水，至盛夏水位加至最深。一般情况下，可按照“春浅，夏满、秋适中”的原则调节水位。

投施肥料：在施好基肥的前提下，还应根据池塘的肥力情况适量追施肥料，以保持伊乐藻的生长优势。

控温：伊乐藻耐寒不耐热，高温天气会断根死亡，后期必须控制水温，以免伊乐藻死亡导致大面积水体污染。

控高：伊乐藻有一个特性就是当它一旦露出水面，就会折断而死亡，败坏水质，因此不要使其疯长。方法是在 5—6 月不要加水太高，应慢慢地控制在 60~70 厘米，当 7 月水温达到 30℃，伊乐藻不再生长时再加水位到 120 厘米。

二、苦草

在龙虾池中种植苦草有利于观察饵料摄食，监控水质，是目前我国池塘养虾最主要的水草资源之一。

1. 苦草的特性

苦草又称为扁担草、面条草，是典型的沉水植物，高 40~80 厘米。地下根茎横生，茎方形，被柔毛。叶纸质，卵形，对生，叶片长 3~7 厘米，宽 2~4 厘米，先端短尖，基部钝锯齿。苦草喜温暖，耐荫蔽，对土壤要求不严，野生植株多生长在林下山坡、溪旁和沟边。含较多营养成分，具有很强的水质净化能力。在我国广泛分布于河流、湖泊等水域，分布区水深一般不超过 2 米，在透明度大，淤泥深厚，水流缓慢的水域，苦草生长良好。3—4 月，水温升至 15℃以上时，苦草的球茎或种子开始萌芽生长。在水温 18~22℃时，经 4~5 天发芽，约 15 天出苗率可达 98%以上。苦草在水底分布蔓延的速度很快，通常 1 株苦草 1 年可形成 1~3 米^2 的群丛。6—7 月是苦草分蘖生长的旺盛期，9 月底至 10 月初达最大生物量，10 月中旬以后分蘖逐渐停止，生长进入衰老期。

2. 苦草的优缺点

苦草的优点是龙虾喜食、耐高温、不臭水；缺点是容易遭到破坏，特别是高温期给龙虾喂食改口季节，如果不注意保护，破坏十分严重。有些以苦草为主的养殖水体，在高温期不到1周苦草全部被龙虾夹光，养殖户都来不及捞草。如捞草不及时的水体，甚至出现水质恶化，有的水体发臭，出现“臭绿莎”，继而引发龙虾大量死亡。

3. 苦草的栽培与管理

（1）栽种前准备。

池塘清整：排水干池，每亩用生石灰150~200千克化水趁热全池泼洒，清野除杂，并让池底充分冻晒半个月，同时做好池塘的修复整理工作。

注水施肥：栽培前5~7天，注水30厘米左右深，进水口用60目筛绢进行过滤，每亩施草皮泥、人畜粪尿与磷肥混合至1 000~1 500千克作基肥，和土壤充分拌匀待播种，既作为栽培苦草的基肥，又可培肥水质。

草种选择：选用的苦草种应籽粒饱满、光泽度好，呈黑色或黑褐色，长度2毫米以上，最大直径不小于0.3毫米，以天然野生苦草的种子为好，可提高子一代的分蘖能力。

浸种：选择晴朗天气晒种1~2天，播种前，用池塘清水浸种12小时。

（2）栽种时间。有冬季种植和春季种植两种，冬季播种时常常用干播法，应利用池塘晒塘的时机，将苦草种子撒于池底，并用耙耙匀；春季种植时常常用湿播法，应用潮湿的泥团包裹草籽扔在池塘底部即可。

（3）栽种方法。

播种：播种期在4月底至5月上旬，当水温回升至15℃以上时播种，用种量15~30克/亩。精养塘直接种在田面上，播种前向池中加新水3~5厘米深，最深不超过20厘米。大水面应种在浅滩处，水深不超过1米，以确保苦草能进行充分的光合作用。选择晴天晒种1~2天，然后浸种12小时，捞出后搓出果实内的种子。清洗掉种子上的黏液，将种子与半干半湿的细土或细沙（按1∶10）混合撒播，采条播或间播均可。下种后盖一薄层草皮泥，并盖草，淋水保湿以利于种子发芽。搓揉后的果实其中还有很多种子未搓出，也撒入池中。在正常温度 18℃以上，播种后 10~15 天即可发芽。幼苗出土后可揭去覆盖物。

插条：选苦草的茎枝顶梢，具 2~3 节，长 10~15 厘米作插穗。在 3—4 月或 7—8 月按株行距 20 厘米×20 厘米斜插。一般约 1 周即可长根，成活率达 80%~90%。

移栽：当苗具有两对真叶，高 7~10 厘米时移植最好。定植密度株行距 25 厘米×30 厘米或 26 厘米×33 厘米。定植地每亩施基肥 2 500千克，用草皮泥、人畜粪尿、钙镁磷混合混料最好。还可以采用水稻“抛秧法”将苦草秧抛在养虾水域。

（4）管理。

水位控制：种植苦草时前期水位不宜太高，太高会因为水压的作用，使草籽漂浮起来而不能发芽生根。苦草在水底蔓延的速度很快，为促进苦草分蘖，抑制叶片营养生长。6 月中旬以前，池塘水位控制在 20 厘米以下；6 月下旬水位加至 30 厘米左右，此时苦草已基本满塘；7 月中旬水深加至 60~80 厘米；8 月初可加至 100~120 厘米。

设置暂养围网：这种方法适合在大水面中使用。将苦草种植区用围网拦起，待水草在池底的覆盖率达到 60%以上时，拆除围网。

密度控制：如果水草过密时，要及时去头处理，以达到搅动水体、控制长势、减少缺氧的作用。

肥度控制：分期追肥 4~5 次，生长前期每亩可施稀粪尿水 500~800 千克，后期可施氮、磷、钾复合肥或尿素。

加强饲料投喂：当正常水温达到 10℃以上时就要开始投喂一些配合饲料或动物性饲料，以防止苦草芽遭到破坏。当高温期到来时，在饲料投喂方面不能直接改口，而是逐步地减少动物性饲料的投喂量，增加植物性饲料的投喂量，以让龙虾有一个适应过程。但是高温期间也不能全部停喂动物性饲料，而是逐步将动物性饲料的比例降至日投喂量的 30%左右。这样，既可保证龙虾的正常营养需求，也可防止水草遭到过早破坏。

捞残草：每天巡塘时，经常把漂在水面的残草捞出池外，以免破坏水质，影响池底水草光合作用。

三、轮叶黑藻

1. 轮叶黑藻的特性

轮叶黑藻，又名节节草、温丝草，因每一枝节均能生根，俗有“节节草”之称，是多年生沉水植物。茎直立细长，长 50~80 厘米，叶带状披针形，广布于池塘、湖泊和水沟中。冬季为休眠期，水温 10℃以上时，芽苞开始萌发生长，前端生长点顶出其上的沉积物，茎叶见光呈绿色，同时随着芽苞的伸长在基部叶腋处萌生出不定根，形成新的植株。轮叶黑藻的再生能力特别强，待植株长成又可以断枝再植。轮叶黑藻可移植也可播种，栽种方便，并且枝茎被龙虾夹断后还能正常生根长成新植株而不会死亡，不会对水质造成不良影响，而且龙虾也喜爱采食。因此，轮叶黑藻是龙虾养殖水域中极佳的水草种植品种。

2. 轮叶黑藻优点

喜高温、生长期长、适应性好、再生能力强，龙虾喜食，适合于光照充足的池塘及大水面播种或栽种。轮叶黑藻被龙虾夹断后能节节生根，生命力极强，不会败坏水质。

3. 轮叶黑藻的种植和管理

（1）栽前准备。

池塘清整：排水干池，每亩用生石灰 150~200 千克化水趁热全池泼洒，清野除杂，并让池底充分冻晒半个月，同时做好池塘的修复整理工作。

注水施肥：栽培前 5~7 天，注水 30 厘米左右深，进水口用 60 目筛绢进行过滤，每亩施粪肥 400 千克作基肥。

（2）栽培时间。在 6 月中旬为宜。

（3）栽培方法。

移栽：将鱼池留 10 厘米的淤泥，注水至刚没泥。将轮叶黑藻的茎切成 15~20 厘米小段，然后像插秧一样，将其均匀地插入泥中，株行距 20 厘米×30 厘米。苗种应随取随栽，不宜久晒，一般每亩用种株 50~70 千克。由于轮叶黑藻的再生能力强，生长期长，适应性强，生长快，产量高，利用率也较高，最适宜在龙虾池中种植。

枝尖插杆插植：轮叶黑藻有须状不定根，在每年的4—8月，处于营养生长阶段，枝尖插植3天后就能生根，形成新的植株。

营养体移栽繁殖：一般在谷雨前后，将池塘水排干，留底泥10~15厘米，将长至15厘米轮叶黑藻切成长8厘米左右的段节，每亩按30~50千克均匀泼洒，使茎节部分浸入泥中，再将池塘水加至15厘米深。约20天后全池都覆盖着新生的轮叶黑藻，可将水加至30厘米，以后逐步加深池水，不使水草露出水面。移植初期应保持水质清新，不能干水，不宜使用化肥，可用生化产品促进定根健草。

芽苞种植：每年的12月到翌年3月是轮叶黑藻芽苞的播种期，应选择晴天播种，播种前池水加注新水10厘米，每亩用种500~1 000克。播种时应按行、株距50厘米将芽苞3~5粒插入泥中，或者拌泥沙撒播。当水温升至15℃时，5~10天开始发芽，出苗率可达95%。

整株种植：在每年的5—8月，天然水域中的轮叶黑藻已长成，长达40~60厘米，每亩龙虾池一次放草100~200千克，一部分被龙虾直接摄食，一部分生须根着泥存活。

（4）加强管理。

水质管理：在轮叶黑藻萌发期间，要加强水质管理，水位慢慢调深，同时多投喂动物性饵料或配合饲料，减少龙虾食草量，促进须根生成。

及时除青苔和丝状藻：轮叶黑藻常常伴随着青苔的发生，在养护水草时，如果发现有青苔和丝状藻滋生时，需要及时消除青苔。

青苔是一种丝状绿藻的总称，新萌发的青苔长成一缕缕绿色的细丝、矗立在水中，衰老的青苔成一团团乱丝，漂浮在水面上。青苔在水体中生长速度很快，覆盖水表面，影响水中溶氧和阳光的通透性，不仅吸收水体中的营养，导致水体急剧变瘦，对幼虾活动和摄食都有不利影响，同时对水草尤其是轮叶黑藻的生长极为不利。更重要的是它会缠绕幼小的龙虾，使幼虾无法活动而造成死亡，因此除去青苔是很必要的。

不要直接用高浓度的硫酸铜等化学药品来消除青苔和丝状藻，因为化学物品虽然对青苔和丝状藻效果明显，但是对幼弱的龙虾会产生严重的药害。另外硫酸铜等化学物品对肥水不利，也对已栽的水草不利，故不宜采用。如果发现塘底青苔和丝状藻太多，可先用人工尽可能捞干净，然后再采取生化药品来处理，既安全，效果又明显。生化物品的用量和用法请参考使用说明，各地均有销售。这里介绍一种使用较多的例子，仅供参考：先将黑金神配合粉剂活菌王加藻健康（无需加红糖）混合浸泡3~12小时后全池均匀泼洒，生化药品的用量是1包黑金神加2包粉剂活菌王可用3~5亩的水面。也可按每立方米水体用生石膏粉80克分3次均匀全池泼洒，每次间隔时间3~4天，若青苔严重时用量可增加20克，放药在下午喂虾后进行，放药后注水10~20厘米效果更好。此法不会使池水变瘦，也不会造成缺氧，半月内可杀灭全部青苔。

一定要注意不要轻易用药物来杀灭青苔，尤其是市面上现在宣传的专杀青苔的药物，一定要了解其药物构成再考虑是否使用。因为许多渔药生产厂家的杀青苔药的主要成分之一是除草剂，它可以杀死青苔，但也可以同时杀死田间沟里的水草，而且以后补种水草还不容易成活。另外，药物还可能对龙虾造成伤害，所以建议大家慎用。

四、金鱼藻

1. 金鱼藻的特性

金鱼藻，又称为狗尾巴草，是沉水性多年生水草，全株深绿色。长20~40厘米，群生于淡水池塘、水沟、稳水小河、温泉流水及水库中，尤其适合在大水面的池塘养虾中栽培，是龙虾的极好饲料。

2. 金鱼藻的优缺点

优点是耐高温、虾喜食、再生能力强；缺点是特别旺发，容易臭水。

3. 金鱼藻的种植和管理

金鱼藻的栽培有以下几种方法。

（1）全草移栽。在每年10月以后，待龙虾基本捕捞结束后，可从湖泊或河沟中捞出全草进行移栽，用草量一般为每亩50~100千克。因为没有龙虾的破坏，这时移栽基本不需要进行专门的保护。

（2）浅水移栽。这种方法宜在龙虾放养之前进行，移栽时间在4月中下旬，或当地水温稳定通过11℃即可。首先浅灌池水，将金鱼藻切成小段，长度10~15厘米，然后像插秧一样，均匀地插入池底，亩栽10~15千克。

（3）深水栽种。水深1.2~1.5米，金鱼藻的长度留1.2米，水深0.5~0.6米，草茎留0.5米。准备一些手指粗细的棍子，棍子长短视水深浅而定，以齐水面为宜。在棍子入土的一端10厘米处用橡皮筋绷上3~4根金鱼藻，每蓬嫩头不超过10个，分级排放。移栽时做到深水区稀，浅水区密，肥水池稀，瘦水池密，急用则密，等用则稀的原则，一般栽插密度为深水区1.5米×1.5米栽1蓬，浅水区1米×1米栽1蓬，以此类推。

（4）专区培育。在池塘、湖泊或河沟的一角设立水草培育区，专门培育金鱼藻。培育区内不放养任何草食性鱼类和龙虾。10月进行移栽，到次年4—5月就可获得大量水草。每亩用草种量50~100千克，每年可收获鲜草5 000千克左右，可供25~50亩水面用草。

（5）隔断移栽。每年5月以后可捞新长的金鱼藻全草进行移栽。这时移栽必须用围网隔开，防止水草随风漂走或被龙虾破坏。围网面积一般为10~20米^2 1个，每亩2~4个，每亩草种量100~200千克。待水草落泥成活后可拆去围网。

（6）栽培管理。

水位调节：金鱼藻一般栽在深水与浅水交汇处，水深不超过2米，最好控制在1.5米左右。

水质调节：水清是水草生长的重要条件。水体浑浊，不宜水草生长，建议先用生石灰调节，将水调清，然后种草，发现水草上附着泥土等杂物，应用船从水草区划过，并用桨轻轻将水草的污物拨洗干净。

及时疏草：当水草旺发时，要适当把它稀疏，防止其过密后无法进行光合作用而出现死草臭水现象。可用镰刀割除过密的水草，然后及时捞走。

清除杂草：当水体中着生大量的水花生时，应及时将它们清除，以防止影响金鱼藻等水草的生长。

五、空心菜

1. 空心菜的特性

空心菜，又名蕹菜、竹叶菜，开白色喇叭状花，梗中心是空的，故称“空心菜”。空心菜种植在池边或水中，既可以为龙虾提供遮阳场所，它的茎叶和根须又能被龙虾摄食。

2. 空心菜的栽种与管理

空心菜对土壤要求不严，适应性广，旱地水田、沟边地角都可栽植。

（1）土埂斜坡栽培法。在距池底 1~1.5 米的地带种植，时间一般在 4 月中下旬。先将该地带的土地翻耕 5~10 厘米，亩施腐熟有机肥 2 500~3 000千克或人粪尿 1 500~2 000千克、草木灰 50~100 千克，与土壤混匀后耙平整细，然后采用撒播方法来播种。播种前首先对种子进行处理，即用 50~60℃温水浸泡 30 分钟，然后用清水浸种 20~24 小时，捞起洗净后放在 25℃左右的温度下催芽，催芽期间要保持湿润，每天用清水冲洗种子 1 次，待种子破皮露白点后即可播种。亩用种量 6~10 千克。撒播后，将种子用细土覆盖，以后定期浇灌，以利于出苗。一般 7 天左右即可出苗，出苗后要定期施肥，以促进空心菜植株快速生长，施肥以鸡粪为好。当气温升高，空心菜生长旺盛，枝叶繁茂，随着水位上涨，其茎蔓及分枝会自然在水面及水中延伸，在池塘四周的水面形成空心菜的生态带。可以根据龙虾池的需要控制其覆盖水面面积在 20%~30%即可。

（2）水面直接栽培法。当空心菜长达 20 厘米左右时，节下就会生长出须根，这时剪下带须根的苗即可作为供龙虾池栽培用的种苗，先将这些茎节放在靠近岸边的浅水区，它们会慢慢地生根并迅速生长、蔓延。龙虾池以空心菜植株长大后覆盖水面面积不超过 30%为宜。若超过此面积时，可以作为蔬菜或青饲料及时采收。

六、菱角

1. 菱角的特性

一年生草本水生植物，叶片非常扁平光滑，具有根系发达、茎蔓粗大、适应性强、抗高温的特点，菱角藤长绿叶子，茎为紫红色，开鲜艳的黄色小花。

2. 菱角的种植

（1）直播栽培菱角。在 2 米以内的浅水中种菱，多用直播。一般在天气稳定在 12℃ 以上时播种，例如长江流域宜在清明前后 7 天内播种，而京、津地区可在谷雨前后播种。播前先催芽，芽长不要超过 1.5 厘米，播时先清池，清除野菱、水草、青苔等。播种方式以条播为宜，条播时，根据菱池地形，划成纵行，行距 2.6~3 米，每亩用种量 20~25 千克。

（2）育苗移栽菱角。在水深 3~5 米地方，直播出苗比较困难，即使出苗，苗也纤细瘦弱，产量不高，此时可采取育苗移栽的方法。一般可选用向阳、水位浅、土质肥、排灌方便的池塘作为苗地，实施条播。育苗时，将种菱放在 5~6 厘米浅水池中利用阳光保温催芽，5~7 天换一次水。发芽后移至繁殖田，等茎叶长满后再进行幼苗定植，每 8~10 株菱盘为一束，用草绳结扎，用长柄铁叉住菱束绳头，栽植水底泥土中。栽植密度按株行距 1 米×2 米或 1.3 米×1.3 米定穴，每穴种 3~4 株苗。

（3）球茎抛植。每年的 3 月前后，也可在渠底或水沟中，挖取菱的球茎，带泥抛入池中，让其生长，它的根或茎就会生长在底泥中，叶能漂浮水面。

（4）栽培管理。

除杂草：要及时清除菱塘中的槐叶萍、水鳖草、水绵、野菱等，由于菱角对除草剂敏感，必要时进行手工除草。

水质管理：生长过程中水层不宜大起大落，否则影响分枝成苗率。移栽后至 6 月底，保持菱塘水深 20~30 厘米，增温促蘖，每隔 15 天换一次水。7 月后随着气温升高，菱塘水深逐步增加到 45~50 厘米。在盛夏可将水逐渐加深到 1.5 米，最深不超过 2 米。

七、茭白

茭白为水生植物，株高 1～2 米，叶互生，性喜生长于浅水中，喜高温多湿，生育初期适温 15～20℃，嫩茎发育期 20～30℃。

茭白用无性繁殖法种植，长江流域于 4—5 月间选择生长整齐，茭白粗壮、洁白，分蘖多的植株作种株。宜栽在四周的池边或浅滩处，栽种时应连根移栽，要求秧苗根部入水在 10～12 厘米，每亩 30～50 棵即可。

八、水花生

水花生是挺水植物，水生或湿生多年生宿根性草本，茎长可达 1.5～2.5 米，其基部在水中匐生蔓延，原产于南美洲，我国长江流域各省水沟、水塘、湖泊均有野生。水花生适应性极强，喜湿耐寒，适应性强，抗寒能力也超过水葫芦和水蕹菜等水生植物，能自然越冬，气温上升到 10℃时即可萌芽生长，最适气温为 22～32℃。5℃以下时水上部分枯萎，但水下茎仍能保留在水下不萎缩。

在移栽时用草绳把水花生捆在一起，形成一条条的水花生柱，平行放在池塘的四周。许多龙虾喜欢长期待在水花生下面，因此要经常翻动水花生，一是让水体能动起来，二是防止水花生的下面发臭，三是减少龙虾的消极隐蔽，促进它们吃食生长。

九、水葫芦

水葫芦是一种多年生宿根浮水草本植物，高约 0.3 米，在深绿色的叶下，有一个直立的椭圆形中空的葫芦状茎，因它浮于水面生长，又称水浮莲。又因其在根与叶之间有一像葫芦状的大气泡又称水葫芦。水葫芦茎叶悬垂于水上，蘖枝匍匐于水面。花为多棱喇叭状，花色艳丽美观。叶色翠绿偏深。叶全缘，光滑有质感。须根发达，分蘖繁殖快，管理粗放，是美化环境、净化水质的良好植物。喜欢在向阳、平静的水面，或潮湿肥沃的边坡生长。在日照时间长、温度高的条件下生长较快，受冰冻后叶茎枯黄。每年 4 月底至 5 月初在历年的老根上发芽，至年底霜冻后休眠。水葫芦喜温，在 0～40℃的范围内均能生长，13℃以上开始繁殖，20℃以上生长加快，25~32℃生长最快，35℃以上生长减慢，43℃以上则逐渐死亡。

由于水葫芦对其生活的水面采取了野蛮的封锁策略，挡住阳光，导致水下植物得不到足够光照而死亡，破坏水下动物的食物链，导致水生动物死亡。此外，水葫芦还有富集重金属的能力，死后腐烂体沉入水底形成重金属高含量层，直接杀伤底栖生物。因此有专家将它列为有害生物，所以我们在养殖龙虾时，可以利用，但一定要掌握度，不可过量。

在水质良好、气温适当、通风较好的条件下株高可长到50厘米，一般可长到20~30厘米，可在池中用竹竿、草绳等隔一角落，进行培育。一旦当水葫芦生长得过快，在池中过多过密时，就要立即清理。

十、瓢莎

多年生漂浮植物，椭圆形粒状叶体，没有根和茎，长0.5~8毫米，宽0.3~1毫米，生长在小水塘、稻田、藕塘和静水沟渠等水体中。

可根据需要随时捞取，也可在池中用竹竿、草绳等隔一角落，进行培育。只要水中保持一定的肥度，它们都可生长良好。若长得不大，可用少量化肥，化水泼洒，促进其生长发育。

十一、青萍

青萍在我国南北均有分布，生长于池塘、稻田、湖泊中，以色绿、干燥、完整、无杂质者为佳。

可根据需要随时捞取，也可在池中用竹竿、草绳等隔一角落，进行培育。只要水中保持一定的肥度，它们都可生长良好。若长得不大，可用少量化肥，化水泼洒，促进其生长发育。

十二、芜萍

芜萍是多年生漂浮植物，椭圆形粒状叶体，没有根和茎，长0.5~8毫米，宽0.3~1毫米，生长在小水塘、稻田、藕塘和静水沟渠等水体中。

芜萍的培育方法同青萍。

第三节　水草的养护

一、不同生长阶段对水草的管理要求

许多养殖户对于水草，只种不管，认为水草在野塘里到处生长，不需要加强管理。其实这种观念是错误的，如果对水草不加强管理，不但不能正常发挥水草作用，而且一旦水草大面积衰败会大量沉积在池底，然后腐烂变质，极易污染水质，进而造成龙虾死亡。

龙虾养殖的不同时期对龙虾池里的水草要求是不同的。

1. 养殖前期

龙虾养殖前期对水草的要求是种好草：一是要求塘口多种草、种足草；二是要求塘口种上龙虾适宜的水草；三是要求种的草成活，萌发，能在较短时间内形成水下森林。

2. 养殖中期

龙虾养殖中期对水草的要求是管好草：一是龙虾池水色过浓而影响水草进行光合作用，应及时调水至清新状态或降低水位，从而增强光线透入水中的机会，增强水草的光合作用；二是如果龙虾池的水质浑浊、水草上附着污染物，应及时清洗水草，对于水面较大的龙虾池，可以使用相应的药物泼洒，对水草上的污物进行分解；三是一旦发现龙虾池里的水草有枯萎现象或缺少活力，应及时用生化肥料或其他肥料进行追肥，同时要加强对水草的保健。

3. 养殖后期

龙虾养殖后期对水草的要求是控好草：一是控制水草的疯长，水草在池塘里的覆盖率维持在50%左右即可；二是加强台风期的水草控制，在养殖后期也是台风盛行之时，在台风到来前，要做好水位的控制，主要是适当降低水位，避免较大的风力把水草根茎拨起而离开池底，造成枯烂，污染水质；三是对水草超出水面的，在6月初割除老草头，让其重新生长出新的水草，形成水下森林。

二、水草疯长的原因及处理

1. 控制水草疯长的原因

随着水温的渐渐升高，龙虾池里的水草生长速度也不断加快，在这个时期，如果龙虾池中水草没有得到很好的控制，就会出现疯长现象。而且疯长后的水草会出现腐烂现象，直接导致水质变坏，水中严重缺氧，将给龙虾养殖造成严重危害。对水草疯长的龙虾池，可以采取多种措施加以控制。

2. 人工清除

这个方法比较原始，劳动力也大，但是效果好，适用于小型的龙虾池。具体措施是随时将漂浮的水草及腐烂的水草捞出。对于池中生长过多过密的水草可以用刀具割除，也可以用绳索上挂刀片，两人在岸边来回拉扯从而达到割草的目的。每次水草的割除量控制在水草总量的 1/3 以下。还有一种割草的方法就是在龙虾池中间割出一些草路，每隔 8~10 米就可以割出一条 2 米左右的草路，让龙虾有自由活动的通道。现在有一种专门用于割水草的机械，效果非常好，省时省力。

3. 缓慢加深池水

一旦发现龙虾池中的水草生长过快时，这时应加深池水让草头没入水面 30 厘米以下，通过控制水草的光合作用来达到抑制生长的目的。在加水时，应缓慢加入，让水草有个适应的过程，不能一次加得过多，否则会发生死草并腐烂变质的现象，从而导致水质恶化。

4. 补氧除害

对于那些水草过多而疯长的池塘，如果遇到天气闷热、气压过低的天气时，既不要临时仓促割草，也不要快速加换新水，以免搅动池底，让污物泛起。这时要先向水体里投放高效的增氧剂，既可以用化学增氧剂，也可以用生化增氧产品，目的是补充水体溶解氧的不足；同时使用药物来消除水体表面的张力和水体分层现象，促使龙虾池里的有害物质转化为无害的有机物或气体溢出水面，等天气和气压状况好转后，再将疯长的水草割去，同时加换新水。

5. 调节水质

在养殖第一线的养殖户会遇到的情况，即水草疯长的池塘，水中的腐烂草屑和其他污物一般都很多，这是水质不好的表现，如果不加以调控，很可能会进一步恶化。特别是在大雨过后及人工割除的情况下，现象更明显，而且短期内水质都会不好，这时就要着手调节水质。

调节水质的方法很多，可以先用生石灰化水全池泼洒，烂草和污物多的地方要适当多洒，第二天上午使用解毒剂进行解毒，然后再施用追肥。

三、水草老化的原因及处理

老化的原因：龙虾池经过一段时间的养殖后，由于水体中肥料营养已经被水草和其他水生动植物消耗得差不多，出现营养供应不足，导致水质不清爽。

水草老化的危害：水草方面体现在一是污物附着水草，叶子发黄；二是草头贴于水面上，经太阳暴晒后停止生长；三是伊乐藻等水草老化比较严重，出现了水草下沉、腐烂的情况。水草老化对龙虾养殖的影响是败坏水质、底质，从而影响龙虾的生长。

对策：一是对于老化的水草要及时进行“打头”或“割头”处理；二是促使水草重新生根、促进生长。可通过施加肥料或生化肥等方面来达到目的。这里介绍一例，供参考，可用1桶健草养螺宝加1袋黑金神用水稀释后全池泼洒8~10亩。

四、水草过密的原因及处理

水草过密的原因：龙虾池经过一段时间的养殖，随着水温的升高，水草的生长也处于旺盛期，于是有的池塘就会出现水草过密的现象。

水草过密的危害：一是过密的水草会封闭整个龙虾池塘表面，造成池塘内部缺少氧气和光照，龙虾会因缺氧而到处乱跑，甚至会引起死亡；二是过密的水草会大量吸收池塘的营养，从而造成龙虾池的优良藻相无法保持稳定，时间长会造成龙虾疾病频发；三是水草过密，龙虾有了天然的躲避场所，就会躲藏在其中不出来，不吃不喝。它们的体型小、体色黑、售价低，时间长会造成整个池塘的龙虾产量下降，规格降低。

对策：一是对过密的水草强行打头或刈割，从而起到稀疏水草的效果；二是对于生长旺盛、过于茂盛的水草进行分块，有一定条理的"打路"处理，一般5~6米打一宽2米的通道以加强水体间上、下水层的对流及增加阳光的照射，有利于水体中有益藻类及微生物的生长，还有利于龙虾的行动、觅食，增加龙虾的活动空间；三是处理水草后，要在龙虾池中全池泼洒防应激、抗应激的药物，来缓解龙虾因改变光照、水体环境带来的应激反应。具体的药物和用量请参考当地的渔药店。

五、水草过稀的原因及处理

水草过稀的原因：在养殖过程中，温度越来越高，龙虾越长越大，越来越多，也越来越活跃，对水草的需求也越来越旺盛，而龙虾池中的水草却越来越稀少，这在龙虾养殖中是最常见的现象。经过分析，我们认为影响水草过稀的情况有以下几种情况，不同的情况对龙虾造成的影响是不同的，当然处理的对策也有所不同。

第一种情况是由水质老化浑浊造成的：龙虾池里的水太浑浊，水草上附着大量的黏滑浓稠的污泥物，这些污泥物在水草的表面阻断了水草利用光能进行光合作用的途径，从而阻碍了水草的生长发育。

对策：一是换注新水，促使水质澄清；二是先清洗水草表面的污泥，然后再促使水草重新生根、促进生长。可通过施加肥料或生化肥等方面来达到目的。

第二种情况是水草根部腐烂、霉变而引起的：养殖过程中由于大量投饵或使用化肥、鸡粪等导致底部有机质过多，水草根部在池底受到硫化氢、氨、沼气等有害气体和有害菌侵蚀下腐烂、霉变，进而使整株水草枯萎、死亡。

对策：一是对已经死亡的水草，要及时捞出，减少对龙虾池的污染；二是对池水进行解毒处理，用相应的药物来消除池塘内硫化氢、氨等毒性；三是做好龙虾的保护工作，可内服大蒜素（0.5%）、护肝药物（0.5%）、多维（1%），每天1次，连续3~5天，防止龙虾误食已经霉变的水草而中毒；四是用药物对已腐烂、霉变的水草进行氧化分解，达到抑制、减少有害气体及有害菌的作用，从而保护健康水草根部不受侵蚀腐烂、霉变。这类药物目前市场上属于新品种，并不多见，例如六控底健康就可以用来解决此类情况，具体的用量和用法请参考说明。

第三种情况就是水草的病虫害引起的。春夏之交是各种病虫繁殖的旺盛期，这些飞虫将自己的受精卵产在水草上孵化。这些孵化出来的幼虫需要能量和营养，水草便是最好的能量和营养载体，这些幼虫通过噬食水草来获取营养，导致水草慢慢枯死，从而造成龙虾池里的水草稀疏。

对策：由于龙虾池里的水草是不能乱用药物的，尤其是针对飞虫的药物有相当一部分是菊酯类的，对龙虾有致命伤害，因此不能使用。针对水草的病虫害只能以预防为主，可用经过提取的大蒜素制剂与食醋混合后喷洒在水草上，能有效驱虫和溶化分解虫卵。大蒜素制剂和食醋的用量请参考说明书。

第四种情况是综合因素引起的。主要是在高温季节、高密度、高投饵、高排泄、高残留、低气压、低溶氧，水质、底质容易变坏，对水草的健康生长带来不良影响，是龙虾养殖的高危期。

对策：每5~7天在水草生长区和投饵区抛洒底部改良剂或漂白粉制剂，目的是解决水质通透，防止底质腐败，消除有毒有害物质如亚硝酸盐、氨氮、硫化氢、甲烷、重金属、有害腐败病菌等，保护水草健康。

第五种情况是龙虾割草而引起的。所谓龙虾割草就是龙虾用大螯把水草夹断，如人工用刀割的一样，养殖户把这种现象称为龙虾割草。

龙虾池里如果有少量龙虾割草属于正常现象，如果在投喂后这种现象仍然存在，这时可根据龙虾池的实际情况合理投放一定数量的螺蛳，有条件的尽量投放仔螺蛳。

龙虾池里如果龙虾大量割草，则不正常，可能是饲料不足或者龙虾开始发病的征兆。一是针对饲料不足时可多投喂优质饲料；二是配合施用追肥，来达到肥水培藻的目的，也可使用市售的培藻产品按说明泼洒，以达到培养藻类的效果。

第九章　龙虾的繁殖

经过多年的生产实践，我们认为，现在的苗种人工繁殖技术仍然处于完善和发展之中，在苗种没有批量供应之前，建议各养殖户可采用放养抱卵亲虾，实行自繁、自育、自养的方法来达到苗种供应的目的。

第一节　生殖习性

一、性成熟

龙虾隔年性成熟，9 月离开母体的幼虾到第二年的 7、8 月即可性成熟产卵。从幼体到性成熟，龙虾要进行 11 次以上的蜕皮。其中幼体阶段蜕皮 2 次，幼虾阶段蜕皮 9 次以上。在人工饲养条件下，一般 6 个月可达性成熟。

二、自然性比

在自然界中，龙虾的雌雄比例是不同的，根据舒新亚等的研究表明，在全长 3.0～8.0 厘米中，雌性多于雄性，其中雌性占总体的 51.5%，雄性占 48.5%，雌雄比例为 1.06：1。在 8.1～13.5 厘米中，也是雌性多于雄性，其中雌性占总体的 55.9%，雄性占 44.1%，雌雄比为 1.17：1，在其他的个体大小中，则是雄性占大多数。

三、交配季节

龙虾的交配季节一般在 4 月下旬至 7 月，1 尾雄虾可先后与 1 尾以上的雌虾交配，群体交配高峰在5月。每年的4月下旬至7月，水温15℃以上开始交配，9月以后有幼体孵出。幼体附于母体的腹部游泳足上，在母体的保护下完成幼体阶段的生长发育过程。这种繁育后代的方式，保证了后代很高的成活率。

四、交配行为与排精

交配前雌虾先进行生殖蜕皮，约2分钟即可完成蜕皮过程。交配时雌虾仰卧水面，雄虾用它那又长又大的螯足钳住雌虾的螯足，用步足紧紧抱住雌虾，然后将雌虾翻转、侧卧。到适当时候，雄虾的钙质交接器与雌虾的储精囊连接，雄虾的精夹顺着交接器进入雌虾的储精囊，交配开始，雄虾射出精子，精子储藏在储精囊中，交配时间10~30分钟，到9—10月雌虾产卵以前，精子一直保持于此。1尾雄虾可先后与1尾以上的雌虾交配。

在自然情况下，亲虾交配后就开始掘洞，雌虾产卵和受精卵孵化的过程多在地下的洞穴中完成。

五、产卵

龙虾1年可产卵3~4次，每次产卵100~500粒。龙虾雌虾的产卵量随个体长度的增长而增大，根据我们对154尾雌虾的解剖结果，体长7~9厘米的雌虾，产卵量为100~180粒，平均抱卵量为134粒；体长9~11厘米的雌虾，产卵量为200~350粒，平均抱卵量为278粒；体长12~15厘米的亲虾，产卵量为375~530粒，平均抱卵量为412粒。

六、受精

亲虾交配后，7~40天雌虾才开始产卵。雌虾从第三对步足基部的生殖孔排卵，并随卵排出很多的蛋清状胶质，将卵包裹。卵经过储精囊时，胶质状物质促使储精囊内的精夹释放精子，精卵结合完成受精过程。腹部侧甲延伸形成抱卵腔，用于保护受精卵。受精卵粘附在雌虾的腹部，被形象地称为“抱卵”，此时雌虾的腹足不停地摆动，以保证受精卵孵化所必需的氧气。受精卵呈圆形，随着胚胎发育不断变化，没有受精的卵子，多在2~3天内自行脱落。

七、孵化

卵的孵化与水温、溶氧量、透明度等水质因素相关，稚虾孵出后，全部附于母体的腹部游泳足上，在母体的保护下完成幼体阶段的生长发育过程。

我们曾在2007年9月26日对抱卵虾的性腺发育情况做了解剖，根据解剖的结果发现，在这个时间段正是龙虾受精卵快速发育的好时机，因此我们建议虾农购买抱卵亲虾时，不要晚于9月底进行。

龙虾性腺发育解剖情况　时间：2007-9-26

卵的颜色	数量	占总数的百分比（%）
酱紫色	72	39.56
土黄色	54	29.66
深土黄色	23	12.64
吸收中	18	9.89
刚发育	9	4.95
无	6	3.30

在自然情况下，亲虾交配后开始掘洞，雌虾产卵和受精卵孵化的过程基本上是在洞穴中完成的，从第一年秋季孵出后，幼体的生长、发育和越冬过程都是附生在母体腹部，到第二年春季才离开母体生活，这也是保证其繁殖成活率的有效举措，成活率可达80%左右。

受精卵孵化时间长短，与水温、溶氧量、透明度等水质因素密切相关，相关资料显示，日本学者Tetsuya suko对龙虾受精卵的孵化进行了研究，提出在7℃水温条件下，受精卵孵化约需150天，10℃约需87天，15℃约需46天，22℃约需19天，25℃约需15天。如果水温太低，受精卵的孵化可能需数月之久，这就是我们在第二年的3—5月仍可见到抱卵虾的原因。

第二节 雌雄鉴别

一、性成熟的个体大小

在自然条件下，龙虾性成熟较早，在25~30克即可达到性成熟。

二、雌雄鉴别

性成熟后的龙虾雌雄异体，雌雄两性在外形上都有自己的特征，差异十分明显，容易区别，鉴别如下。

（1）达到性成熟的同龄虾中，雄性个体都要大于雌性个体。

（2）两者相比较而言，性成熟的雌虾腹部膨大，雄虾腹部相对狭小。

（3）体长相近的亲虾，雄虾螯足膨大，腕节和掌节上的棘突长而明显，且螯足的前端外侧有一明亮的红色软疣。雌虾螯足较小，大部分没有红色软疣，小部分有，但面积小且颜色较淡。

（4）雌虾的生殖孔开口在第五对胸足的基部内侧，可见一对明显的暗色圆孔，腹部侧甲延伸形成抱卵腔，用以附着卵；雄虾的生殖孔开口于第四步足基部，不明显。

（5）雄虾第一、第二腹足演变成白色、钙质的管状交接器，输精管只有左侧一根，呈白色线状；雌虾第一腹足退化，很细小，第二腹足羽状，便于激动水流。这是雌雄之间在外形上最明显的鉴别性特征。

第三节 亲虾选择

根据龙虾特殊的繁殖习性，来年要发展养殖，第一年是收集亲虾的关键时期，养殖者应引起重视。

一、选择时间

根据生产上的经验，我们认为选择龙虾亲虾的时间一般在7月下旬至9月中旬或次年3—4月，亲虾离水的时间应尽可能短，一般要求离水时间不要超过2小时，在室内或潮湿的环境，时间可适当长一些。

二、亲虾的来源

供繁殖用的亲虾的来源途径一般有以下几条。

一是直接从养殖龙虾区的池塘或天然水域捕捞的成虾中挑选符合要求的龙虾，然后进行专门培育。

二是收集性成熟的雌雄亲虾，暂养培育一段时间后，雌雄亲虾即交配产卵，然后捕捉抱卵虾用于虾苗的繁育。成熟雌虾的标志是：卵巢几乎覆盖头胸甲的背面，其前端要接近或抵达额角的基部，其颜色已从绿色转变为棕褐色。

三是在龙虾的繁殖季节，直接收集抱卵的雌虾，注意应选择卵子呈深绿色或橘黄色的虾，一般不要选择卵已呈灰褐色并出现眼点的虾，因为灰褐色的卵已接近孵出，极容易从虾体上脱落下来，不便于运输和操作。此法一般在靠近湖泊等大水体、虾源丰富的地方采用，而且运输距离要短，运输时间不能长，运输时一定要满足溶氧的需求。

四是在夏末秋初季选择体质肥壮、无病无伤、附肢齐全的龙虾，经冬季人工强化培育越冬后，用于虾苗的繁育。

三、雌雄比例

雌雄比例应根据繁殖方法的不同而有一定的差异，如果是用人工繁殖模式的雌雄比例以（1~1.5）：1为宜；半人工繁殖模式的以（2~3）：1为好；在自然水域中以增殖模式进行繁殖的雌雄比例通常为3：1。

四、选择标准

一是雌雄性比要适当，达到繁殖要求的性配比。

二是个体要大，达性成熟的龙虾个体要比一般生长阶段的个体大，雌雄性个体体重都要在30~45克为宜。

三是颜色也有要求，要求颜色暗红或黑红色、有光泽，体表光滑而且没有纤毛虫等附着物。那些颜色呈青色的虾，看起来很大，但它们仍属壮年虾，一般还可蜕壳 1～2 次后才能达到性成熟，商品价值也很高，宜作为商品虾出售。

四是健康要严格要求，亲虾要求附肢齐全，缺少附肢的虾尽量不要选择，尤其是螯足残缺的亲虾要坚决摒弃，还要亲虾身体健康无病，体格健壮，活动能力强，反应灵敏。当人用手抓它时，它会竖起身子，舞动双螯保护自己，取一只放在地上，它会迅速爬走。

五是其他情况要了解，主要是了解龙虾的来源、离开水体的时间，运输方式等。如果是药捕（如敌杀死药捕）的龙虾，坚决不能用作亲虾，那些离水时间过长（高温季节离水时间不要超过 2 小时，一般情况下不要超过 4 小时，严格要求离水时间尽可能短）、运输方式粗糙（过分挤压、风吹）的市场虾不能作为亲虾。

第四节　亲虾的放养与饲养管理

一、放养时间

一旦选择好亲虾，就可以放养，所以说龙虾放养的时间主要在 7 月下旬至 9 月中旬，翌年的 3—4 月也可以考虑补充放养，但不是主要的放养时间。

二、放养规格

同是水产品，应有可比性，因此按照其他品种的养殖经验，亲虾个体越大，繁殖能力越强，繁殖出的小虾质量也会越好，所以很多人选择大个体的虾作种虾。但有专家在生产中发现，实际结果刚好相反。

经过专家和我们的详细分析认为，主要的原因在于龙虾的寿命非常短，我们看见的大个体的虾往往已经接近生命的尽头，投放后不久就会死亡，不仅不能繁殖，反而造成亲虾数量的减少，产量也就很低。所以建议亲虾的规格最好在是 25～35 尾/千克的成虾。但一定要求附肢齐全、颜色呈红色或褐色。

三、放养密度

亲虾放养密度有一定规律可循，可根据来年成虾设计产量确定亲虾放养数量，亩放亲虾 25 千克即可。

在放养时可采用亲虾和鲢、鳙亲鱼混养，亲虾能为鲢、鳙鱼清扫残渣剩饵，保持池塘清洁，可充分利用水体天然饵料，挖掘池塘潜力。

还有一点要注意的是，亲虾在放养前用 5%食盐水浸浴 5 分钟，以杀灭病原体，可以有效地提高亲虾的成活率。

四、亲虾的管理

亲虾对外界条件的要求，因季节和生理状况的变化而有差异。因此，在亲虾的培育饲养上应采取相应的培养措施，来满足亲虾生长发育的需求。

一是促进亲虾打洞。10 月上旬开始降低水位，露出堤埂和高坡，确保它们离水面约 30 厘米，池塘水深也要保持在 60~70 厘米，让亲虾掘穴繁殖。待虾洞基本上掘好后，再将水位提升至 1 米左右。

二是及时投喂，保持丰富的营养。放养初期，如水温尚高，可适当投喂野杂鱼、螺蛳、河蚌肉、蚯蚓及畜禽内脏等饲料，让亲虾恢复体质。也可以采用每天投喂 2 次花生饼及豆饼的效果很好，上午投 1/3，下午投 2/3。

三是培肥水质。要投放水草或稻草，并适度施肥，培育浮游生物，保持透明度在 30~40 厘米，保证亲虾和孵出的幼虾有足够的食物。

第五节　亲虾的培育与繁殖

龙虾的繁殖方式主要是自然繁殖，现在许多技术资料介绍可用全人工进行繁殖，但经过我们的试验和调查，这种人工繁殖是不成熟的，我们建议广大养殖户还是采用自繁自育、自然增殖的方法比较好。即使是人工繁殖的苗种，在投放时也要注意距离和时间。

一、培育池

可选择池塘、河沟、低洼田等，面积以 1.5~2 亩为宜，要求能保持水深 1.2 米左右，池埂宽 1.5 米以上，池底平整，最好是硬质底，池埂坡度 1：3 以上，有充足良好的水源，建好注、排水口，进水口加栅栏和过滤网，防止敌害生物入池，同时防止青蛙入池产卵，避免蝌蚪残食虾苗。四周池埂用塑料薄膜或钙塑板搭建以防亲虾攀附逃逸，池中要尽可能多一些小的田间埂，种植占总水面的 1/4~1/3的水葫芦、水浮莲、水花生、眼子菜、轮叶黑藻、菹草等水草，水底最好有隐蔽性的洞穴，池中放置扎好的草堆、树枝、竹筒、杨树根、棕榈皮等作为隐蔽物和虾苗蜕壳附着物。

二、亲虾放养

在每年的 8—9 月底进行，此时虾还未进入洞穴容易捕捞放养，选择体质健壮，肉质肥满结实、规格一致的虾种和抱卵的亲虾放养。放养前 1 周，用 75 千克/亩生石灰干塘消毒。消毒后经过滤（防野杂鱼入池）注水深 1 米左右，施入腐熟畜禽粪 750 千克/亩培肥水质。如果是直接在水体中抱卵孵化并培育幼虾，然后直接养成大虾，亩放亲虾 25 千克，雌雄比例（2~3）：1，放养前用 5%食盐水浸浴 5 分钟，以杀灭病原体。如果是用水体进行大批量培育苗种，则亩放亲虾 100 千克，雌雄比例 2：1。10 月上旬开始降低水位，露出堤埂和高坡，确保它们离水面约 30 厘米，池塘水深也要保持在 60~70 厘米，让亲虾掘穴繁殖。待虾洞基本上掘好后，再将水位提升至 1 米左右。

三、培育管理

为了保证幼虾在蜕皮时不受惊扰，也是为了防止软壳虾被侵犯，在全人工繁殖期间最好不要放其他鱼。投喂管理比较简单，可投喂切碎的螺蚌肉、小鱼、小虾、畜禽屠宰下脚料、新鲜水草、豆饼、麦麸或配合饲料等。由于亲虾的繁殖量难以控制，因此日投喂量主要是随着水温而有一定的变化，每天早、晚各投喂 1 次，以傍晚为主，具体的投饵量可采取试差法来饲喂，即第二天看前一天投喂的饵料是否有剩余，如果余下则要少投，如果没有剩余就要多投，捕捞后要少投。加强水质管理是非常重要的，一是可及时提供新鲜的水源，二是可提供外源性微生物和矿物质，三是对改善水质大有裨益，坚持每半月换新水 1 次，每次换水 1/4；每月用生石灰 15 克/米^2 对水泼洒 1 次，以保持良好水质，促进亲虾性腺发育。

四、及时采苗

稚虾孵化后在母体保护下完成幼虾阶段的生长发育过程。稚虾一离开母体，就能主动摄食，独立生活。此时一定要适时培养轮虫等小型浮游动物供刚孵出的仔虾摄食，估计出苗前 3~5 天，开始从饲料专用池捕捞少量小型浮游动物入虾苗池。并用熟蛋黄、豆浆等及时补充仔、幼虾所需的食料供应。当发现繁殖池中有大量稚虾出现时，应及时采苗，进行虾苗培育。

第六节　亲虾的繁殖

龙虾的繁殖方式主要是自然繁殖，现在许多技术资料介绍可用全人工进行繁殖，但经过我们的试验和调查，这种人工繁殖是不成熟的，我们建议广大养殖户还是采用自繁自育、自然增殖的方法比较好。即使是人工繁殖的苗种，在投放时也要注意运输距离和运输时间。

一、亲虾的配组

亲虾的配组宜在每年的 8 月至 9 月底进行，此时虾还未进入洞穴容易捕捞放养，选择体质健壮，肉质肥满结实、规格一致的虾种和抱卵的亲虾放养。如果是直接在水体中抱卵孵化并培育幼虾，然后直接养成大虾的话，亩放亲虾 25 千克，雌雄比例（2~3）∶1；如果是用水体进行大批量培育苗种，则亩放亲虾 100 千克，雌雄比例 2∶1。

二、抱卵虾的培育管理

水质要求：加强水质管理是非常重要的，一是可及时提供新鲜的水源，二是可以提供外源性微生物和矿物质，三是对改善水质大有裨益，坚持每半月换新水 1 次，每次换水 1/4；每 10 天用生石灰 15 克/米^{2}对水泼洒 1 次，以保持良好水质，确保池水的溶氧量在 5 毫克/升以上，pH 值在 6.5~8.0，促进亲虾性腺发育。

投喂饲料：在亲虾入池后，每天傍晚投喂 1 次即可，投喂的饲料有切碎的螺肉、蚌肉、蚯蚓、碎鱼肉、小虾、畜禽屠宰下脚料等，投喂量为池中虾体总重量的 3%~4%。为了满足龙虾的营养需求，要加投一定量的植物性饲料，如白菜、嫩草，扎成小捆沉于水底，也可投喂豆饼、麦麸或配合饲料等，没有吃完的在第 2 天捞出。此外，在饲料中还要添加一些含钙的物质，以利于虾的蜕壳。

定期检查亲虾：由于群体中每尾雌虾的产卵时间不可能完全同步，必须定期检查暂养池的亲体，挑出抱卵虾。从实际操作结果看，以 7 天检查一次比较合适。操作方法是排干池水，逐一检查雌体，把已抱卵的移到孵化池。未抱卵的于原池继续饲养。

三、繁殖方式

龙虾的人工繁殖方式主要有人工增殖、半人工繁殖和全人工繁殖三种模式。

1. 人工增殖

即在没有养殖过龙虾的水体中进行，在不增加任何人工措施的条件下让其自然繁殖，从而达到龙虾增殖的目的。方法是在投放亲虾前对池塘进行清整、除野、消毒施肥、种植水生植物，然后投放亲虾，让龙虾的亲虾掘穴，进入洞里进行自行繁殖。到翌年 3 月初，就会有龙虾离开洞穴，出来摄食、活动。此时开始投喂并捕捞大虾。此种繁殖方法适用于小型湖泊、沼泽地、面积较大的池塘和面积较大的低湖田，也可用于面积较大的池塘或精养鱼池，对于草型湖泊，投入种虾后则不必投草、施肥。

2. 半人工繁殖

即通过人为的部分控制，来达到龙虾繁殖的目的。放亲虾前先对繁殖池进行清整、消毒、除野后，投放经挑选的亲虾，这时要保持良好的水质，定时加注新水，多投喂一些动物蛋白含量较高的饵料和水葫芦等水草。通过人工控制温度、光照、水质、水位等条件因子，促进亲虾交配、产卵，这种繁殖方式适用于池塘养殖。

3. 全人工繁殖

即繁殖的全程都通过人为控制来达到预定目的。这种繁殖方式一般可控性更强，操作性更强，基本上是在室内水泥池中进行的，具有密度大、产量高、成活率高的优点。水泥池水深 0.8 米左右，底部可设置大量的人工巢穴，如小石块、消毒的树根等，吊挂少量的植物如水葫芦、水花生、眼子菜、轮叶黑藻、菹草、金鱼草等，通过增气机向池里人为增氧。每平方米的水体可投放亲虾 60 尾左右，雌雄比例（1~2）：1。通过投喂一些动物蛋白含量较高的饵料、保持水泥池的水质良好、定期加注新水、及时开动增氧机增氧等一系列控制光照、水温、水质、水位的措施，来诱导龙虾的亲虾进行交配、产卵。

四、孵化与护幼

进入春季后，要坚持每天巡池，查看抱卵亲虾的发育与孵化情况，把抱卵的亲体依卵的颜色深浅分别投放在不同的孵化池中，一旦发现有大量幼虾孵化出来后，可用地笼捕捉已繁殖过的大虾。尽量减少盘点过池，操作也要特别小心，避免对抱卵的亲虾和刚孵出的仔虾造成影响。同时要加强管理，适当降低水位 10~20 厘米，以提高水温，同时做好幼虾投喂工作和捕捞大虾的工作。需注意的是，在出苗前一定要投放占孵化池水面面积 1/3以上的水浮莲，这对提高虾苗成活率有很大的作用。

刚孵出的幼体叫一期幼体，依靠卵黄营养，4 天左右蜕皮育成二期幼体。二期幼虾的形状与成虾相似。二期幼体经 6 天左右就可蜕皮发育成仔虾。刚孵化出的一期幼体和二期幼体仍附于亲虾母体腹部的游泳足上，在母体的保护下完成幼体阶段的生长发育过程。它们既能摄食母体搅动水流带来的浮游生物，也能离开母体腹部后微弱游动，仅做短距离游泳，便回到母体的腹部。根据 2007 年、2008 年我们在安徽省滁州市的多处龙虾养殖区在 10 月、11 月、12 月、次年元月、2 月等连续多次挖洞取样观察，在母体的腹部泳游足上都附有生长到不同阶段的龙虾幼虾，最大的龙虾幼体体长达 0.8 厘米左右。可以推断，从第一年初秋龙虾稚虾孵出后，龙虾幼体的生长、发育和越冬过程都是附生于母体腹部，到第二年春季才离开母体生活。龙虾这种繁育后代的方式，保证了后代很高的成活率。

五、判断龙虾是否繁殖及多久可以产卵的技巧

在生产实践中，我们发现有许多养殖户对龙虾是否已经繁殖过并不了解，导致他们在选购亲本虾时会出现一些误区，例如在 10 月下旬也会购买一些亲本虾，这极有可能导致第二年养殖时无小虾苗供应，造成养殖严重亏损的现象发生。造成这种情况发生的主要原因是许多养殖户认为小龙虾非常好养，对它的基本习性并不了解，尤其是对小龙虾的繁殖习性没有完全掌握，比如小龙虾的头胸甲内为什么会出现卵粒？什么时候会出现卵粒？龙虾的卵粒经受精后大概多久才能顺利产出体外？一只个头不小的雌龙虾究竟是否产过卵？龙虾腹部的抱卵虾要多久才能孵化出小苗等？这里通过以下几点经验教大家快速且准确地判断龙虾是否产过卵。

1. 龙虾的繁殖特点

龙虾 1 年繁殖 1 次，3 月 3 厘米左右的龙虾虾苗经 2~3 个月快速生长即可达到性成熟，成熟的龙虾开始交配，交配高峰期在 5—10 月。一只雌虾会和多只雄虾交配，交配成功后都会留下雄虾的精夹在雌虾腹部储精囊中。雌虾卵粒发育成熟后，一次性将成熟的卵粒经两个生殖孔排出体外并黏附在腹部等待孵化。孵化时间的长短由季节而变，一般 30~40 天，也有少部分长达 2 个月的。小龙虾产卵粒数与雌虾的个体规格有关，一般认为小龙虾雌虾体重的克数乘以 10 便是产卵数。

2. 外表观察判断

对于外表观察，可以通过“两看一捏”的方法来判断。

一是看雌虾的腹部干净程度，如果雌虾腹部干净，没有泥沙，没

有杂质附着，应该是产过卵的雌虾，反之没有产过卵。这是因为卵粒的附着和稚虾的活动会使雌虾腹部比较干净。

二是看雌虾的腹部腹足情况，如果腹足比较杂乱，排列方向不一致、不整齐，腹足上的丝状体非常松散，这种情况应该就是已经产过卵的雌虾，反之没有产过卵。这是因为卵粒和稚虾黏附在雌虾腹足的丝状体上，长时间黏附大量卵粒会使丝状体和腹足的排列不规则。

三是捏雌虾的腹部饱满程度，如果雌虾腹部软瘪，应该是产过卵的，反之没有产过卵。因为卵的发育成熟到产卵孵化都需要耗费雌虾大量的能量，导致雌虾的肌肉比较松瘪缩水，但是甲壳不会缩小，因此捏起来会很软瘪，即通常所说的没有肉、空皮壳。

3. 解剖观察判断

剥开雌虾的头胸甲，观察头胸部有没有正在发育的黄色的、褐色的、黑色的饱满卵粒。如果有这三种卵粒存在，说明这尾雌虾就是没有产卵的雌虾；如果发现有很少的、很细小的、包裹在透明黏液中的、红色卵粒即是产过卵的雌虾。造成这种情况的主要原因就是发育中的卵粒颜色由黄色到黑褐色慢慢过渡，而产卵后的龙虾头胸部还会存在极少量没有发育成熟的卵粒没有产出，并且开始被雌虾吸收为自身营养物质。

外表观察方法存在很多误判，只能作为辅助的判断依据。因为龙虾生活在干净的水环境中也会腹部干；很多情况下雌虾恢复时间长，腹足也不会很杂乱；在冬季之后小龙虾长期不吃食也会腹部松瘪。解剖方法是最可靠的，但是一解剖雌虾就死了，很可惜。综合来看：第一步，先分析自己所在的地区，南方繁殖早，北方繁殖晚，再看月份，基本9—11月是产卵高峰期，之后的时间可以大略判断为都产过卵。第二步，解剖几只雌虾，把握大体上的产卵情况。第三步，用外观观察判断方法判断总体产卵情况。

4. 判断龙虾还有多久产卵的经验

雌虾性腺发育的第一阶段：一般在3—6月，卵粒颜色多为白色，极少数为浅黄色或者橘黄色，卵粒分粒不明显，粒径很小，这阶段是性腺发育的初期，不容易观察到，现象不明显。距离产卵还有3~5个月。

雌虾性腺发育的第二阶段：一般在7月，卵粒颜色多为淡黄色，卵粒分粒明显，粒径较大，这阶段性腺处于刚发育的前中期，现象明显容易观察到。距离产卵还有2~3个月。

雌虾性腺发育的第三阶段：一般在8月，卵粒颜色多为金黄色或者橘黄色，卵粒分粒明显，粒径大，这阶段性腺处于发育的中期，现象明显容易观察到。距离产卵1~2个月。

雌虾性腺发育的第四阶段：一般在9月，卵粒颜色多为黑褐色，卵粒分粒非常明显，粒径大，夹杂少量橘红色未发育的卵粒，这阶段性腺处于发育的中后期，现象明显很容易观察到。距离产卵20~30天。

雌虾性腺发育的第五阶段：一般在10月，卵粒颜色多为深黑色，卵粒分粒非常明显，粒径大，夹杂少量橘红色未发育的卵粒，这阶段性腺处于发育的后期，现象明显非常容易观察到。距离产卵0~20天。

雌虾产卵：发育成熟的卵粒由生殖孔排出体外，黏附在腹部腹足上。

经常观察小龙虾产卵状况可以及时掌握小龙虾的繁殖情况，为小龙虾幼虾培育提早做准备，做一些防范的措施，也可以估计第二年的虾苗产量，制定第二年的发展策略。

六、人工诱导育苗

1. 水位刺激

9月上旬，逐步降低繁育池水位，每隔5~7天排水1次，每次排水10厘米，至9月底，将水位降至0.6~0.8米，诱导亲虾入穴、交配、抱卵。保持此水位10天左右，10月中旬，一次性将水位加至1.2~1.5米，淹没池塘边大部分洞穴，诱导抱卵虾进入水中孵化、排苗。

2. 光照控制

9月上旬，根据水草的覆盖面积，增加水草、网片等隐蔽物至70%左右；加强水质培肥，调节育苗池透明度在20~25厘米；同时15~20天使用一次EM菌等微生态制剂，调节水质，通过隐蔽物及降低透明度达到降低光照度，诱导亲虾交配、产卵。

七、及时采苗

稚虾孵化后在母体保护下完成幼虾阶段的生长发育过程。稚虾一离开母体，就能主动摄食，独立生活。此时一定要适时培养轮虫等小型浮游动物供刚孵出的仔虾摄食，估计出苗前3~5天，开始从饲料专用池捕捞少量小型浮游动物放入虾苗池，并用熟蛋黄、豆浆等及时补充仔、幼虾所需的食料供应。当发现繁殖池中有大量稚虾出现时，应及时采苗，进行虾苗培育。

也可以在幼体脱离母体后把全部母体捞走，将池中的幼体进行集中饲养，如果母体中若还有抱卵的可放入另池饲养。

第十章　龙虾的幼虾培育

离开抱卵虾的幼虾体长约为 1 厘米，在生产上可以直接放入池塘进行养殖。但由于此时的幼虾个体很小，自身的游泳能力、捕食能力、对外界环境的适应能力、抵御躲藏敌害的能力都比较弱，如果直接放入池塘中养殖，成活率很低，最终会影响成虾的预期产量期望值。因此有条件的地方可进行幼虾培育，待幼虾三次蜕皮后，体长达 3 厘米左右时，再放入成虾养殖池中养殖。可有效地提高成活率和养殖产量，龙虾的幼虾培育主要有水泥池培育和土池培育两种模式。

第一节　虾苗的采捕

一、采捕工具

龙虾幼苗的采捕工具主要是两种，一种是网捕，一种是笼捕。

二、采捕方法

网捕时，方法很简单，一是用三角抄网抄捕，用手抓住草把，把抄网放在草下面，轻轻地抖动草把，即可获取幼虾。二是用虾网诱捕，在专用的虾网上放置一块猪骨头或内脏，待 10 分钟后提起虾网，即可捕获幼虾。

笼捕时，要用特制的密网目制成的小地笼，为了提高捕捞效果，可在笼内放置猪骨头，间隔 4 小时后收笼。

第二节　水泥池培育

一、培育池的建设

1. 面积

用水泥池来培育幼虾具有操作面积较小、排灌方便、方便投喂、条件比较容易控制、捕捞也很简单的优点，根据生产实践，水泥池以30~80米^2、水深0.6~0.8米的为佳，也可用面积稍大些的水泥池。

2. 建设

长方形或圆形均可，池内壁用水泥抹平，保持光滑，以免碰伤幼虾，进排水设施要完善，为了方便出水和收集幼虾，池底要有1%左右的倾斜度。最低处设一出苗孔，池外侧设集苗池，便于排水出苗。在适宜的水位上方设置水位保持装置（类似于稻田养殖的平水缺），可用80目的纱窗挡好，起保持水位的作用。

3. 处理

新建水泥池要用硫代硫酸钠去除水泥中的硅酸盐（俗称去火、去碱），然后用漂白粉消毒。

4. 隐藏物的设置

龙虾在高密度培育的情况下，易受到敌害生物及同类的攻击，因此水泥池中要移植和投放一定数量的沉水性及漂浮性水生植物，沉水性植物可用轮叶黑藻、菹草、伊乐藻、马来眼子菜等，将其扎成一团，然后用小石块系好沉于水底，每3米^{2}放一团，每堆2千克左右。漂浮性植物可用水葫芦、浮萍、水花生、空心菜、水浮莲等。这些水生植物供幼虾攀爬，是栖息和蜕壳时的隐蔽场所，还可作为幼虾的饲料，保证幼虾培育有较高的成活率。另外在水泥池中还可设置一些水平或垂直网片、竹筒、瓦片等，增加幼虾栖息、蜕壳和隐蔽的场所。

5. 水位控制

幼虾培育时的水位宜控制在50厘米即可。

6. 充气增氧设施

包括鼓风机、送气管道和气石，根据水泥池大小和充气量要求配置罗茨鼓风机。散气石选取 60~100 号金刚砂气石，每平方米设置一个。

二、培育用水

幼虾培育用水一般用河水、湖水和地下水即可，水质要符合国家颁布的渔业用水或无公害食品淡水水质标准，水源要充足，水质要清新无污染。无论是何种水源，一定要注意在取水时用 60 目的密网过滤，防止昆虫、小鱼虾及卵等敌害生物进入池中。

三、幼虾放养

1. 幼虾要求

为了防止在高密度情况下，大小幼虾互相残杀，因此在幼虾放养时，要注意同池中幼虾规格保持一致，体质健壮，无病无伤。

2. 放养时间

要根据幼虾苗采捕而定，一般以晴天的上午 10 时为好，也可以在下午 4 时放养。

3. 放养密度

有增氧条件的水泥池，每平方米可放养刚离开母体的幼虾 600~900 尾；而采用微流水培育的水泥池，由于水流是不断流动的，溶氧多而且水质清新，放养幼虾的密度可适当大一点，每平方米可达 1 000尾左右；一般条件下的水泥池，每平方米宜放养 300 尾。

4. 放养技巧

一是要带水操作，投放时动作要轻快，避免使幼虾受伤。二是要试温后放养，要注意测试运输幼虾水体的水温是否和培育池里的水温一致，如果温差在 1℃ 左右时则不需要试温；如温差较大，则要调温。调温的方法是将幼虾运输袋去掉外袋，将袋浸泡在水泥培育池内 10 分钟，然后转动一下再放置 10 分钟，待水温一致后再开袋放虾，确保运输幼虾水体的水温要和培育池里的水温一致。

四、日常管理

龙虾虽然抱卵量不大，但在良好条件下，它们的受精率可在

95%左右，孵比率可达80%左右。在生产中我们会发现最后的出苗量不是很足，没有预计得多，这是为什么呢？问题就出在幼体培育的后期管理上，出苗后仔虾生长蜕壳频繁，身体比较娇弱稚嫩，极易受环境条件制约而影响育苗率。所以说要提高育苗率，关键要做好如下几点。

一是投喂工作要抓紧。幼体一离开母体就能摄食，其食物包括丰年虫无节幼体、轮虫、枝角类、蛋黄。适时培养轮虫等小型浮游动物供刚孵出的仔虾摄食，可以定期向池中投喂浮游动物或人工饲料，浮游动物可从池塘或天然水域捞取，也可进行提前培育。人工饲料主要是蛋黄，可在开始10天内投喂煮熟的蛋黄，每万苗1~2个。也可用磨碎的豆浆，或者用小鱼、小虾、螺蚌肉、蚯蚓、蚕蛹、鱼粉等动物性饲料，适当搭配玉米、小麦、粉碎混合成糜状或加工成软颗粒饲料。每日投喂2~3次，白天投喂占日投饵的35%，晚上占日投饵量的65%，以后按培育池虾体重的8%，具体投饵量要根据天气、水质和虾的摄食情况而定。

二是要控制水质。龙虾繁育期间，要保持水体相对稳定，水质清新，pH值在6.5~8；要根据培育池中污物、残饵及水质状况，定期排污、吸出残饵及排泄物，每隔7天换水1/3，每15天用一次微生物制剂，保持良好的水质，使水中的溶氧保持在6毫克/升以上；水深保持在50厘米，水温保持在20~26℃，防止昼夜水温温差过大，日变化不要超过3℃。

三是做好其他管理工作。加强巡视工作，坚持早晚检查苗情，操作也要特别小心，避免对刚蜕壳的仔虾造成影响，并做好日常记录。水面上一定要有1/3左右的水浮莲，水底也要有水草，以增加幼虾蜕壳时的附着物和隐蔽的地方，也便于通过水浮莲抽苗检查掌握幼虾的生长情况。另外进水口加栅栏和过滤网，防止幼虾逃逸，防止敌害生物入池，尤其是要防止青蛙入池产卵，避免蝌蚪残食虾苗。

五、幼虾收获

幼虾在水泥池中精心培养20天左右，即可长到3厘米左右，此时可将幼虾收获投入到池塘中养殖。在水泥池中收获幼虾很简单，一是用密网片围绕水泥池拉网起捕；二是直接通过池底的阀门放水起捕，然后用抄网在出水口接住，但要注意水流放得不能太快、太大、太急，否则会因水流的冲击力而对幼虾造成伤害。

第三节　土池培育

土池培育的原理与方法与水泥池相似，只是它的可控性和可操作性相对差一些。

一、培育池

1. 面积

以长方形为宜、东西向，长与宽的比例以 3：2 为佳，面积 1.5~3 亩为好，不宜太大。

2. 条件

池埂坡度 1：（3~4），蓄水深度能达到 1.5 米，正常保持在 1 米即可，池底部要平坦，以沙土为好，淤泥要少，在培育池的出水口一端要有 2~4 米^2 面积的集虾坑，进、排水系统要完善。

3. 防逃

土池四周可用钙塑板、石棉板、玻璃钢、白铁皮、尼龙薄膜或有机纱窗做防逃设施，高 50 厘米即可，防止敌害生物进入。

4. 水质

培育池可用河水、湖水、水库水等地表水作水源，要求水源充足，水质清新无任何污染，含氧量保持在 5 毫克/升以上，pH 值适宜为 7.0~9.0，最佳 7.5~8.5，透明度 35 厘米左右。进水口用 20~40 目筛网过滤进水，防止昆虫、小鱼虾及卵等敌害生物随进水时入池中。

5. 清塘消毒

对老龄池塘应清淤晒塘。放虾苗前 15 天进行清池消毒，用生石灰溶水后全池泼洒，生石灰用量为 150 千克/亩。

6. 移植水草

培育池四周设置水花生带，带宽 50~80 厘米，也可移植和投放一定数量的沉水性及漂浮性植物，沉水性植物用菹草、金鱼藻、轮叶黑藻、眼子菜等，每亩可放30簇左右，每簇5千克左右。另外用竹子将一定量的水葫芦和浮萍等漂浮性植物固定在培育池的角落或池边，对培育幼虾是极为有利的。水草移植面积占养殖总面积的1/3左右。池中还可设置一些水平垂直网片，增加幼虾栖息、蜕壳和隐蔽的场所。

7. 施肥培水

每亩施腐熟的人畜粪肥或草粪肥400~500千克，培育幼虾喜食的天然饵料，如轮虫、枝角类、桡足类等浮游生物，小型底栖动物及有机碎屑。

二、幼虾放养

放养方法和水泥池相同，幼虾规格也要保持一致，要求体质健壮、无病无伤，只是密度不同而已，每亩放养幼虾10万尾左右。放养时间选择在晴天早晨或傍晚，带水操作，将幼虾投放在浅水水草区，投放时动作要轻快，避免使幼虾受伤。

三、日常管理

日常管理和水泥池培育相同，即投喂、水质管理以及日常巡视等内容。

1. 饲料投喂

由于土池没有水泥池的可控性强，因此提前培育浮游生物很有必要，在放苗前7天向培育池内追施发酵过的有机草粪肥，培肥水质，促进枝角类和桡足类浮游动物的生长，为幼虾提供充足的天然饵料。在培育过程中主要投喂各种饵料，天然饲料主要有浮萍、水花生、苦草、野杂鱼、螺、蚌等，人工饲料主要有豆腐、豆渣、豆饼、麦子、配合饲料等。饲料质量要新鲜适口，严禁投喂腐败变质的饲料。

前期每天投喂3~4次，投喂的种类以鱼肉糜、绞碎的螺、蚌肉或天然水域捞取的枝角类和桡足类为主，也可投喂屠宰场和食品加工厂的下脚料、人工磨制的豆浆等。投喂量以每万尾幼虾0.15~0.20千克，沿池边多点片状投喂。饲养中后期要定时向池中投施腐熟的草粪肥，一般每半个月一次，每次每亩100~150千克。同时每天投喂2~3次人工糜状或软颗粒饲料，日投饲量以每万尾幼虾为0.3~0.5千克，或按幼虾体重的4%~8%投饲，白天投喂占日投饵量的40%，晚上占日投饵量的60%，具体的投喂量要根据天气、水质和虾的摄食灵活掌握。

2. 水质调控

注水与换水：培育过程中，要保持水质清新，溶氧充足，虾苗下塘后每周加注新水一次，每次15厘米，保持池水“肥、活、嫩、爽”，溶氧量在5毫克/升。

调节pH：每半月左右泼洒生石灰水一次，每次生石灰用量为10~15克/米^3，进行池水水质调节和增加池水中离子钙的含量，提供幼虾在蜕壳生长时所需的钙质。

3. 日常管理

巡塘值班，早晚巡视，观察幼虾摄食、活动、蜕壳、水质变化等情况，发现异常及时采取措施。防逃防鼠，下雨加水时严防幼虾顶水逃逸。在池周设置防鼠网、灭鼠器械防止老鼠捕食幼虾。

第四节 网箱培育

利用网箱培育幼虾是目前许多专门培育虾种的单位首选的方式，因为这种模式成本低，使用方便，培育产量高，但缺点是饲料投入高，虾体容易受损伤。

一、网箱规格

培育幼虾的网箱面积不宜过大，以5~10米^{2}为宜，网高1~1.3米，并加盖防逃网，网目以幼虾不能穿出为原则，一般为60目/厘米^2，在网箱周边缝上一圈宽约20厘米的硬质塑料薄膜。

二、布箱

网箱一般架设在水面宽阔的池塘、水库、湖泊等水域。水域里要求水质清新，无污染，无毒害，风浪不宜过小，也不宜过大。

网箱的入水深度以1米为宜，箱内要布设2/3的水草，水草可用捆扎好的轮叶黑藻或水花生，用石头吊放在网箱内。

三、培育密度

网箱培育的密度可以大一点，一般每平方米放养2 000尾。

四、投饵

网箱培育龙虾幼体，全部靠人工投喂配合饵料，颗粒饵料的蛋白质含量达到38%左右，粒径要大于网目，以减少饵料漏出网箱外。日投饵量为幼虾体重的15%左右，每天可投喂3次，每次各占1/3。

五、日常管理

首先要及时清理网箱，及时清理网箱四周及底部的青苔和污物，以免堵塞网目，不利于水体交换，造成龙虾幼体因密度过大而窒息死亡。

其次是检查网箱有无破损的情况，一旦发现纲目松软时，要及时处理。

最后是积极防治敌害，主要是鼠害和蛇害。

第五节　稻田培育龙虾种

一、稻田条件

稻田面积通常以1~3亩为宜，在虾稻共作区进行培育为佳，邻近水源，水源充沛清新且无污染，保水性好，排灌方便，不宜被洪水淹没。养殖区若存在大片水稻、棉花种植区，且与水稻水源来自同一河沟，需要建立净水池，或者沿稻虾共作区四周，开挖一条可以与外界水源隔开的水沟，防止稻田、棉田农药直接流入龙虾苗种培育区，造成龙虾苗种的药害。

二、田间工程

和养殖成虾一样，在稻田里培育龙虾苗种，也需要做好稻田工程，开挖好田间沟，田沟占稻田面积15%~20%。稻田养殖区外围，也要设置防逃、防盗围栏。

三、清除野杂鱼

稻田中泥鳅、黄鳝可在稻田翻耕时捕捉，田沟中小杂鱼可使用茶粕杀灭，每亩用量为20~25千克，使用时加水浸泡24小时，直接泼洒至虾沟中。

四、水草种植

种植水草是龙虾苗种培育中不可缺少的重要环节，有稻桩也必须栽种水草。水草除了是虾苗的附着物和食物外，还可以起到净化水质和成为虾苗蜕壳的隐蔽物。稻田可采取伊乐藻和苦草混种的方式。

五、培育天然饵料生物

根据稻田肥度，每亩追施腐熟的有机肥50~75千克，保持水体肥度，控制透明度在30~40厘米，水色呈淡茶褐色为好。培育丰富的天然饵料生物供虾苗摄食，提高虾苗成活率。

六、幼苗放养

在利用稻田培育龙虾苗种时，每年的3月底至4月初，放养体色青褐色、活力强、人工繁育、规格800尾左右/千克的虾苗50 000~60 000尾，外购虾苗要求脱水时间不超过2小时，且包装或者运输是避免挤压或冰块降温，禁用经过多次贩运的虾苗。

七、饲料投喂

在虾苗投放后，沿虾沟投喂人工饲料，饲料可选用的鱼肉和河蚌肉（60%）、黄豆（20%）、玉米（10%）、小麦（10%）等农产品，日投饲率4%左右，每天可投喂4~5次，7天后可以减少为2~3次，日投饲率也可降低为2.5%左右；也可选用颗粒饲料，粗蛋白在32%左右，粒径3毫米以上，日投饲率1%~2%，沿环沟周边及稻田种植平台，均匀泼洒。

八、捕捞

培育好的龙虾苗种可根据需要及时捕捞，一般来说，培育15~20天就可以达到大规格的虾种，此时可用地笼捕捞后直接放到水稻插秧好的稻田里，如果是苗种培育的稻田与大规模养殖的稻田连在一起，可以直接将两块稻田的中间田埂挖通，然后用微流水刺激，1天左右，虾种就会全部到达大田中生长。

第六节　加强龙虾苗种培育的管理

一、不同阶段的培育管理

龙虾苗种的培育可分为四个培育阶段，在不同的时期有不同的培育管理工作。

第一阶段为培水阶段。视育苗池的肥度，在繁育池四周堆放腐熟的有机粪肥，每亩用量为200~250千克，培育轮虫、枝角类等天然浮游生物，为幼虾提供适口天然饵料生物。

第二阶段为保肥阶段。每天傍晚和早晨，当发现大量苗种在岸边活动时，开始泼洒豆浆，每亩用量1千克黄豆，以后逐渐增加至3千克/亩，视水体肥度，可适当增减豆浆的投喂量，豆浆与水混匀后，沿池边均匀泼洒。每天分7:00—8:00、14:00—15:00、18:00—19:00泼洒3次，透明度控制在20厘米左右。

第三阶段为虾苗强化培育阶段。豆浆逐渐改为粗制豆粉、煮熟的鱼糜、肉糜，加水混匀后沿育苗池四周浅水处均匀泼洒，日投喂量占存塘幼虾重量的10%~15%，每天分7:00—8:00、14:00—15:00、18:00—19:00泼洒3次，在入深秋前将虾苗培育至2~3厘米。

第四阶段为虾苗规格提升阶段。投喂饲料同亲虾饲料，也可投喂颗粒饲料，谷物类需混匀粉碎，日投喂量约占存塘幼虾重量的5%~

10%，每天分 7: 00—8: 00、18: 00—19: 00 投喂 2 次。

二、正视苗种培育的两个问题及解决方法

1. 苗种产量低的问题

在生产实践过程中，我们发现许多养殖户在苗种培育时，总会存在一些问题，其中比较显著的就是苗种培育产量较低，造成这个问题的原因有很多，归纳总结以下几点，值得养殖户们重视。

一是留塘亲本数量不清，没有准确计数，只是估算，有时甚至是高估，结果导致产出的苗种数量明显低于预期，这个问题比较好解决，建议每个上规模的养殖户有自己的亲本培育基地或每家有足够的亲本培育稻田，在培育前要做到过数入塘，准确把关。

二是留种虾规格不大、质量不好，从而导致抱卵量少，当然产出的苗种也就少。建议在挑选亲虾时，不要年年都用自己稻田里的大虾，2~3 年从其他良种场或大水域更新一批亲本虾，通过不断地杂交来提高苗种优良的性能。

三是由于观察不仔细或其他的管理不到位，造成子虾离开母体后没有及时培育而大量死亡。建议在挑选同批抱卵的亲虾同时，在临近孵化时，一定要加强观察，做到及时培育子虾。

四是在苗种培育期间，有时池塘或稻田里的防环沟底质恶化造成水体缺氧，结果会导致大量龙虾苗种窒息死亡，建设每 1 ~ 2 年养殖龙虾稻田要彻底清淤、暴晒、冻结一次，降低这种现象的发生概率。

五是整个育苗的各个阶段很随意、不规范，从而导致苗种培育时的产量也很低，建议从事龙虾养殖的的企业或养殖户，可以借鉴河蟹苗种培育的标准，从苗种培育池的标准化改造和清淤、亲本的选配和孵化、苗种的投喂与管理等方面进行标准化生产与管理。

六是日常管理不到位，例如利用稻田来培育龙虾苗种时，稻草及水草是有好处的，可以作为虾栖息、蜕壳、遮阴的场所，并作为青饲料来提高虾的品质，但是由于日常管理不到位，可能会造成稻草及水草腐烂、剩余的饲料、龙虾的排泄物连年积累，导致虾池底泥有机质增多，继而产生过量的亚硝酸盐以及有毒物质，恶化水体环境，最终的结果就是苗种培育成活率很低，苗产量非常少。因此建议在开春后

温度上升时，尤其要重视底质改良，联合施水产微生态制剂和水质微生态改良剂，不仅能杀菌，而且能降低由于水草腐烂、残饵、虾死尸等引起水体中有毒化学物质的含量。

2. 越冬问题

在龙虾的自然生长阶段，龙虾是需要越冬的，而现在有一些苗种培育单位，却采取一些人为加温措施，让龙虾苗种少越冬或不越冬，这种情况确实对延长龙虾的养殖周期有好处，但是我们在生产中也发现，这种苗种第二年死亡率比较高，最后损失的还是养殖户，因此对龙虾苗的培育，我们建议适应其生长规律，让其进行自然越冬。

整个冬季，虾苗池保持水深 1.2～1.5 米，并在池塘四周铺设厚 2～3 厘米的稻草，保障虾苗安全越冬，冬季冰雪天气，及时破冰及清除积雪。翌年 2—3 月，气温回升，及时投喂，增强越冬虾苗体质，提高越冬虾苗成活率，促进虾苗快速生长；4 月后，气温稳定后，及时清除稻草，防止败坏水质。

三、积极预防春季龙虾苗种的死亡

我们在几年的稻虾连作的生产过程中发现，养殖期间尤其是从 3 月开始往往会出现大虾与小虾同时死亡的问题，而且死亡的数量也非常大。如果技术不到位，一旦控制不住就会对开春后的稻虾连作生产造成影响，最直接的影响就是稻田里没有可养之虾，会造成产量的锐减。

经过现场调查和综合分析，我们认为造成春季龙虾大量死亡的原因主要有四点：一是正常死亡。无论是在池塘养殖还是在稻虾连作模式中，龙虾经过漫长的越冬，体内脂肪消耗非常大，一些大虾的体质差，它们的活动能力也减弱，而且雄虾为了后代的繁衍造成体力过度消耗，有些大的亲虾个体本身已接近生命的终结，这些都会造成春季的龙虾逐渐死亡，都是自然现象，属于正常死亡。采取的对策是在春天到来时，龙虾已经开始活动，这时用地笼进行张捕，并送上餐桌，由于这时候的龙虾个体大且市场的数量少，因此价格是一年中最高的，可以及时回收部分资金。例如从 2015 年开始，连续几年春节过后，龙虾开始上市，此时的价格非常高，规格为 25 只/千克的龙虾，田头的收购价格都在 80 元/千克以上，2018 年和 2019 年都达到了 100 元/千克。

二是水质恶化造成的死亡。一旦发现有小虾或中等虾死亡时，要对所有的虾进行观察，如果发现伴随大虾残废的现象，可能是田间沟里的水质发生恶化。通常先用肉眼观察，再用专业仪器对水质进行检测。在用肉眼观察时，如果发现稻田里的水位较浅，由于水草等经过一个冬天的腐烂，导致水色发黑，这表明稻田里的水体已经没有自我净化能力，水质已经变坏。采取的对策一是及时泼洒生石灰或磷酸二氢钙来改良水质；二是及时换水或者冲水进入虾沟内来缓冲水质的恶化。

三是营养不良、蜕壳不遂造成的死亡。尤其是那些在秋季没有好好喂养的龙虾，其体内贮存的能量不足以维持冬眠所需，导致其在冬眠后营养不良，体色发黑，蜕壳不遂而死亡。正常生长情况下苗种期间 3~5 天蜕壳 1 次，成虾 15~20 天蜕壳 1 次，蜕壳不遂死亡原因与营养素钙缺乏有很大关系。采取的对策一是在饲料中添加脱壳素；二是及时泼洒生石灰或磷酸二氢钙。

四是自相残杀造成的死亡。有些地方环沟中虾苗规格达到 4~5 厘米的时，亲虾还没有捕捞，在春季虾的食欲大开时，如果投喂量不足，这些龙虾就会出现残杀现象。采取的对策是当环沟内出现小苗脱离母体后，要及时捕捞亲虾，提高虾苗成活率。

四、影响苗种成活率的因素

我们在生产中发现，影响虾苗大量死亡因素有：捕捞操作不当；虾苗装得太多；运输时间过长；水体与虾体温差过大等。

龙虾苗种的成活率与其入田时的个体大小、操作技术和运输方法有密切关系，例如体长 1.2~2 厘米的虾苗，如采取氧气袋运输，则成活率很高，可达 90%以上，如果采取干法运输，则死亡率可达 80%。体长 3~5 厘米的虾苗，只能采取塑料筐干法运输，在塑料筐底部有一层比较密的网布，这样有利于对龙虾苗种的保护，不至于伤害苗种的附肢，对较小的苗种也是一种保护，这种方式是现阶段市场上普遍使用的方式。

改善捕捞操作方法：人工繁殖的虾苗，在捕捞时要用质地柔软的网具从高处往低处慢慢拖曳，如果是采取放水纳苗的方法，则要在接苗处设置网箱并且控制水的流速；如果是采取地笼捕捞，则要每 1~2 小时就把虾苗倒出来，以防密度过大，造成虾苗窒息死亡。

择适当的容器和适当的运输方式：个体为 1.5~2 厘米的虾苗，尽量采取氧气袋运输，3~5 厘米的虾苗则采取干法运输。运输时间可用泡沫箱或塑料筐装运，但要尽量少装。运输时间要尽量短，一般不超过 2 小时。

虾苗投放要注意调节温差：在投放虾苗时，要将容器浸入投放池水中再提起，然后再放入，反复 2~3 次，以调节温差。

虾苗投放的区域：投放虾苗时，要分散投放在稻田的田面处有水草的地方，让龙虾慢慢地自动爬行。

第十一章　龙虾的病害防治

由于龙虾的适应性和抗病能力都很强，因此目前发现的疾病较少，常见的疾病与河蟹、青虾、罗氏沼虾等甲壳类动物相似。

第一节　病害原因

由于龙虾患病初期不易发现，一旦发现，病情就已经不轻，用药治疗作用较小，疾病不能及时治愈，大批死亡而使养殖者陷入困境。所以防治龙虾疾病要采取“预防为主、防重于治、全面预防、积极治疗”等措施，控制虾病的发生和蔓延。

为了更好地掌握发病规律和防止虾病的发生，首先必须了解发病的病因。龙虾发病原因比较复杂，既有外因也有内因。查找根源时，不应只考虑某一个因素，应该把外界因素和内在因素联系起来加以考虑，才能正确找出发病的原因。

一、环境因素

影响鱼类健康的环境因素主要有水温、水质等。

1. 水温

龙虾是冷血动物，在正常情况下，体温随外界环境尤其是水体的水温变化而发生改变。当水温发生急剧变化时，机体由于适应能力不强而发生病理变化乃至死亡。例如龙虾苗在入池时要求温差低于3℃，否则会因温差过大而生病，甚至大批死亡。

2. 水质

龙虾为维护正常的生理活动，要求有适合生活的良好水环境。水质的好坏直接关系到龙虾的生长，影响水质变化的因素有水体的酸碱度（pH）、溶氧（D·O）、有机耗氧量（BOD）、透明度、氨氮含量及微生物等理化指标。在这些适宜的范围内，龙虾生长发育良好，一旦水质环境不良，就可能导致龙虾生病或死亡。

3. 化学物质

池水化学成分的变化往往与人们的生产活动、周围环境、水源、生物活动（鱼虾类、浮游生物、微生物等）、底质等有关。如虾池长期不清塘，池底堆积大量没有分解的剩余饵料、水生动物粪便等，这些有机物在分解过程中，会大量消耗水中的溶解氧，同时还会放出硫化氢、沼气、碳酸气等有害气体，毒害龙虾。有些地方，土壤中重金属盐（铅、锌、汞等）含量较高，在这些地方修建虾池，容易引起弯体病。工厂、矿山和城市排出的工业废水和生活污水日益增多。含有一些重金属毒物（铅、锌、汞）、硫化氢、氯化物等物质的废水如进入虾池，重则引起龙虾的大量死亡。

二、病原体

导致龙虾生病的病原体有真菌、细菌、病毒、原生动物等，这些病原体是影响龙虾健康的罪魁祸首。另外，还有些直接吞食或直接危害龙虾的敌害生物，如池塘内的青蛙会吞食软壳龙虾，池塘里如果有乌鳢生存，对龙虾的危害极大。

病原体传染力的大小与病原体在宿主体内定居、繁衍以及从宿主体内排出的数量有密切关系。水体条件恶化，有利于寄生生物生长繁殖的环境，其传染能力就较强，对龙虾的致病作用也明显；如果利用药物杀灭或生态学方法抑制病原体活力来降低或消灭病原体，例如定期用生石灰清塘消毒，或投放硝化细菌增加溶氧、净化水质等生态学方法处理水环境，就不利于寄生生物的生长繁殖，对龙虾的致病作用就明显减轻，虾病发生几率就降低。因此，切断病原体进入养殖水体的途径，有的放矢地进行生态防治、药物防治和免疫防治，将病原体控制在不危害龙虾的程度以下，才能减少龙虾疾病的发生。

三、自身因素

龙虾自身因素的好坏是抵御外来病原菌的重要因素，例如一尾自体健康、甲壳完整的龙虾就能依靠其厚厚的甲壳有效地预防部分疾病的发生，而软壳虾对疾病的抵抗能力就要弱得多。

四、人为因素

1. 操作不慎

在饲养过程中，经常要给养虾池换水、清洗网箱、捞虾、运输时，有时会因操作不当或动作粗糙，导致碰伤龙虾，造成附肢缺损或自切损伤，这样很容易使病菌从伤口侵入，使龙虾感染患病。

2. 外部带入病原体

从自然界中捞取活饵、采集水草和投喂时，由于消毒、清洁工作不彻底，可能带入病原体。另外病虾用过的工具未经消毒又用于无病虾也能重复感染或交叉感染。

3. 饲喂不当

大规模养虾基本上是靠人工投喂饲养，如果投喂不当，投食不清洁或变质的饲料，或饥或饱及长期投喂干饵料，饵料品种单一，饲料营养成分不足，缺乏动物性饵料和合理的蛋白质、维生素、微量元素等，龙虾就会缺乏营养，造成体质衰弱，容易感染患病。当然投饵过多，投喂的饵料变质、腐败，易引起水质腐败，促进细菌繁衍，导致龙虾生病。

4. 环境调控不力

龙虾对水体的理化性质有一定的适应范围。如果单位水体内载虾量太多，易导致生存的生态环境很恶劣，加上不及时换水，虾和鱼的排泄物、分泌物过多，二氧化碳、氨氮增多，微生物孳生，蓝绿藻类浮游植物生长过多，都可使水质恶化，溶氧量降低，使虾发病。

5. 放养密度不当和混养比例不合理

合理的放养密度和混养比例能够增加虾产量，但放养密度过大，会造成缺氧，并降低饵料利用率，引起龙虾的生长速度不一致，大小悬殊，同时由于虾缺乏正常的活动空间，加之代谢物增多，会使其正常摄食生长受到影响，抵抗力下降，发病率增高。另外不同规格的虾同池饲养，在饵料不足的情况下，易发生以大欺小和相互咬伤现象，造成较高的发病率。鱼、虾类在混养时应注意比例和规格，如比例不当，也不利于龙虾的生长。

6. 饲养池及进排水系统设计不合理

饲养池特别是其底部设计不合理时，不利于池中的残饵、污物的彻底排除，易引起水质恶化，使虾发病。进排水系统不独立，一池虾发病往往也传播到另一池虾发病。这种情况特别是在大面积精养时或水流池养殖时更要注意预防。

7. 消毒不够

虾体、池水、食场、食物、工具等消毒不够，会使虾的发病率大大增加。

第二节 科学用药

一、药物选用的基本前提

药物选择正确与否直接关系到疾病的防治效果和养殖效益，所以我们在选用药物时，讲究几条基本原则。

1. 有效性原则

为使患病龙虾尽快好转和恢复健康，减少生产上和经济上的损失，在用药时应尽量选择高效、速效和长效的药物，用药后的有效率应达到 70%以上。

2. 安全性原则

药物的安全性主要表现在以下三个方面。一是药物在杀灭或抑制病原体的有效浓度范围内对龙虾本身的毒性损害程度要小，因此有的药物疗效虽然很好，只因毒性太大在选药时不得不放弃，而改用疗效居次、毒性作用较小的药物。二是对水环境的污染及其对水体微生态结构的破坏程度要小，甚至对水域环境不能有污染。三是对人体健康的影响程度也要小，在龙虾被食用前应有一个停药期，并要尽量控制使用药物，特别是对确认有致癌作用的药物，如孔雀石绿、呋喃丹、敌敌畏、六六六等，应坚决禁止使用。

3. 廉价性原则

选用药物时，应多做比较，尽量选用成本低的鱼药。许多药物，其有效成分大同小异，或者药效相当，但相互间价格相差很远，要注意选用药物。

4. 方便性原则

由于给龙虾用药极不方便，可根据水域情况，确定到底是使用泼洒法、口服法，还是浸泡法给药，应选择疗效好、安全、使用方便的用药方法。

二、龙虾药物的选用原则

龙虾药物选择正确与否直接关系到疾病的防治效果和养殖效益，所以我们在选用药物时，讲究以下几条基本原则。

1. 有效性

为使生病的龙虾尽快好转和恢复健康，减少生产上和经济上的损失，在用药时应尽量选择高效、速效和长效的药物，用药后的有效率应达到70%以上。例如对龙虾的甲壳溃烂病，用抗生素、磺胺类药、含氯消毒剂等都有疗效，但应首选含氯消毒剂，可同时直接杀灭体表和养殖水体中的细菌，且杀菌快、效果好。如果是细菌性肠炎，则应选择喹诺酮类药、氟哌酸，制成药物饵料进行投喂。

2. 安全性

药物的安全性主要表现在以下几个方面。

（1）药物在杀灭或抑制病原体的有效浓度范围内对龙虾本身的毒性损害程度要小，因此有的药物疗效虽然很好，只因毒性太大在选药时不得不放弃，而改用疗效居次、毒性作用较小的药物。

（2）对水环境的污染及其对水体微生态结构的破坏程度要小，甚至对水域环境不能有污染。尤其是那些能在水生动物体内引起“富集作用”的药物，如含汞的消毒剂和杀虫剂，含丙体六六六的杀虫剂（林丹）坚决不用。这些药物的富集作用，直接影响到人们的食欲，并对人体也会有某种程度的危害。

（3）对人体健康的影响程度也要小，在龙虾被食用前应有一个停药期，并要尽量控制使用药物，特别是对确认有致癌作用的药物，如孔雀石绿、呋喃丹、敌敌畏、六六六等，应坚决禁止使用。

（4）严禁使用高毒、高残留或具有三致毒性（致癌、致畸、致突变）的虾药，以不危害人类健康和破坏水域生态环境为基础，选用“三效”（高效、速效、长效）“三小”（毒性小、副作用小、用量小）的虾药。大力推广健康养殖技术，改善养殖水体生态环境，提倡科学合理的混养和密养，建议使用生态综合防治技术和使用生物制剂、中草药对病虫害进行防治。

3. 廉价性

选用虾药时，应多做比较，尽量选用成本低的虾药。许多虾药，其有效成分大同小异，或者药效相当，但相互间价格相差很远，要注意选用药物。

4. 方便性

由于给龙虾用药极不方便，可根据养殖品种以及水域情况，确定到底是使用泼洒法、涂抹法、口服法、注射法，还是浸泡法给药。应选择疗效好、安全、使用方便的虾药。

三、辨别药物的真假

辨别药物的真假可按以下三个方面判断。

1. “五无”型的药物

即无商标标识、无产地即无厂名厂址、无生产日期、无保存日期、无合格许可证。这种连基本的外包装都不合格，不会是合格的药物，是最典型的假药。

2. 冒充型

冒充表现在两个方面，一种情况是商标冒充，主要是一些见利忘义的药物厂家发现市场促销或正在宣传的药物时即打出同样包装、同样品牌的产品或冠以“改良型产品”；另一种情况就是一些生产厂家利用一些药物的可溶性特点将一些粉剂药物改装成水剂药物，然后冠以新药投放市场。这种冒充型的假药具有一定的欺骗性，普通养殖户一般难以识别，需要专业人员进行及时指导帮助。

3. 夸效型

具体表现就是一些药物生产企业不顾事实，肆意夸大诊疗范围和效果，有时我们可见到部分药物包装袋上的广告是天花乱坠，包治百病，实际上疗效不明显或根本无效，见到这种能治所有虾病的药物可以摒弃不用。

四、按规定的剂量和疗程用药

一般泼洒用药连续 3 天为一个疗程，内服用药 3~7 天为一个疗程。在防治疾病时，必须用药 1~2 个疗程，至少用 1 个疗程，保证治疗彻底，否则疾病易复发。有一些养殖户为了省钱，往往看到虾的病情有一点好转时，就不再用药，这种用药方法不值得提倡。

在龙虾疾病的防治上，不同的剂型、用药方式对药效的影响是不同的，例如内服药的剂量是按龙虾体重来计算的，而外用消毒药物的剂量则是按照龙虾生活的水体体积来计算的，不同的剂量不仅可以产生药物作用强度的变化，甚至还能产生药物质上的变化。当药物剂量过小时，对龙虾疾病的防治起不到任何作用，那么我们将能够使病虾产生药效作用的最小剂量称为最小有效量；当药物持续运用到一定量时甚至到达龙虾所能忍受的最大剂量但并没有中毒，这时的最大剂量称为最大耐受量。在防治虾病时，对药物的使用范围集中在最小有效量和最大耐受量之间，即安全范围，在安全范围内，随着药物剂量的增加，药物的效果也随之增加。在具体应用时，这个剂量要灵活掌握，还与龙虾的健康状况、使用环境、药物剂量等多种因素有关。

五、科学计算用药量

虾病防治上内服药的剂量通常按龙虾体重计算，外用药则按水的体积计算。

内服药：首先应比较准确地推算出养殖水体内龙虾的总重量，然后折算出给药量，再根据龙虾环境条件、吃食情况确定龙虾的吃饵量，再将药物混入饲料中制成药饵进行投喂。

外用药：先算出水的体积。水体的面积乘以水深得出体积，再按施药的浓度算出药量，如施药的浓度为 1 毫克/升，则 1 米^3 水体应该用药1克。

如某口虾池长100米，宽40米，平均水深1.2米，那么使用药物的量就应这样推算：鱼池水体的体积是100米×40米×1.2米=4 800米^3，假设某种药的用药浓度为0.5克/米^3，那么按规定的浓度算出药量为4 800×0.5=2 400（克）。

任何药物只有在合适的剂量范围内，才能有效地防治疾病。如果剂量过大甚至达到龙虾致死浓度时则会发生龙虾药物中毒事件。所以用药时必须严格掌握剂量，不能随意加大剂量，当然也不要随意减少剂量。

六、用药技巧

目前，市面上用于治疗虾病的虾药可谓应有尽有，给龙虾养殖户带来更多的选择。为避免虾病用药不奏效，应注意以下几点问题。

1. 有效期

即这一批生产的虾药使用的最长时间。

2. 存放条件

即虾药在保存时需要注意的要点。一般来说，许多药品需要避光、低温、干燥保存。

3. 主治对象

即虾药的最适用病症，这样方便养殖户按需选购。但是现在许多商品虾药都标榜能治百病，这时可向有使用经验的人请教，不可盲目相信。

4. 避免多种虾药混用

一旦混用的药物多，难免会造成一些虾药间发生化学反应和毒副作用，因此在使用时一定要注意药物间的配伍禁忌。

5. 用药的水质条件

大部分虾药都会受水温、pH、硬度和溶解氧影响。因此在用药前最好先了解水体的条件，尽可能减少水质对用药的影响。

6. 准确计算用药量和坚持疗程

一是要准确测量和估算水体的量，二是要准确称量药物的用量，以做到合理安全用药。三是要坚持用药，最少要坚持一个疗程。四是尽量避免长期使用同一种药物及无病乱用药，以免产生抗药性。要适当使用同样效果、但不是同一种药物。

七、正确的用药方法

龙虾患病后，首先应对其进行正确而科学地诊断，根据病情病因确定有效的药物；其次是选用正确的给药方法，充分发挥药物的效能，尽可能地减少副作用。不同的给药方法，决定了虾病治疗的不同效果。

常用的龙虾给药方法有以下几种。

1. 挂袋（篓）法

即局部药浴法，把药物尤其是中草药放在自制布袋、竹篓或袋泡茶纸滤袋里，挂在投饵区，形成一个药液区，当龙虾进入食区或食台时，使龙虾消毒和杀灭龙虾体外病原体。通常要连续挂 3 天，常用药物为漂白粉。另外池塘四角水体循环不畅，病菌病毒容易滋生繁衍；靠近底质的深层水体，有大量病菌病毒生存；固定食场附近，龙虾和混养鱼的排泄物、残剩饲料集中，病原物密度大。对这些地方，必须在泼洒消毒药剂的同时，进行局部挂袋处理，比重复多次泼洒药物效果好得多。

此法只适用于预防及疾病的早期治疗。优点是用药量少，操作简便，没有危险及副作用小。缺点是杀灭病原体不彻底，因只能杀死食场附近水体的病原体和常来吃食的龙虾身体表面的病原体。

2. 浴洗（浸洗）法

这种方法是将龙虾集中到较小的容器中，放在按特定配制的药液中进行短时间强迫浸浴，以杀灭龙虾体表和鳃上病原体。此种方法适用于龙虾苗种放养时的消毒处理。

洗浴法的优点是用药量少、准确性高、不影响水体中浮游生物生长。缺点是不能杀灭水体中的病原体，所以通常配合转池或运输前后预防消毒。

3. 泼洒法

根据龙虾的不同病情和池中总的水量算出各种药品剂量，配制好特定浓度的药液，然后向虾池内慢慢泼洒，使池水中的药液达到一定浓度，从而杀灭龙虾身体及水体中病原体。

泼洒法的优点是杀灭病原体较彻底，预防、治疗均适宜。缺点是用药量大，易影响水体中浮游生物的生长。

4. 内服法

把治疗龙虾疾病的药物或疫苗掺入龙虾喜食的饲料，或者把粉状的饲料挤压成颗粒状、片状后来投喂龙虾，从而达到杀灭龙虾体内病原体。但是这种方法常用于预防或虾病初期，同时，这种方法有一个前提，即在龙虾自身一定要有食欲的情况下使用，一旦病虾已失去食欲，此法就不起作用。

5. 浸沤法

只适用于中草药预防虾病，将草药扎捆浸沤在虾池的上风头或分成数堆，杀死池中及龙虾体外的病原体。

6. 生物载体法

即生物胶囊法。当龙虾生病时，一般都会食欲大减，生病的龙虾很少主动摄食，要想让它们主动摄食药饵或直接喂药就更难，这时必须把药包在龙虾特别喜食的食物中，特别是鲜活饵料中，避免药物异味引起厌食。生物载体法就是利用饵料生物作为运载工具把一些特定的物质或药物摄取后，再由龙虾捕食到体内，经消化吸收而达到治疗疾病的目的，这类载体饵料生物有丰年虫、轮虫、水蚤、面包虫及蝇蛆等天然活饵。常用的生物载体是丰年虫。

第三节　龙虾主要疾病及防治

龙虾比河蟹、青虾等水产品抗病能力强，但是人工集约化养殖条件下，其病害防治不可掉以轻心。例如稻田用药、用肥，工业三废排放、畜禽粪便污染时常导致龙虾中毒反应，会给龙虾养殖业时带来致命打击。

一、黑鳃病

病原病因：多种弧菌、真菌大量繁殖感染导致黑鳃。

症状：鳃受多种弧菌、真菌大量繁殖感染变为黑色，引起鳃萎缩、局部霉烂，病虾往往行动迟缓，伏在岸边不动，最后因呼吸困难而死。另外池塘底质严重污染，池水中有机碎屑较多，这些碎屑随着呼吸附于鳃丝，也会使鳃呈黑色，影响虾的呼吸。虾体长期缺乏维生素，使虾体正常生理活动受到影响，也会导致龙虾体质变弱，鳃丝发黑。

危害情况：10 克以上的龙虾易受感染，可引起龙虾的大量死亡。

防治：放养前彻底用生石灰消毒，经常加注新水、保持水质清新。

保持饲养水体清洁，溶氧充足，保持水体中溶氧在 4 毫克/升以上，水体定期撒一定浓度的生石灰，进行水质调节。

经常清除虾池中的残饵、污物。

种植水草或放养绿萍等水生植物。

在缺乏维生素 C 时应在饲料中添加维生素 C，或投喂富含维生素 C 的饲料。

把患病虾放在每立方水体 3%～5%的食盐中浸洗 2～3 次，每次 3～5 分钟。

用生石灰 15～20 克/米^3 全池泼洒，连续 1～2 次。

用二氧化氯 0.3 毫克/升浓度全池泼洒消毒，并迅速换水。

用二氯海因 0.1 毫克/升全池泼洒，隔天再用 1 次，可以起到较好的治疗效果。

用 15 毫克/升的聚维酮碘全池泼洒。

二、烂鳃病

症状：由于多种弧菌、真菌大量侵入鳃部组织导致鳃丝发黑、局部霉烂，造成鳃丝缺损，排列不整齐，严重时引起病虾死亡。此病一般都发生在水质不清洁、溶氧量低、池底有机质较多的池塘中。

危害情况：影响龙虾的摄食和生长，一般在蜕皮时死亡，或在低溶氧时死亡，死亡率一般在 30%左右。

防治：经常清除虾池中的残饵、污物，加强池底改良措施，及时注入新水，保持良好的水体环境，保持水体中溶氧在 4 毫克/升以上，避免水质被污染。

种植水草或放养绿萍等水生植物。彻底换水，使水质变清、变爽，如若不能大量换水，则使用水质改良剂进行水质改良。

用二氯海因0.1毫克/升或溴氯海因0.2毫克/升全池泼洒，隔天再用1次，可以起到较好的治疗效果。

全池泼洒二溴海因0.5毫克/升消毒池水。

结合内服虾康宝0.5%、维生素C脂0.2%、鱼虾5号0.1%、双黄连抗病毒口服液0.5%、虾蟹蜕壳素0.1%。

按每立方米养殖水体2克漂白粉用量，溶于水中后泼洒，疗效明显。

施用池底改良活化素20~30千克/亩·米+复合芽孢杆菌250克/亩·米，以改善底质和水质。

全池用生石灰100~150千克/亩清塘消毒。

聚维酮碘（有效碘10%）0.2毫克/升全池泼洒，重症连用2次。

用强氯精0.3毫克/升或漂粉精0.5毫克/升化水全池泼洒。

三、其他鳃病

龙虾主要是靠鳃进行呼吸，所以鳃疾病也比较多，以下为一些不太常见的鳃病，由于它们的特征、危害情况和防治情况有相通之处，故放在一起进行表述。

红鳃病：是由于虾池长期缺氧及某种弧菌侵入虾血液内而引起的全身性疾病。病虾鳃部由黄色变成粉红色至红色，鳃丝增厚，鳃丝加大，虾体附肢变成红色或深红色。

白鳃病：多发生在藻类大量繁殖、池水pH过高和长期不换水、造成水质败坏的池塘。病虾鳃部明显变白，鳃丝增生。

黄鳃病：藻类寄生，也可能是细菌感染。病虾初期鳃部为淡黄色，中期鳃部呈橙黄色，后期为土黄色，行动呆滞，不摄食。

危害情况：主要发生在龙虾的幼体期，蔓延速度最快。从发病到死亡只有5天，死亡率达到80%以上。

防治：用“富氯”0.2毫克/升全池均匀泼洒，每3天1次。

用“虾健康2号”，以1.5%用量加于饲料中，每10天使用1次。

采用二氧化氯 2~3 毫克/升溶液浸浴，连续使用 2~4 次即可治愈。

用“虾健康 1 号”以 1%添加于饵料中，连用 2~4 天即可控制病情，建议用到不再发生死虾时止。

四、甲壳溃烂病

症状：虾体在运输过程中碰伤、池底恶化、水质不好、营养不良而导致弧菌等细菌大量繁殖引起该病。病虾甲壳局部出现黑褐色溃疡斑点，严重时斑点边缘溃烂、出现较大或较多空洞导致病虾内部感染，有时触须、尾扇、附肢也有褐斑或断裂。发病龙虾活力极差，摄食下降或停食，常浮于水面或匍匐于水边草丛，直至死亡。

危害情况：所有的龙虾都能感染，轻者影响龙虾的生长发育，主要是影响虾的生长蜕壳，严重时可导致龙虾死亡。

防治：加强水质管理，用池底改良活化素结合光合细菌或复合芽孢杆菌调节水质。

动作轻缓，尽量使虾体不受或少受外伤，捕捞、运输和投放虾苗虾种时，不要堆压和损伤虾体。

保持虾池水质良好，定期换水或投放生石灰，每年进行池塘清淤。

改善水质条件，精心管理、喂养，实行“四定”投饵，避免残饵污染水质，并提供足量的隐蔽物。

饲料要充足供应，防止龙虾因饵料不足而相互争食或残杀。

每亩用 5~6 千克的生石灰全池泼洒。

全池泼洒二溴海因 0.3 毫克/升或 0.15 毫克/升聚维酮碘溶液全池泼洒，同时内服鱼虾 5 号 0.1%、虾蟹蜕壳素 0.1%、虾康宝 0.5%、维生素 C 脂 0.2%、抗病毒口服液 0.5%、营养素 0.8%。

五、出血病

症状：由气单胞菌引起，病虾体表布满了大小不一的出血斑点，特别是附肢和腹部，肛门红肿，一旦染病，很快就会死亡。

危害情况：此病来势凶猛，发病率高。幼虾死亡率较高，大虾死亡率相对较低。

防治：发现病虾要及时隔离，并对虾池水体整体消毒，水深 1 米的池子，用生石灰 25~20 千克/亩全池泼洒，最好每月泼洒 1 次。

内服药物用盐酸环丙沙星按 1.25~1.5 克/千克拌料投喂，连喂 5 天。

六、肌肉变白坏死病

症状：由于盐度过高，密度过大，温度过高，水质受污染，溶氧过低等不良的环境因子的刺激而引起。特别是以上因素突变时易发此病。起初只是尾部肌肉变白，而后虾体前部的肌肉也变白，导致肌肉坏死而死亡。

危害情况：患病龙虾生长慢，死亡率高。

预治：控制放养密度。

在亲虾运输、幼体下塘时注意水的温差不能太大，平时保持水质清新，溶氧充足，可减少发病。

养殖池塘在高温季节要防止水温升高过快或突然变化，应经常换水，注入新水及增氧。

改善环境条件，保持水质良好能预防此病发生。

全池泼洒硬壳宝 1~2 次，然后用双季铵碘 0.3~0.4 毫克/升，消毒 2~3 次，一般可治愈。

七、烂尾病

症状：由于龙虾受伤、相互残食或被几丁质分解细菌感染引起。病虾尾部有水泡，边缘溃烂、坏死或残缺不全，随着病情的恶化，溃烂由边缘向中间发展，严重感染时，病虾整个尾部溃烂掉落。

危害情况：主要危害虾苗、虾种，在龙虾蜕壳时更易发生，严重者会直接导致龙虾死亡。

防治：运输和投放虾苗虾种时，不要堆压和损伤虾体。

合理放养，控制放养密度，调控好水源。

饲养期间饲料要投足、投匀，防止虾因饲料不足而相互争食或残杀。

每立方米水体用茶粕15~20克浸液全池泼洒

每亩水面用强氯精等消毒剂化水全池泼洒，病情严重的连续2次，中间间隔1天。

内服药物用盐酸环丙沙星按1.25~1.5克/千克拌料投喂，连喂5天。

全池泼洒二溴海因0.3毫克/升。

八、纤毛虫病

症状：累枝虫、聚缩虫、单缩虫和钟形虫等纤毛虫附着在虾和受精卵的体表、附肢、鳃上，肉眼观察可以看见龙虾的外壳表面有一层比较脏的东西附着，用水很难清洗掉，这些纤毛虫会妨碍虾的呼吸、游泳、活动、摄食和蜕壳，影响生长发育，病虾行动迟缓，对外界刺激无敏感反应，大量附着时，会引起虾缺氧而窒息死亡。

危害情况：成虾、幼虾和虾卵都能感染。少量寄生时，对龙虾影响不大，但大量寄生时，龙虾不摄食，不蜕壳，生长受阻，可引起龙虾死亡。

防治：彻底清塘消毒，杀灭池中的病原，经常加注新水、换水，保持水质清新。

在养殖过程中经常采用池底改良活化素、光合细菌、复合芽孢杆菌改善水质和底质，降低水的有机质含量。

合理投饵，促使虾蜕壳。

用硫酸铜、硫酸亚铁（5：2）0.7克/米^{3}全池泼洒。

用3%~5%的食盐水浸洗，3~5天为一个疗程。

用25~30毫克/升的福尔马林溶液浸洗4~6小时，连续2~3次。

用20~30克/米^{3}生石灰全池泼洒，连续3次，使池水透明度提高到40厘米以上。

在饲料中添加鱼虾5号0.1%、虾蟹蜕壳素0.1%、虾康宝0.5%、维生素C脂0.2%，以利于蜕壳除掉纤毛虫。

茶籽饼浸液全池泼洒，浓度为10~15毫克/升，促使龙虾蜕皮、蜕皮后换水。

用1~2毫克/升的高锰酸钾和0.4毫克/升的硫酸铜药浴治疗。

全池泼洒农康宝 1 号 0.2 毫克/升，隔天全池泼洒二溴海因 0.2 毫克/升。

将患病的龙虾在 2 毫克/升醋酸溶液中药浴 1 分钟，大部分固着类纤毛虫即被杀死。

九、烂肢病

症状：能分解几丁质的弧菌侵袭到龙虾体内，病虾腹部及附肢腐烂，呈铁锈色或烧焦状，肛门红肿，摄食量减少甚至拒食，活动迟缓，严重者会死亡。

危害情况：轻者影响龙虾的生长发育，严重时可导致龙虾死亡。

防治：在捕捞、运输、放养等过程中要小心，不要让虾受伤。

加强水质管理，用池底改良活化素结合光合细菌或复合芽孢杆菌调节水质。

放养前用 3%~5%的盐水浸泡数分钟。

发病后全池泼洒二溴海因 0.2 毫克/升。

用生石灰 10~20 克/米^3 全池泼洒，连施 2~3 次。

全池泼洒聚维酮碘溶液 300 毫升/亩·米。

十、水霉病

症状：由于水霉菌丝侵入虾体后导致该病的发生，病虾伤口部位长有棉絮状菌丝，虾体消瘦乏力，行动迟缓，摄食减少，伤口部位组织溃烂蔓延，在体表形成肉眼可见的“白毛”，严重导致死亡。龙虾在捕捞、运输或过池搬运过程中易感染此病，在水质恶化、龙虾体质虚弱也易感染该病。

危害情况：该病主要发生于水环境恶化或水温较低（10~18℃）时，特别是阴雨天。危害程度相对较轻，但水霉病严重时可造成龙虾死亡。

防治：在捕捞、运输、放养等操作过程中应小心仔细，不要让龙虾受伤，虾苗进池后，可泼洒些消毒药物（如强氯精、漂粉精、二氧化氯等）。

用生石灰彻底清塘消毒。

大批蜕壳期间，增加动物性饲料，减少同类互残。

每100千克饲料加克霉唑50克制成药饵连喂5~7天

用3%~5%食盐水溶液浸洗5分钟，也可以用市场上出售的专门治疗水霉病的药物整个水体泼洒。

用福尔马林20~25毫克/升全池泼洒，24小时后换水，换水量一半以上。

双季铵碘或二氧化氯0.3~0.4毫克/升全池泼洒，连用2次。

十一、软壳病

症状：患病虾的甲壳薄，明显变软（非蜕壳引起），与肌肉分离，易剥离，活动减弱，生长缓慢，体色发暗。发生的原因主要有以下几种：一是投饵不足或营养长期不足，龙虾长期处于饥饿状态；二是换水量不足或长期不换水；三是有机膦杀虫剂抑制甲壳中几丁质的合成；四是池塘水质老化，有机质过多，或放养密度过大，pH低，从而引起龙虾的软壳病。

危害情况：龙虾的生长速度受到影响，体长和体重明显小于正常虾，严重者有死亡现象。

防治：适当加大换水量，改善养殖水质，供应足够的优质饲料。

施用复合芽孢杆菌250毫升/亩·米，促进有益藻类的生长，并调节水体的酸碱度。

全池泼洒池底改良活化素20千克/亩·米。

在饲料中添加鱼虾5号0.1%、虾蟹蜕壳素0.1%、虾康宝0.5%、维生素C脂0.2%、营养素0.8%，提高各种微量元素的含量。

十二、黑壳病

症状：主要是一些附着性硅藻、褐藻、丝状藻等寄生在龙虾体表上，龙虾体色变黑或墨绿色，龙虾体质差，活动力明显减弱，不能顺利蜕壳。

危害情况：导致龙虾不能顺利蜕壳，遇池中缺氧，可引起大批死亡。

防治：虾池的水源应水质良好，无污染。

每亩用生石灰150千克清塘消毒。

夏秋季勤换水，保持水质清新。冬春季灌满水，水质透明度保持30~40厘米。

用甲壳爽0.3~0.4毫克/升全池泼洒，重症隔日再用1次。

甲壳宁0.3~0.4毫克/升使用1次，隔日用0.3~0.4毫克/升溴氯海因或0.2~0.4毫克/升二溴海因泼洒一次，可治愈。

硫酸锌0.3~0.4毫克/升全池泼洒，重症隔日再用1次。

硫酸锌0.3~0.4毫克/升使用1次，隔日用0.3~0.4毫克/升溴氯海因泼洒1次。

十三、其他的虾壳病

龙虾的虾壳病还有蜕壳困难症和硬壳病等。

蜕壳困难症：龙虾不能顺利蜕壳而致死，可能是营养性导致的疾病。

硬壳病：全身甲壳变硬，有明显粗糙感，虾壳无光泽，呈黑褐色，生长停滞，有厌食现象。可能由于营养不良，水质中钙盐过高或池底水质不良，或疾病感染，附生藻类或纤毛虫等引起。

危害情况：轻者影响龙虾的蜕壳与生长，严重者可引起龙虾的死亡。

防治：增加营养，在饵料中添加藻类或卵磷脂、豆腐均可减少该病发生，也可在虾饵中添加蜕壳素来预防。

换池或供应优质饲料及改善水质。

当水质或池底不良时，应先大量换水或换池。

用浓度为5毫克/升的茶粕浸浴，再调节温度、盐度以刺激蜕壳。

十四、水网藻和水绵

虽然部分水绵和水网藻可以为龙虾提供一定的食物来源，但是覆盖面过大时就会遮住水面，影响水中溶氧和阳光的通透性，对龙虾的生长发育极为不利，所以一旦水网藻过多时就要人工捞走。

十五、中毒

症状：根据龙虾发病情况可以分为两类：一类发病慢、出现呼吸困难，摄食减少，零星死亡，可能是池塘内有机质腐烂分解引起的中毒，属于慢性中毒积累而死亡；另一类发病急出现大量死亡，尸体上浮或下沉，在清晨池水溶解氧量低下时更明显，属于急性中毒死亡。龙虾鳃丝表面无有害生物附生，也没有典型的病灶。据分析，龙虾中毒的主要原因有以下几点：一是池底不干净，淤泥较厚，池中有机物腐烂分解，产生大量氨氮、硫化氢、亚硝酸盐等物质，能引起虾鳃以及肝胰腺的病变，引起慢性死亡；二是含有汞、铜、锌、铅等重金属元素、废油，以及其他有毒性的化学成品流入池内，导致虾类中毒；三是靠近农田的养殖小区，由于管理不慎或人为因素，致使农药、化肥、其他药物进入池中，从而导致龙虾急性死亡，这是目前龙虾中毒的最主要原因。

危害情况：轻者影响龙虾的生长和蜕壳，导致龙虾生长变缓，重者可导致龙虾在短时间内大批死亡，甚至全军覆没。

防治：加强巡视，在建虾池时，要调查周围的水源，看有无工业污水、生活污水、农田生产用水等排入，看周围有无新建排污化工厂；清理污染源，清理水环境，选择符合生产要求的水源，请环保部门进行监测水源水，看是否有毒有害物质超标；一旦发生中毒事件时，要立即进行抢救，将活虾转移到经清池消毒的新池中，并冲水增加溶氧量，或排注没有污染新水源稀释。

十六、生物敌害

对龙虾有影响的生物敌害主要有水蛇，青蛙，蟾蜍，老鼠，凶猛鱼类特别是乌鳢、鳜、鲶、鲈鱼，鸟类主要是鹭类和鸥类水鸟，青苔等都是龙虾的敌害。

防治：建好防逃墙，并经常维护检查，如虾池中发现凶猛鱼类活动，要及时捕杀。

进水口严格过滤，防止小害鱼及鱼卵进入池内，进水口要设置拦网。如发现池中有小害鱼及鱼卵，则要用 2 毫克/升鱼藤精进行消毒除害。

一些家禽也是养龙虾的大害，比如鸭子是绝对不能进入养虾水域的。

对于水蛇、青蛙、水蜈和水老鼠等敌害，在积极预防的同时还要等采取“捕、诱、赶、毒”等方法处理。

十七、水鸟的防控

近年来，随着自然环境的不断改善，以及人们爱鸟护鸟意识的增强，鸟类种群及数量越来越多。但是，随之而来的鸟害对龙虾养殖的危害已远远大于蛙害、蛇害和鼠害，特别是对具有两栖生活习性的龙虾养殖业带来了严峻的挑战。

所谓鸟害是指种群数量较大，以鱼苗、小规格鱼种、虾等水产品为食，给水产养殖造成较大经济损失的鸟类。鸟类往往选择靠近水源的地方作为栖息场所，而虾塘不仅提供了水，还为鸟提供了丰富可口的食物，从而虾塘便成了水鸟类的乐园。同时一些迁移的候鸟也把虾塘作为迁徙中的理想休息落脚点，这样虾塘周围就成了鸟类的聚集地，池塘内的养殖对象也就纳入了捕食范围，由此造成的损失不可低估，不得不引起养殖者的重视。尤其是稻虾共作的稻田，更是龙虾喜爱摄食的场所，这些丰富的鸟类资源对稻虾种养造成了一定的不利影响。

1. 鸟类危害

（1）减产减收。对龙虾养殖危害较大的主要有白鹭、灰鹤、野鸭子等涉水鸟类，这些鸟类把虾塘作为栖息、觅食的主要场所，常在池塘上空盘旋，会乘人不备从空中俯冲下来，捕捉靠近水边或在水草上爬动的龙虾。纯养龙虾的池塘主要危害种类为鹭类，危害时间主要为秋冬季，稻虾共作稻田的主要危害鸟类为鹭类、麻雀和喜鹊等，麻雀和喜鹊的危害时间主要为水稻播种期、灌浆期和成熟期。据调查 1 只成年白鹭 1 顿能吃掉十几只小龙虾苗，对刚蜕壳的龙虾危害更大，而当种群数量较多时 1 天吃掉几百只甚至数千只龙虾。养殖户反映，若不采取任何防范措施，与周边养殖户相比，在同样的养殖和管理情况下，龙虾的产量会减产 1/3左右。

（2）传播病害。因鸟类觅食具有随意性、不固定性，若摄食有病害的鱼蟹虾后，通过鸟类这个中间宿主，将带有致病细菌和寄生虫的残渣、粪便等带到未发病的虾塘中，传染给原来健康的龙虾，从而导致病害发生，尤其是在“五月瘟”的高发期间，更要预防水鸟带来的疾病传播和感染。

2. 防范措施

鸟类是人类的朋友，要倡导爱鸟护鸟，不能捕杀伤害它们。但是，养殖户的权益又要得到保护。怎样才能妥善解决这一矛盾呢？多年来，养殖者在生产实践中总结出了很多行之有效防范鸟害的措施，这些方法措施既可以单独采用，也可以因地制宜相互配合使用。

（1）围网阻拦。在虾塘四周及上面用尼龙单丝网或聚乙烯网覆盖，网目10厘米左右，网高2米上下，用竹竿等作支柱加以固定。此法有效地阻止鸟类进入虾塘，适用于面积不大且形状较规则的虾塘。

（2）模型吓唬。可在虾塘四周、池中竖立身穿红衣、手舞彩带的稻草人，或用稻草扎成的“超级老鹰”，这样像白鹭、灰鹤等鸟类再也不敢轻易来冒犯虾塘。此法简单实用又经济。时间长后鸟类都会适应，驱鸟效果下降。

（3）犬类驱赶。可用训练好的狗在虾塘四周驱赶鸟类，这种方法既可驱赶鸟类又可看护虾塘起到防盗的作用，可谓一举两得。但是，要训练好狗也绝非易事。

（4）声响惊鸟。在虾塘四周竖起竹竿，系上可活动的尼龙单丝或聚乙烯线作“主线”，在主线上每隔10米左右系上装有石子或铁珠的塑料瓶、小铁筒。再从看虾棚或生产、生活用房引“拉线”到“主线”上，这样只要轻轻一拽“拉线”塑料瓶或小铁筒就会发出清脆的声响来驱赶鸟类。此法效果虽好，但要耗费人力。另外，还可利用高音喇叭时不时地播放各种令鸟类害怕的声音如老鹰咆哮声、煤气炮制造巨大的响声，播放鸟类的哀鸣的声音等，惊吓驱鸟。由于这些措施的声音均在120分贝以上，属于严重的噪音。时间长后鸟类都会适应，驱鸟效果下降。

（5）风车驱鸟。根据鸟类怕光、恐色的特性，特别是惧怕闪光的习性制成各式各样、五颜六色的旋转风车来对鸟类视觉干扰和惊吓，从而达到驱鸟效果。此法在无风或微风时其效果不佳。

（6）毒杀鸟类。对于一些不是保护动物的鸟类，可用鸟类敏感的刺激性药品驱赶等方法，但是都会造成化学残留，对水产品和周边环境造成不利影响，而且也会对其他受保护的鸟类因误食而造成危害。

（7）挑单丝防鸟。现在有种比防鸟网更省钱、更有效的方式就是挑单丝，方法很简单，就是在养殖池塘或稻田的两侧塘边各安置一排桩体，作为防鸟网的主支架，每排桩体的间距为4~6米，用粗铁丝拉牢，高度大约2米，每根桩体埋入地面下深度为50~100厘米，每隔40厘米在池塘或稻田的两端拉一根鸟类难以发现的多组透明尼龙单丝线，在池塘或稻田的上空铺设尼龙丝线构成的防鸟网，阻止鸟类进入养殖水域摄食。由于鸟类的视野的立体视觉范围仅10°左右，鸟儿从天上往下看好似天罗地网，想进入稻田时展开的翅膀就会碰到细丝，它就不敢也无法进入稻田了。部分鸟类翅膀上的正羽会被尼龙丝线缠绕，当其反复挣脱，丝线就会越来越紧，最后被捕获，通过调整尼龙丝线的间距和张力，此方法既能达到防鸟的目的，又不会伤害鸟类。这种方法在不伤害鸟类的前提下，可以防止鸟类对养殖水产品的捕食，同时实现水产养殖和鸟类保护的目的，防鸟效果可达98%以上，并减少了鸟类对养殖水产品的捕食和疾病传播。

附　龙虾养殖三字经

小龙虾，正吃香　价格高，有营养　养殖热，遍全国　有人赢，有人伤　如何养，细思量　三字经，帮你忙　规律循，科学讲　技术精，可推广。

地　小龙虾，适应强　养殖它，地域广　大水面，可粗养　靠天收，利也强　高效益，精养塘　十来亩，最适量　塘中间，筑小埂　长方形，埂边长　适打洞，增产量　淤泥多，要挖除　洒石灰，除病菌　漂白粉，也常用　可带水，可干施　撒池底，耙均匀　用药量，计算精　灭毒害，不留情　水泥池，网箱养　高密度，宜慎重　投饵多，要隐蔽　防互残，强管理。

水　整好塘，再放水　水源优，符要求　水质佳，养大虾　污染水，勿停留　放水时，细过滤　防敌害，驱虫卵　蛙鼠蛇，要杀死　食幼虾，损失大　防感染，渠道分　一边进，一边排　施基肥，水质培　生物多，虾饵广。

种　苗种健，是根本　论来源，杂又多　红壳虾，宜摒弃　青绿色，是首选　选虾种，心要细　仔细辨，认真看　先查病，再查残　附肢全，规格齐。

饵　养好虾，很简单　喂饱食，不殆慢　食不足，会互残　饵料广，容易得　动物饵，很喜欢　植物饵，也不弃　急性子，吞食快　吃相丑，有点贪　死鱼虾，可做饵　喂活饵，最适宜　植物饵，瓜果桃　颗粒饵，效果好　投饵技，要记牢　两头粗，中间精　讲四看，记五定　据实际，灵活变。

草　虾大小，看水草　足见得，草重要　种苦草，最适宜　伊乐藻，不可少　最不济，革命草　浮萍莲，也需要　诱生物，供活饵调水质，是一宝　盛夏时，可遮荫　虾蜕壳，可隐藏　生物链，最重要　缺了它，效益差。

密　密养虾，个头小　口感差，价格滑　过度稀，质虽好　产量低，效益孬　故密度，很重要　量适宜，利润好　投亲虾，雌雄配　十公斤，最适宜　投仔虾，亩二千　技术好，可提高。

混　单养虾，风险高　若保险，混养好　据特性，选品种　损虾草，要弃掉　生态灶，不重复　花白鲢，最简单　银鲫鱼，最常见　套养虾，稻蟹作　多品种，效益高。

防　君若问，防什么　听我言，你知晓　六大防，记心脑　一防逃，很重要　二防病，莫轻视　三水质，要清新　四异常，及时防　五防偷，减损失　六防害，鼠蛙蛇。

管　三分养，七分管　渔事谚，虾同理　勤巡视，是大事　早中晚，各有异　早巡塘，清残饵　午巡塘，查长势　晚巡塘，虾觅食　护水草，投活饵　控水质，防逃跑　诸要事，均管好。

病　防虾病，要上心　先预防，后治病　污染源，勿亲近　病死虾，深坑埋　工具等，勤消毒　避敌害，杀病菌　生态防，效益显　虾生病，及时治　判病因，选虾药　严要求，慎搭配。

逃　虾爱逃，要预防　防逃板，先建好　厚薄膜，也可靠　上反檐，莫忘掉　平日里，也防逃　进水口，很重要　虾逆水，逃技高　堵鳝洞，防遁逃　各措施，预防好。

捕　虾养成，要上市　五月起，日日捕　大捕走，小留下　质量好，价格高　规格大，市场俏　大水面，方法多　赶拦刺，是常技　辅虾笼，虾捕完　小池塘，操作强　地笼诱　捕虾忙　干塘捕，是绝招　九月前，要捕完　剩余虾，已入洞　勿挖捕，做种虾。

三字经，千文技　分类别，已详叙　论要点，十二技　今抛砖，盼引玉　诚希望，助友力　若有误，请指示。

参考文献

北京市农林办公室,北京市科学技术委员会,北京市水产总公司 . 1992. 北京地区淡水养殖实用技术[M].北京科学技术出版社.

陈义 . 1956. 无脊椎动物学[M].上海:商务印书馆.

但丽,张世萍,羊茜,等 . 2007. 克氏原螯虾食性和摄食活动的研究[J].湖北农业科学(3):174-177.

费志良,宋胜磊,唐建清,等 . 2005. 克氏原螯虾含肉率及蜕皮周期中微量元素分析[J].水产科学,24(10):8-11.

郭晓鸣,朱松泉 . 1997. 克氏原螯虾幼体发育的初步研究[J].动物学报,43(4):372-381.

李继勋 . 2000. 淡水虾繁育与养殖技术[M].金盾出版社.

李文杰 . 1990. 值得重视的淡水渔业对象——螯虾[J].水产养殖(1):19-20.

凌熙和 . 2001. 淡水健康养殖技术手册[M].中国农业出版社.

吕佳,宋胜磊,唐建清,等 . 2004. 克氏原螯虾受精卵发育的温度因子数学模型分析[J].南京大学学报(自然科学版),40(2):226-231.

潘建林,宋胜磊,唐建清,等 . 2005. 五氯酚钠对克氏原螯虾急性毒性试验[J].农业环境科学学报,24(1):60-63.

沈嘉瑞,刘瑞玉 . 1976. 我国的虾蟹[M].科学出版社.

舒新亚,龚珞军 . 2006. 龙虾健康养殖实用技术[M].北京:中国农业出版社.

舒新亚,叶奕佺 . 1989. 淡水螯虾的养殖现状及发展前景[J].水产科技情报(2):45-46.

唐建清,宋胜磊,吕佳,等 . 2003. 克氏原螯虾种群生长模型及生态参数研究[J].南京师大学报(自然科学版),26(1):96-100.

唐建清,宋胜磊,潘建林,等 . 2004. 克氏原螯虾对几种人工洞穴的选择性[J].水产科学,23(5):26-28.

唐建清 . 2002. 淡水虾规模养殖关键技术[M].南京:江苏科学技术出版社.

王汝娟,黄寅墨,朱武成 . 1996. 克氏螯虾与中国对虾微量元素与氨基酸的比较[J].中国海洋药物,59(3):20-22.

魏青山 . 1985. 武汉地区克氏原螯虾的生物学研究[J].华中农学院学报,4(1):16-24.

夏爱军 . 2007. 龙虾养殖技术[M].北京:中国农业大学出版社.

谢文星,罗继伦 . 2001. 淡水经济虾养殖新技术[M].中国农业出版社.

徐在宽 . 2000. 淡水虾无公害养殖[M].科学技术文献出版社.

姚根娣,孙振中,郭履骥,等 . 1993. 克氏原螯虾含肉率和营养成分分析[J].水产科技情报,20(4):177-179.

占家智,羊茜 . 2002. 施肥养鱼技术[M].中国农业出版社.

占家智,羊茜 . 2002. 水产活饵料培育新技术[M].金盾出版社.

张湘昭,张弘 . 2001. 克氏螯虾的开发前景与养殖技术[J].中国水产(1):37-38.

Comeaux ML. 1975. Histonical development of the crayfish industry in the United States[J].Freshwater Crayfish(2):609-620.

Jay V. huner and J. E. 1991. Barr, Red Swamp Crayfish. Louisiana Sea Grant College Program.

Jay V.. Huner and E. Evan. 1985. Brown, Crustacean and Mollusk Aquaculture in the United States AVI Publishing Company, Inc.

Laurie Piper. 2000. Porential for Expansion of the Freshwater Crayfish Industry in Australis.

Longlois T H. 1935. Notes on the habits of the crayfish, Cambarus rusticus Girad, in fish ponds in Ohio[J]. Transactions of the American Fisheries Sociery(65):189-192.

Sandiff P A. 1988. Aquaculture in the west a perspective[J].Journal of the World Aquaculture Society(19):73-84.

Shu xinya. 1995. Effect of the Crayfish Procambarus Clarkii on the Survival Cultivated in Chian[J].Freshwater Crayfish(8):528-532.